综合能源集团排污许可管理指导手册

华电电力科学研究院有限公司 编

中国电力出版社
CHINA ELECTRIC POWER PRESS

内 容 提 要

根据《中华人民共和国环境保护法》要求，排污企业应申领排污许可证。排污许可证是企业生产运营期排污行为的唯一行政许可，具有法定性、强制性。排污许可证申领及管理规范性对企业合规经营具有重要的意义。

本手册包括火电企业、煤矿企业、污水处理企业、港口企业、金属结构制造企业排污许可证的申报指南，以及排污许可违法违规案例等内容，书中提供了详细的操作步骤和真实的案例素材。通过本手册的学习，读者可以系统掌握排污许可证申请表的填报及证后管理技能。

本手册可作为从事排污许可管理工作人员的工具书，也可作为排污企业、第三方环境技术服务机构和相关单位的培训参考用书。

图书在版编目（CIP）数据

综合能源集团排污许可管理指导手册 / 华电电力科学研究院有限公司编．—北京：中国电力出版社，2024.3（2025.2重印）

ISBN 978-7-5198-8453-6

Ⅰ．①综…　Ⅱ．①华…　Ⅲ．①能源工业－排污许可证－许可证制度－中国－手册　Ⅳ．①X-652

中国国家版本馆 CIP 数据核字（2023）第 245141 号

出版发行：中国电力出版社
地　　址：北京市东城区北京站西街 19 号（邮政编码 100005）
网　　址：http://www.cepp.sgcc.com.cn
责任编辑：赵鸣志（010-63412385）　李耀阳
责任校对：黄　蓓　常燕昆
装帧设计：赵丽媛
责任印制：吴　迪

印　　刷：三河市航远印刷有限公司
版　　次：2024 年 3 月第一版
印　　次：2025 年 2 月北京第二次印刷
开　　本：787 毫米 ×1092 毫米　16 开本
印　　张：18.75
字　　数：363 千字
印　　数：1001—4000 册
定　　价：88.00 元

编委会

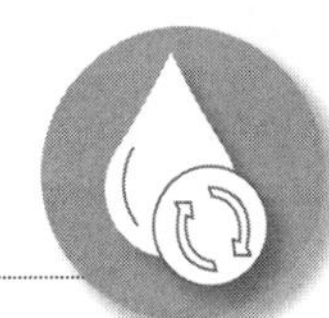

前　言

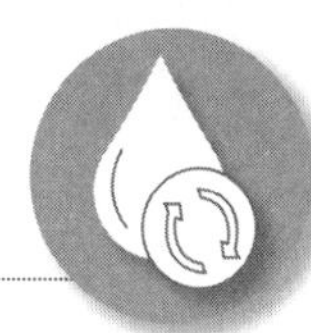

近年来，国家陆续发布及修订了《中华人民共和国固体废物污染环境防治法》《中华人民共和国噪声污染防治法》《排污许可管理条例》等法律法规，提出了排污许可管理的新要求。

华电电力科学研究院有限公司（以下简称“华电电科院”）是中国华电集团有限公司的直属科研机构，专门从事火力发电、煤炭清洁高效利用、质量标准咨询及检验检测、环保监督等技术研究与技术服务工作。近年来，华电电科院环保监督技术团队持续跟踪研判国家出台的生态环保领域最新政策法规，创新环保监督模式，积极构建各产业生态环保风险防控体系，提升企业环境守法能力。

为满足相关产业排污许可证申领及管理需求，华电电科院特成立编写委员会，整理分析国家最新的排污许可管理要求，结合典型环境违法案例，编制了本手册。在编写过程中，重点突出相关产业排污许可证的申领过程，高度注重实用性，对每一步填报操作进行注解说明；结合企业实例编制了管理范本和案例汇编。希望在本手册的指导下，企业申领排污许可证更加简易方便，排污许可管理更加规范。

本手册在编写过程中得到了有关领导及专家的支持与指导，在此一并致谢。限于作者水平和编写时间，书中存在疏漏或不当之处在所难免，欢迎各位同行及专家不吝赐教。

编者

2023 年 12 月

目　录

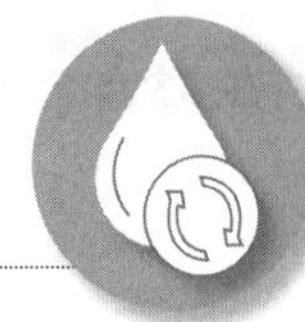

前言

第 1 章 概述

党中央、国务院高度重视排污许可管理工作。党的十九届四中全会审议通过的《中共中央关于坚持和完善中国特色社会主义制度　推进国家治理体系和治理能力现代化若干重大问题的决定》要求，构建以排污许可制为核心的固定污染源监管制度体系。党的十九届五中全会审议通过的《中共中央关于制定国民经济和社会发展第十四个五年规划和二〇三五年远景目标的建议》提出，全面实行排污许可制。

2016 年 11 月，国务院办公厅印发《控制污染物排放许可制实施方案》（国办发〔2016〕81 号），明确提出控制污染物排放许可制作为衔接环境影响评价文件（简称“环评”）制度，整合总量控制、排污收费、环境统计、排污权交易等管理制度的载体。排污许可证成为企事业单位生产运行期间排污行为的唯一行政许可，是企业守法、政府执法、社会监督的依据。企业需要持证排污、按证排污、自证守法。

2021 年 3 月，《排污许可管理条例》（中华人民共和国国务院令第 736 号）正式施行。明确了排污单位污染物排放控制的主体责任，以排污单位自行监测、台账记录、执行报告为手段，压实排污单位责任，推动主动守法；强化生态环境主管部门事中、事后监管职责；引入社会监督，构建新型环境治理体系。

1.1 排污许可证申请流程

全国排污许可证管理信息平台：

http://permit.mee.gov.cn/permitExt/defaults/default-index!getInformation.action

排污许可证申请流程如图 1-1 所示。

具体步骤：注册全国排污许可证信息管理平台→企业登录→判定排污许可管理类别→选择排污许可申请类型→填写排污许可申请表→提交排污许可申请附件材料→提交主管部门审批→按审核意见修改→通过审批→领取排污许可证正本、副本。

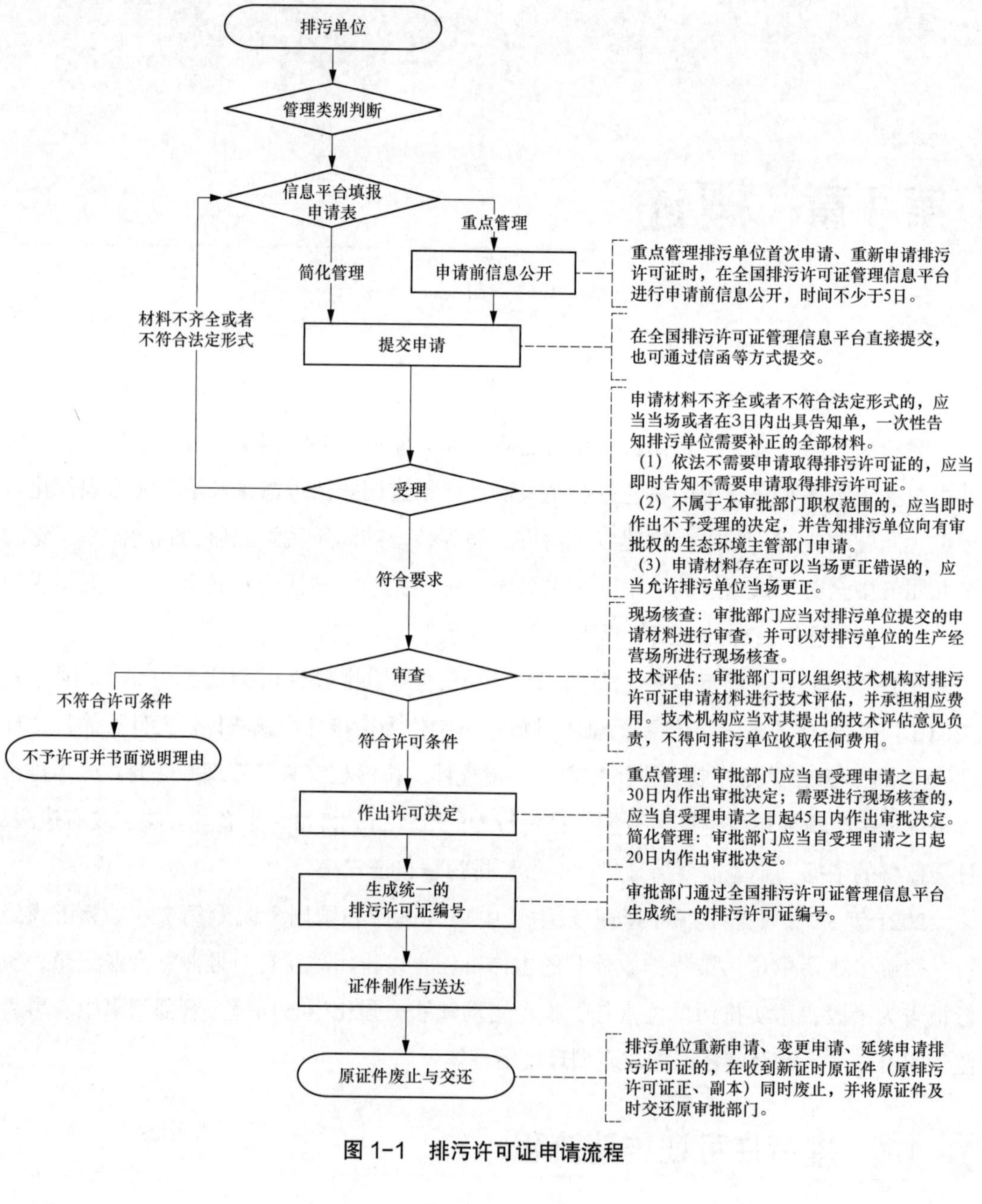

排污单位
↓
管理类别判断
↓
信息平台填报申请表
→ 重点管理 → 申请前信息公开（重点管理排污单位首次申请、重新申请排污许可证时，在全国排污许可证管理信息平台进行申请前信息公开，时间不少于5日。）→ 提交申请
→ 简化管理 → 提交申请
↓
提交申请（在全国排污许可证管理信息平台直接提交，也可通过信函等方式提交。）
↓
受理（申请材料不齐全或者不符合法定形式的，应当当场或者在3日内出具告知单，一次性告知排污单位需要补正的全部材料。（1）依法不需要申请取得排污许可证的，应当即时告知不需要申请取得排污许可证。（2）不属于本审批部门职权范围的，应当即时作出不予受理的决定，并告知排污单位向有审批权的生态环境主管部门申请。（3）申请材料存在可以当场更正错误的，应当允许排污单位当场更正。）
→ 材料不齐全或者不符合法定形式 → 返回信息平台填报申请表
↓ 符合要求
审查（现场核查：审批部门应当对排污单位提交的申请材料进行审查，并可以对排污单位的生产经营场所进行现场核查。技术评估：审批部门可以组织技术机构对排污许可证申请材料进行技术评估，并承担相应费用。技术机构应当对其提出的技术评估意见负责，不得向排污单位收取任何费用。）
→ 不符合许可条件 → 不予许可并书面说明理由
↓ 符合许可条件
作出许可决定（重点管理：审批部门应当自受理申请之日起30日内作出审批决定；需要进行现场核查的，应当自受理申请之日起45日内作出审批决定。简化管理：审批部门应当自受理申请之日起20日内作出审批决定。）
↓
生成统一的排污许可证编号（审批部门通过全国排污许可证管理信息平台生成统一的排污许可证编号。）
↓
证件制作与送达
↓
原证件废止与交还（排污单位重新申请、变更申请、延续申请排污许可证的，在收到新证时原证件（原排污许可证正、副本）同时废止，并将原证件及时交还原审批部门。）

图 1-1 排污许可证申请流程

1.2　平台注册及登录

1.2.1　注册

排污单位登录全国排污许可证管理信息平台，如图 1–2 所示，点击导航栏“网上申报”按钮，进入申请子系统。

全国排污许可证管理信息平台 公开端

申请前信息公开　许可信息公开　限期整改　登记信息公开　许可注销公告　许可撤销公告　许可遗失声明　重要通知　法规标准　碳排放　网上申报　更多

省/直辖市	地市	许可证编号	单位名称	行业类别	遗失原因	遗失时间
广东省	东莞市	91441900059956314X001Q	东莞市	木质家具制造	管理不善，丢失	2022-07-11
广东省	清远市	914418817911708578002R	英德市	镍丝加工	快递时遗失。	2022-08-04
山西省	大同市	91140227689890540G001P	大同县	粘土砖瓦及建筑砌块制造	工作人员携带外出，不慎丢失。	2022-08-04
河南省	新乡市	91410725MA9FRLPX02001V	新乡市	危险废物治理	我公司排污许可证在邮寄过程中不慎...	2022-07-26
陕西省	咸阳市	91610425694903449Y001Q	礼泉兴旺	黑色金属铸造	资料员离职，人员更替交接时不慎遗...	2022-07-13
山西省	晋城市	91140522395481135U001Q	阳城县	其他建筑材料制造	拆厂中不慎丢失	2022-03-25
广东省	广州市	9144018308274263XN001P	广州	纸和纸板容器制造	厂房搬迁，遗失正本	2022-08-03
湖南省	衡阳市	91430421MA4LDT8K8N001V	衡阳县	粘土砖瓦及建筑砌块制造	2020年申领的排污许可证因公司保存...	2021-09-24
贵州省	黔西南布依族苗...	91522327MAAJLFRN8X001V	册亨县	生物质致密成型燃料加工	因工作人员保管不善，导致副本遗失	2022-07-25
山东省	聊城市	91371500MA3RB2LB64001V	聊城市	屠宰及肉类加工	存放排污许可证的文件包丢失	2021-11-26

图 1–2　全国排污许可证管理信息平台首页

首次使用该系统的排污单位，需要先完成注册，点击图 1–2 中导航栏“网上申报”按钮后进入登录界面，如图 1–3 所示，点击“注册”按钮进行注册。

全国排污许可证管理信息平台–企业端

图 1–3　全国排污许可证管理信息平台登录界面

排污单位在注册页面填写单位名称、注册地址、生产经营场所地址、行业类别、用户名、密码、法人代表及电话等信息，其中 * 标记的字段必须填写，如图 1-4 所示。

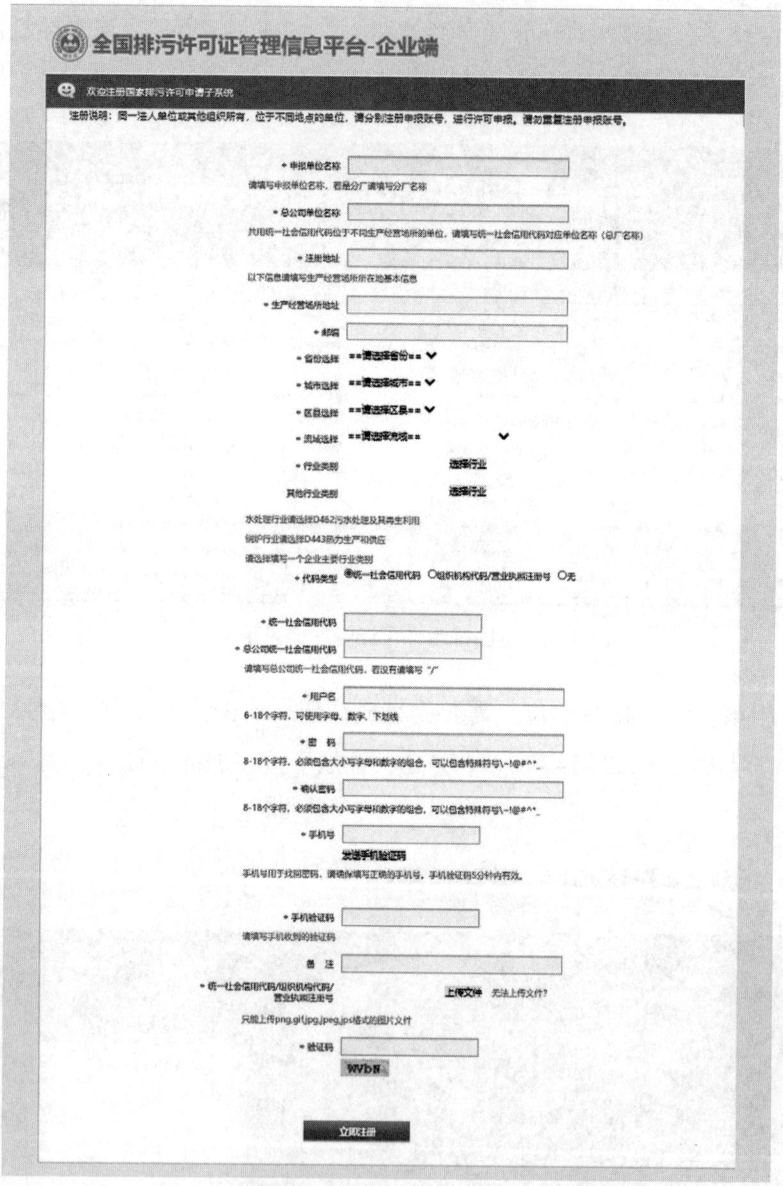

全国排污许可证管理信息平台-企业端

欢迎注册国家排污许可申请子系统

注册说明：同一法人单位或其他组织所有，位于不同地点的单位，请分别注册申报账号，进行许可申报。请勿重复注册申报账号。

* 申报单位名称

请填写申报单位名称，若是分厂请填写分厂名称

* 总公司单位名称

共用统一社会信用代码位于不同生产经营场所的单位，请填写统一社会信用代码对应单位名称（总厂名称）

* 注册地址

以下信息请填写生产经营场所所在地基本信息

* 生产经营场所地址

* 邮编

* 省份选择 ==请选择省份==

* 城市选择 ==请选择城市==

* 区县选择 ==请选择区县==

* 流域选择 ==请选择流域==

* 行业类别 选择行业

其他行业类别 选择行业

水处理行业请选择D462污水处理及其再生利用

锅炉行业请选择D443热力生产和供应

请选择填写一个企业主要行业类别

* 代码类型 ◉统一社会信用代码 ○组织机构代码/营业执照注册号 ○无

* 统一社会信用代码

* 总公司统一社会信用代码

请填写总公司统一社会信用代码，若没有请填写“/”

* 用户名

6-18个字符，可使用字母、数字、下划线

* 密 码

8-18个字符，必须包含大小写字母和数字的组合，可以包含特殊符号\~!@#^*_

* 确认密码

8-18个字符，必须包含大小写字母和数字的组合，可以包含特殊符号\~!@#^*_

* 手机号

发送手机验证码

手机号用于找回密码，请确保填写正确的手机号，手机验证码5分钟内有效。

* 手机验证码

请填写手机收到的验证码

备 注

* 统一社会信用代码/组织机构代码/营业执照注册号 上传文件 无法上传文件？

只能上传png,gif,jpg,jpeg,jps格式的图片文件

* 验证码

WVbN

立即注册

图 1-4 全国排污许可证管理信息平台注册界面

注册注意事项：

（1）根据属地管理原则，实现一企一证的管理方式，位于不同县区的企业须分别申请排污许可证，因此每家申请单位都须注册一个申报账号。

（2）在该系统注册时，如果为分公司或分厂申请，注册单位名称为分公司或分厂名称，单位名称为总公司或总厂名称。

（3）如果申请排污许可证的排污单位涉及多个行业，选择行业类别时只需选择主要生产行业。

（4）邮箱可用于密码找回，请填写常用邮箱。

（5）注册信息填写完成后，点击“立即注册”按钮即完成注册操作。

（6）注册好的企业返回至系统登录界面。

1.2.2 登录主页

在图 1–3 登录页面中，输入用户名、密码及验证码后，点击“登录”按钮即可进入系统业务办理界面（如图 1–5 所示），点击“许可证申请”，进入许可证业务界面（如图 1–6 所示）。

图 1–5 系统业务办理界面

图 1–6 许可证业务界面

1.2.3 许可证申请

查阅《固定污染源排污许可分类管理名录（2019年版）》（生态环境部令第11号），确定企业排污许可分类管理的类别，其中属于重点管理和简化管理的均需要开展许可申请，属于排污登记管理的只需要进行排污登记。

1.2.4 选择排污许可申请类型

排污许可证申请界面如图1-7所示。

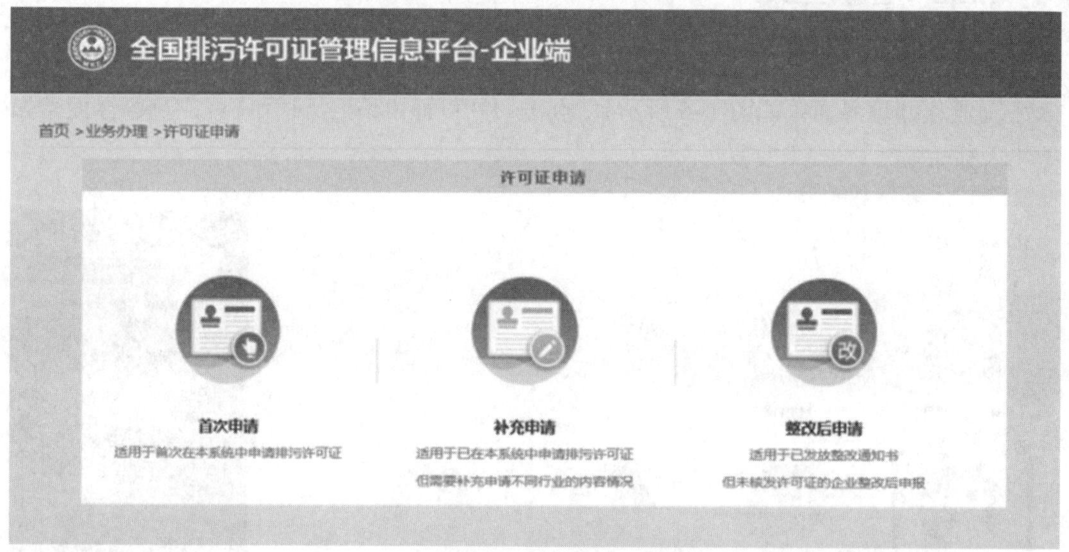

图1-7　许可证申请类型

1. 首次申请

（1）新建项目建设阶段，实际产生污染物排放之前。

（2）企业由“登记管理”变更为重点管理、简化管理时，按照首次申请步骤申报。

2. 重新申请

（1）新建、改建、扩建排放污染物的项目。

（2）生产经营场所、污染物排放口位置或者污染物排放方式、排放去向发生变化。

（3）污染物排放口数量或者污染物排放种类、排放量、排放浓度增加。

3. 补充申请

适用于已在本系统中申请排污许可证，但需要补充申请不同行业的内容的情况。

4. 整改后申请

适用于已发放整改通知书，但未核发许可证的企业整改后申报。

第2章　排污许可证申报指南

2.1　火电企业排污许可证申报指南

2.1.1　排污许可申请依据及适用范围

1. 申请依据

（1）《火电行业排污许可证申请与核发技术规范》（环水体〔2016〕189号）。

（2）《排污许可证申请与核发技术规范　锅炉》（HJ 953—2018）。

（3）《排污许可证申请与核发技术规范　工业固体废物（试行）》（HJ 1200—2021）。

（4）《排污单位环境管理台账及排污许可证执行报告技术规范　总则（试行）》（HJ 944—2018）。

（5）《火电厂污染防治可行技术指南》（HJ 2301—2017）。

（6）《排污单位自行监测技术指南　火力发电及锅炉》（HJ 820—2017）。

（7）《排污许可管理条例》（中华人民共和国国务院令第736号）。

（8）《排污许可管理办法（试行）》（中华人民共和国环境保护部令第48号）。

2. 适用范围

火电企业排污许可证发放范围为执行《火电厂大气污染物排放标准》（GB 13223—2011）的火电机组所在企业，以及有自备电厂的企业。

2.1.2 排污许可平台申请表填报

企业需填报的排污许可证申请表由 18 个板块组成，其中：

第 1 板块为排污单位基本信息，由于内容较多，以表格形式呈现填报指导；

第 2 ～ 5 板块为排污单位登记信息；

第 6 ～ 9 板块为大气污染物排放信息；

第 10、11 板块为水污染物排放信息；

第 12 板块为固体废物管理信息，此板块为 2020 年新增板块；

第 13、14 板块为环境管理要求；

第 15 板块为补充登记信息；

第 16 板块为地方生态环境主管部门依法增加的内容；

第 17 板块为相关附件；

第 18 板块为提交申请页面，需 1 ～ 17 板块准确填报完成后，方可进入提交页面，同时该页面可下载填报完成的“排污许可证申请表”。

2.1.2.1 排污单位基本信息

排污单位基本信息表如图 2–1 所示。

基本信息表中 * 为必填项，没有相应内容的请填写“无”或“/”。

是否需改正（必填项）：符合《关于固定污染源排污限期整改有关事项的通知》（环环评〔2020〕19 号）要求的“不能达标排放”“手续不全”“其他”情形的，应勾选“是”；确实不存在三种整改情形的，应勾选“否”。

排污许可证管理类别（必填项）：按照环评填写主行业，并根据主行业选择管理类别。电力生产企业选择“重点管理”，其中利用农林生物质、沼气发电的选择“简化管理”；热力生产和供应单台且合计出力 20t/h 及以上的锅炉选择“重点管理”，20t/h 以下的选择“简化管理”，1t/h 及以下的选择“登记管理”，电锅炉无须办理排污许可证。

单位名称（必填项）：与企业营业执照保持一致。

注册地址（必填项）：与企业营业执照保持一致。

生产经营场所地址（必填项）：与企业营业执照保持一致。

邮政编码（必填项）：生产经营场所所在地邮政编码。

行业类别（下拉页面中选择）：如图 2–2 所示，多行业共存时仅按照环评填写主要行业类别，其他行业均填入下行。同时建有发电锅炉及其他小锅炉的企业，选择电力主行业“火力发电 D4411”或“热电联产 D4412”。仅有锅炉设备且执行《锅炉大气污染物排放标准》（GB 13271—2014）的排污单位，选择行业“热力生产和供应（D443）”或“锅

炉（TY01）”，按照锅炉规范进行填报。

是否需改正：	否	符合《关于固定污染源排污限期整改有关事项的通知》要求的“不能达标排放”、“手续不全”、“其他”情形的，应勾选“是”；确实不存在三种整改情形的，应勾选“否”。
排污许可证管理类别：	重点管理	排污单位属于《固定污染源排污许可分类管理名录》中排污许可重点管理的，应选择“重点”，简化管理的选择“简化”。
单位名称：	[illegible]	
注册地址：	[illegible]	
生产经营场所地址：	[illegible]	
邮政编码：	215155	生产经营场所地址所在地邮政编码。
行业类别：	火力发电	
其他行业类别：		
是否投产：	是	2015年1月1日起，正在建设过程中，或已建成但尚未投产的，选“否”；已经建成投产并产生排污行为的，选“是”。
投产日期：	1958-01-01	指已投运的排污单位正式投产运行的时间，对于分期投运的排污单位，以先期投运时间为准。
生产经营场所中心经度：	[illegible]	生产经营场所中心经纬度坐标，请点击“选择”按钮，在地图页面拾取坐标。
生产经营场所中心纬度：	[illegible]	
组织机构代码：		
统一社会信用代码：	[illegible]	
法定代表人（主要负责人）：	[illegible]	
技术负责人：	[illegible]	
固定电话：	[illegible]	
移动电话：	[illegible]	
所在地是否属于大气重点控制区：	是	
所在地是否属于总磷控制区：	是	指《国务院关于印发“十三五”生态环境保护规划的通知》（国发〔2016〕65号）以及生态环境部相关文件中确定的需要对总磷进行总量控制的区域。
所在地是否属于总氮控制区：	是	指《国务院关于印发“十三五”生态环境保护规划的通知》（国发〔2016〕65号）以及生态环境部相关文件中确定的需要对总氮进行总量控制的区域。
所在地是否属于重金属污染物特别排放限值实施区域：	否	
是否位于工业园区：	否	是指各级人民政府设立的工业园区、工业集聚区等。

是否有环评审批文件：	是	指环境影响评价报告书、报告表的审批文件号，或者是环境影响评价登记表的备案编号。
环境影响评价审批文件文号或备案编号：	11号机组环评 环监[1992]406号 14号机组环评 苏环[90]第123号 11号机组脱硫改造 苏环便管[2004]183号 11号机组脱硝改造 苏环建[2011]328号 11号机组超低排放改造 苏相环建[2017]22号 14号机组脱硫改造 苏环便管[2005]135号 14号机组脱硝改造 苏环建[2011]297号 14号机组超低排放改造 苏环建[2015]234号 脱硝还原剂液氨改尿素 备案号 202132050700000254	若有不止一个文号，请添加文号。
是否有地方政府对违规项目的认定或备案文件：	否	对于按照《国务院关于化解产能严重过剩矛盾的指导意见》（国发〔2013〕41号）和《国务院办公厅关于加强环境监管执法的通知》（国办发〔2014〕56号）要求，经地方政府依法处理、整顿规范并符合要求的项目，须列出证明符合要求的相关文件名和文号。
是否有主要污染物总量分配计划文件：	是	对于有主要污染物总量控制指标计划的排污单位，须列出相关文件文号（或其他能够证明排污单位污染物排放总量控制指标的文件和法律文书），并列出上一年主要污染物总量指标。
总量分配计划文件文号：	排污许可证8[illegible]1506-7	

说明：对于总量指标中包括自备电厂的排污单位，应当在备注栏对自备电厂进行单独说明。

污染物	总量指标(t/a)	备注说明
二氧化硫	8667	
氮氧化物	18169	

废气废水污染物控制指标

说明：请填写贵单位污染物控制指标。无需填写默认指标。

大气污染物控制指标：		默认大气污染物控制指标为二氧化硫，氮氧化物，颗粒物和挥发性有机物，其中颗粒物包括颗粒物，可吸入颗粒物，烟尘和粉尘4种。
水污染物控制指标：		默认水污染物控制指标为化学需氧量和氨氮。

图 2-1　排污单位基本信息表

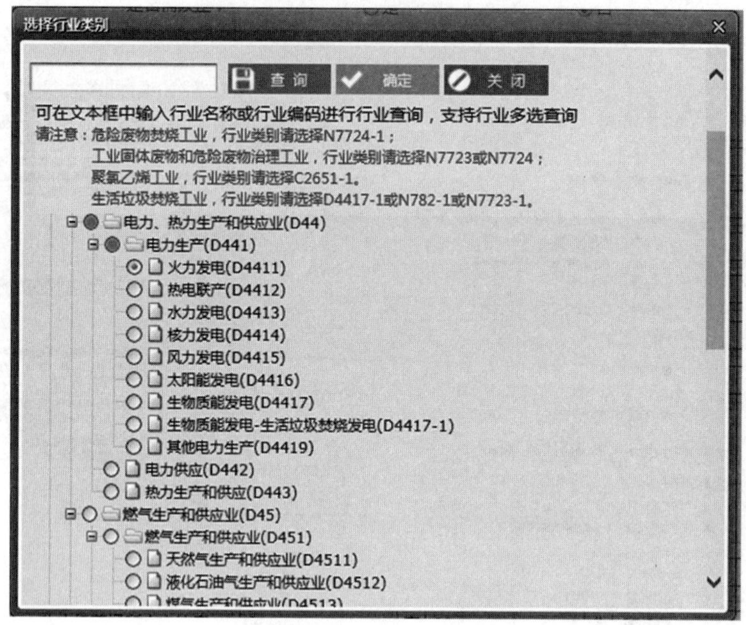

图 2-2　行业类别选择

其他行业类别：主要指生物质发电、生活垃圾焚烧、危险废物焚烧等，没有则不填。

是否投产（必填项）：正在建设过程中或已建成但尚未投产的，选“否”；已经建成投产并产生排污行为的（一般为整改或重新申报），选“是”。

投产日期：指已投运的排污单位正式投运的时间，对于分期投运的排污单位，以先期投运时间为准。

生产经营场所中心经度（必填项）：生产经营场所中心经纬度坐标，请点击“选择”按钮，在地图页面拾取坐标。可参考“经纬度选择说明”。

生产经营场所中心纬度（必填项）：选取方法同上。

组织机构代码：与企业营业执照保持一致。

统一社会信用代码：与企业营业执照保持一致。

法定代表人（必填项）：与企业营业执照保持一致，与后续法人签字文件须一致。

技术负责人（必填项）：企业环保工作分管领导或专职环保管理人员。

固定电话（必填项）：填入固定电话。

移动电话（必填项）：填入移动电话。

所在地是否属于大气重点控制区（必填项）：点击右侧“重点控制区域”，根据本单位所在区域对照选择“是”或“否”。“重点区域”判定依据《关于执行大气污染物特别排放限值的公告》（环境保护部公告 2013 年第 14 号）、《关于京津冀大气污染传输通道城市执行大气污染物特别排放限值的公告》（环境保护部公告 2018 年第 9 号）、《关于执行

大气污染物特别排放限值有关问题的复函》（环办大气函〔2016〕1087 号），以及所在省发布的关于执行大气污染物特别排放限值的公告。

所在地是否属于总磷控制区（必填项）：指《国务院关于印发“十三五”生态环境保护规划的通知》（国发〔2016〕65 号），以及生态环境部相关文件中确定的需要对总磷进行总量控制的区域。

所在地是否属于总氮控制区（必填项）：指《国务院关于印发“十三五”生态环境保护规划的通知》（国发〔2016〕65 号），以及生态环境部相关文件中确定的需要对总氮进行总量控制的区域。

所在地是否属于重金属污染物特别排放限值实施区域（必填项）：点击右侧“特排区域清单”，根据本单位所在区域对照选择“是”或“否”。

是否位于工业园区（必填项）：指各级人民政府设立的工业园区、工业集聚区等。

所属工业园区名称（必填项）：根据《中国开发区审核公告目录》（发展改革委公告 2018 年第 4 号）填报，不包含在目录内的，可选择“其他”手动填写名称。

所属工业园区编码（必填项）：根据《中国开发区审核公告目录》（发展改革委公告 2018 年第 4 号）填报，没有编码的可不填。

是否有环评审批文件（必填项）。

环境影响评价审批文件文号或备案编号（必填项）：指环境影响评价报告书、报告表的审批文件号，或者是环境影响评价登记表的备案编号。若有不止一个文号，请添加文号。包含基建、改造的所有环评。

是否有地方政府对违规项目的认定或备案文件（必填项）：对于按照《国务院关于化解产能严重过剩矛盾的指导意见》（国发〔2013〕41 号）和《国务院办公厅关于加强环境监管执法的通知》（国办发〔2014〕56 号）要求，经地方政府依法处理、整顿规范并符合要求的项目，须列出证明符合要求的相关文件名和文号。

认定或备案文件文号（必填项）：若有不止一个文号，请添加文号。

是否有主要污染物总量分配计划文件（必填项）：对于有主要污染物总量控制指标计划的排污单位，须列出相关文件文号（或其他能够证明排污单位污染物排放总量控制指标的文件和法律文书），并列出上一年主要污染物总量指标。

总量分配计划文件文号（必填项）：如本次申请前已有旧版排污许可证或总量申请表，需填报。

是否通过污染物排放量削减替代获得重点污染物排放总量控制指标（必填项）：根据企业污染物排放总量来源填写。

大气污染物控制指标：默认大气污染物控制指标为二氧化硫、氮氧化物、颗粒物和挥发性有机物，其中颗粒物包括颗粒物、可吸入颗粒物、烟尘和粉尘 4 种。除此之外，如有其他的大气污染物控制指标，在此处载明。如挥发性有机物（VOCs）、甲醛等总量控制要求。

水污染物控制指标：默认水污染物控制指标为化学需氧量和氨氮。

上述信息填写完毕后，点击“保存”，进入下一级页面。

2.1.2.2 主要产品及产能

1. 主页面

在火电企业应填写项目中，点击“添加”按钮，进入下一级页面。所有生产设施产品信息填报完成后，均以表格形式显示在此级页面。

2. 第一级子页面

根据 2.1.2.1 中填写的排污许可申请企业行业类别，搜索并选择对应的行业，此处以“火力发电”为例，点击“添加”，进入下一级页面，在下一级页面添加内容后，及时点击“保存”，如图 2–3 所示。

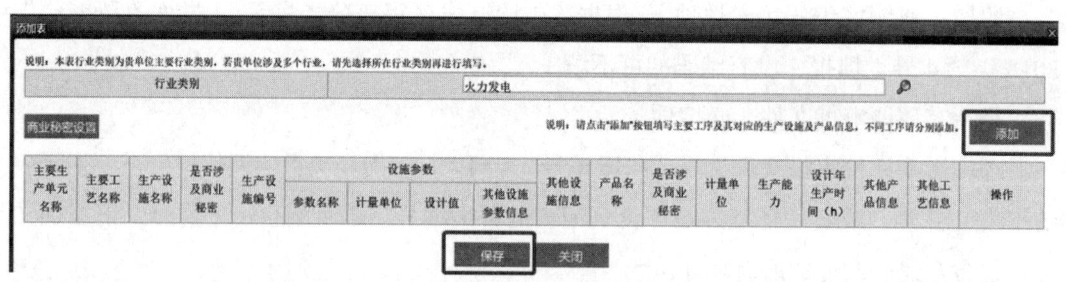

图 2–3　第一级子页面

3. 第二级子页面

主要生产单元名称（必填项）：分为机组名称、公用单元等；其中，对于所有机组公用的储煤、磨煤、碎煤、固体废物贮存等设施，在公用单元中填报；对于其他设施，在机组中填报。

主要工艺名称（必填项）：分为装卸系统、储存系统、运输系统、备料系统、锅炉及发电系统、燃气轮机系统、循环冷却系统、辅助系统等。

主要产品及产能信息如下。

产品名称（必填项）：如电、蒸汽等。

计量单位（必填项）。

生产能力（必填项）：为主要产品设计产能，产能应根据环评填写，与环境影响评价批复的产能不相符的，应说明原因；生产能力不得超出环评批复中所载，否则排污许可证无效。

设计年生产时间（必填项）：根据环评填写，若环评未载明则按照全年生产填写8760h。注意填写运行时间，不要填写利用小时。

其他（选填项）：企业如有需要说明的内容，可填写。

生产设施及参数信息：点击“添加设施”进入下一级页面。

第二级子页面如图 2-4 所示。

添加表

说明：火电行业主要生产单元包括发电机组和公用单元等，如不止一条机组，可按顺序进行编号，如1号机组、2号机组等。

主要生产单元名称	11号机组 *
主要工艺名称	储存系统 *

1、生产设施及参数信息　　说明：请点击"添加设施"按钮，填写生产单元中主要生产设施（设备）信息。　添加设施

生产设施名称	生产设施编号	设施参数				是否涉及商业秘密	其他设施信息	操作
		参数名称	计量单位	设计值	其他参数信息			

2、主要产品及产能信息　　说明：请点击"添加产品"按钮，填写对应工艺主要产品及产能信息。若有本表格中无法囊括的信息，可根据实际情况填写在"其他产品信息"列中。　添加产品

产品名称	计量单位	生产能力	设计年生产时间（h）	其他产品信息	是否涉及商业秘密	操作
--请选择--	--请选择--				否	删除

3、其他工序信息

说明：若有本表格中无法囊括的工艺信息，可根据实际情况填写在以下文本框中。

图 2-4　第二级子页面

4. 第三级子页面

如图 2-5 所示，生产设施名称栏点击右侧“放大镜”图标可以进行查找和选择生产设施，选择后“放大镜”消失。

添加表

说明：生产设施编号请填写企业内部编号，若无内部编号可按照《固定污染源（水、大气）编码规则（试行）》中的生产设施编号规则编写，如MF0001。请注意，生产设施编号不能重复。

主要生产单元名称	11号机组
主要工艺名称	锅炉及发电系统
生产设施名称	煤粉锅炉
生产设施编号	电除尘2 *
是否涉及商业秘密	否

1、生产设施及参数信息　　说明：请点击"添加设施参数"按钮，填写对应设施主要参数信息。若有本表格中无法囊括的信息，可根据实际情况填写在"其他参数信息"列中。　添加设施参数

参数名称	计量单位	设计值	其他参数信息	操作
	--请选择--			删除

2、其他设施信息

说明：若有本表格中无法囊括的信息，可根据实际情况填写在以下文本框中。

图 2-5　第三级子页面

生产设施（分为必填项和选填项）：其中必填项为装卸系统的卸煤码头、翻车机房、火车受料槽、汽车受料槽、临时堆场；储存系统的条形煤场、圆形煤场、筒仓、煤粉仓、

油罐、气罐；运输系统的输送皮带、皮带机头部、输油管线、输气管线、转运站、燃料制样间；备料系统的碎煤机、磨煤机；锅炉及发电系统的一次风机、送风机、二次风机、循环流化床锅炉、煤粉锅炉、燃油锅炉、燃气锅炉、凝汽式汽轮机、抽凝式汽轮机、背压式汽轮机、抽背式汽轮机、发电机；燃气轮机系统的燃气轮机、发电机、余热锅炉；循环冷却系统的直流冷却、直接空冷塔、间接空冷塔、机械通风冷却塔；辅助系统的灰库、渣仓、渣场、灰渣场、石膏库房、脱硫副产物库房、尿素储存间、氨水罐、液氨罐、石灰石粉仓等。选填项为装卸系统的门式起重机、抓斗卸煤机；运输系统的入厂采样间、入炉采样间、原煤仓；锅炉及发电系统的省煤器、空气预热器等。

生产设施编号（必填项）：企业填报内部生产设施编号，可以由汉字、数字、英文组成，若企业无内部生产设施编号，则根据《固定污染源（水、大气）编码规则（试行）》进行编号并填报。

生产设施参数信息：分为参数名称、计量单位、设计值等，包括储量、风量、蒸发量、蒸汽压力、蒸汽温度、锅炉效率、供热量、额定功率、采暖抽汽量、采暖抽汽参数、工业抽汽量、工业抽汽参数、背压排汽参数、输出功率、燃气温度、压缩比、容积等。设施参数根据环保验收报告填写，验收报告未载明的，可以根据运行规程等规范文件填写。

2.1.2.3 主要产品及产能补充

火电企业如涉及生活垃圾焚烧、生物质发电和危险废物焚烧等行业，则需填报此页面，本级页面填报参照 2.1.2.2。

（1）本表格适用于部分行业，可在行业类别选择框中选到对应行业，如图 2-6 所示。若无法选到某个行业，说明此行业不用填写本表格。

（2）若本单位涉及多个行业，请分别对每个行业进行添加设置。

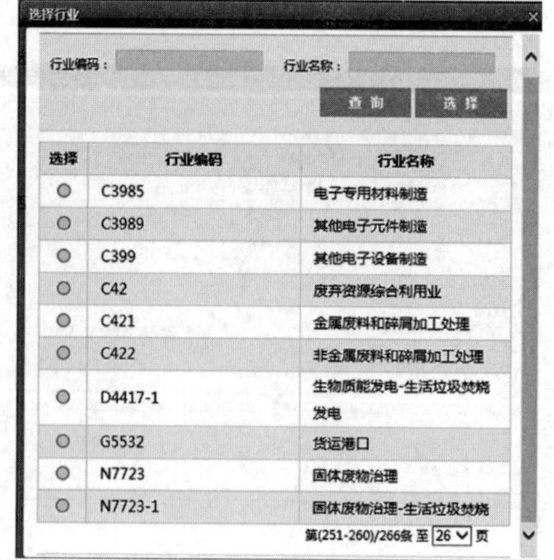

图 2-6 行业类别选择

2.1.2.4 主要原辅材料及燃料

1. 本单元填报说明

（1）种类：指材料种类，选填“原料”或“辅料”。

（2）名称：指原料、辅料名称。

（3）有毒有害成分及占比：指有毒有害物质或元素，及其在原料或辅料中的成分占比，如氟元素（0.1%）。

（4）若有表格中无法囊括的信息，可根据实际情况填写在“其他信息”列中。

2. 主页面

（1）原料及辅料信息。如图 2–7 所示，火电企业点击“添加”按钮，逐一添加本企业的原料辅料信息，下一级页面操作较为简单，此处不做具体展示。

（1）原料及辅料信息

商业秘密设置　添加

行业类别	种类	名称	年最大使用量计量单位	年最大使用量	硫元素占比（%）	有毒有害成分及占比（%）	是否涉及商业秘密	其他信息	操作
火力发电	辅料	烧碱	t/a	[illegible]	/	/	否		编辑 删除
	辅料	盐酸	t/a	[illegible]	/	/	否		
火力发电	辅料	混凝剂	t/a	[illegible]	/	/	否		编辑 删除
火力发电	辅料	石灰石	t/a	[illegible]	0	/	否	/	编辑 删除
火力发电	辅料	液氨	t/a	[illegible]	0	/	否	/	编辑 删除

图 2–7　原料及辅料信息

种类（必填项）：分为原料、辅料。

辅料名称：包括盐酸、烧碱、石灰石、石灰、电石渣、液氨、尿素、氨水、氧化镁、氢氧化镁、混凝剂、助凝剂等。

原料名称：除燃料外，如无其他原料，可不填。

硫元素占比：根据实际情况填写。

有毒有害成分及占比：根据实际情况填写。

年最大使用量（必填项）：已投运排污单位的年最大使用量按近五年实际使用量的最大值填写，未投运排污单位的年最大使用量按设计使用量填写。

（2）燃料信息。如图 2–8 所示，企业点击“添加”按钮，添加本企业的燃料信息，下一级页面操作较为简单，此处不做具体展示。

（2）燃料信息

说明：请存在锅炉设备且执行《锅炉大气污染物排放标准（GB 13271—2014）》的排污单位，填报本表时选择行业“热力生产和供应（D443）”或“锅炉（TY01）”按照锅炉规范进行填报。

商业秘密设置　添加

行业类别	燃料名称	灰分（%）	硫分（%）	挥发分（%）	热值（MJ/kg、MJ/m³）	年最大使用量（万t/a、万m³/a）	是否涉及商业秘密	其他信息	操作
火力发电	柴油	[illegible]	[illegible]	[illegible]	[illegible]	[illegible]	否		编辑 删除
火力发电	烟煤	[illegible]	[illegible]	[illegible]	[illegible]	[illegible]	否		编辑 删除

图 2–8　燃料信息

燃料名称（必填项）：仅填主要燃料，分为常规燃煤、原油、重油、柴油、燃料油、页岩油、天然气、液化石油气、煤层气、页岩气等。

硫分（必填项）：填写环评文件中或者初步设计中载明的最大数值。

灰分、挥发分（必填项）：填写环评文件中或者初步设计中载明的最大数值，天然气等燃料可填 0。

年最大使用量（必填项）：已投运排污单位的年最大使用量按近五年实际使用量的最大值填写，未投运排污单位的年最大使用量按设计使用量填写。

（3）图表上传。可上传文件格式应为图片格式，包括 jpg、jpeg、gif、bmp、png，附件大小不能超过 5MB，图片分辨率不能低于 72dpi，可上传多张图片。

生产工艺流程图：应包括主要生产设施（设备）、主要原料及燃料的流向、生产工艺流程等内容。

生产厂区总平面布置图：应包括主要工序、厂房、设备位置关系，注明厂区雨水、污水收集和运输走向等内容。

2.1.2.5 产排污节点、污染物及污染治理设施

1. 本单元填报说明

该部分包括废气和废水两部分。

废气部分：火电企业应填写生产设施对应的产污节点、污染物种类、排放形式（有组织、无组织）、污染治理设施、是否为可行技术、排放口编号及类型。

废水部分：火电企业应填写废水类别、污染物种类、排放去向、污染治理设施、是否为可行技术、排放口编号、排放口设置是否规范及排放口类型。

2. 废气主页面

火电企业应填写项目如图 2-9 所示，点击“添加”按钮，进入下一级页面。所有废气产排污节点、污染物及污染治理设施信息填报完成后，均以表格形式显示在此级页面。

3. 废气子页面

废气子页面如图 2–10 所示。

对应产污环节名称：分为锅炉烟气、输煤转运站、石灰石筒仓、灰库、储煤设施等（燃气电厂仅为燃气轮机烟气，生物质电厂选择其他，填报原料堆场信息）。

污染物种类：根据环评批复、排放标准及地方管控权，填写各项污染因子，如废气中的烟尘、二氧化硫、氮氧化物、林格曼黑度、汞及其化合物、其他重金属、VOCs、二噁英等。

商业秘密设置　带入新增产污设施　添加

产污设施编号	产污设施名称	对应产污环节名称	污染物种类	排放形式	污染治理设施						有组织排放口编号	有组织排放口名称	排放口设置是否符合要求	排放口类型	其他信息	操作
					污染防治设施编号	污染防治设施名称	污染治理设施工艺	是否为可行技术	是否涉及商业秘密	污染治理设施其他信息						
MF0003	煤粉锅炉	锅炉烟气	二氧化硫	有组织	TA001	喷淋塔	石灰石-石膏湿法	是	否		DA001	11号机组排放口	是	主要排放口		编辑 删除
		锅炉烟气	氮氧化物	有组织	TA002	脱硝系统	SCR,空气分级燃烧技术	是	否		DA001	11号机组排放口	是	主要排放口		
		锅炉烟气	烟尘	有组织	TA003	除尘器	电袋复合除尘器	是	否		DA001	11号机组排放口	是	主要排放口		

图 2-9　废气主页面

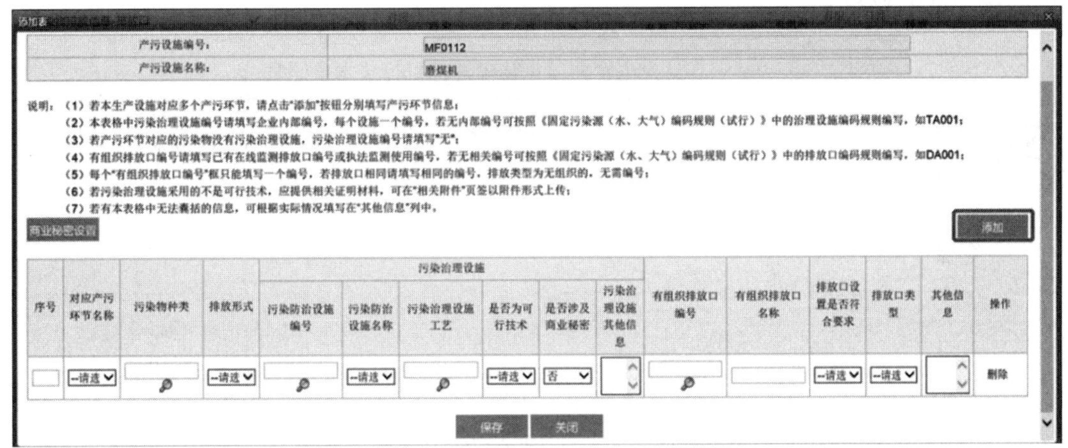
添加表

产污设施编号：	MF0112
产污设施名称：	磨煤机

说明：（1）若本生产设施对应多个产污环节，请点击"添加"按钮分别填写产污环节信息；
（2）本表格中污染治理设施编号请填写企业内部编号，每个设施一个编号，若无内部编号可按照《固定污染源（水、大气）编码规则（试行）》中的治理设施编码规则编写，如TA001；
（3）若产污环节对应的污染物没有污染治理设施，污染治理设施编号请填写"无"；
（4）有组织排放口编号请填写已有在线监测排放口编号或执法监测使用编号，若无相关编号可按照《固定污染源（水、大气）编码规则（试行）》中的排放口编码规则编写，如DA001；
（5）每个"有组织排放口编号"框只能填写一个编号，若排放口相同请填写相同的编号，排放类型为无组织的，无需编号；
（6）若污染治理设施采用的不是可行技术，应提供相关证明材料，可在"相关附件"页签以附件形式上传；
（7）若有本表格中无法囊括的信息，可根据实际情况填写在"其他信息"列中。

商业秘密设置　添加

序号	对应产污环节名称	污染物种类	排放形式	污染治理设施						有组织排放口编号	有组织排放口名称	排放口设置是否符合要求	排放口类型	其他信息	操作
				污染防治设施编号	污染防治设施名称	污染治理设施工艺	是否为可行技术	是否涉及商业秘密	污染治理设施其他信息						
	--请选		--请选		--请选		--请选	否				--请选	--请选		删除

保存　关闭

图 2-10　废气子页面

排放形式：主要有“有组织排放”“无组织排放”。

污染防治设施编号：可填写企业内部污染防治设施编号，有组织排放口编号的请填写已有在线监测排放口编号或执法监测使用编号，若无相关编号可按照《固定污染源（水、大气）编码规则（试行）》中的排放口编码规则编写，如 DA001。

污染防治设施名称：废气污染治理工艺中废气分为脱硫系统（石灰石 – 石膏湿法、石灰 – 石膏湿法、电石渣法、氨 – 肥法、氨 – 亚硫酸铵法等）、脱硝系统［高效低氮燃烧器、空气分级燃烧技术、燃料分级燃烧技术、选择性催化还原技术（SCR）、选择性非催化还原技术（SNCR）等］、脱汞措施（卤素除汞、烟道喷入活性炭吸附剂等）、除尘器（麻石水膜、水吸收、旋风除尘、静电除尘、袋式除尘器、电袋复合除尘器、湿式电除尘等）等。

是否为可行技术：具体可参考《火电厂污染防治可行技术指南》（HJ 2301—2017）。对于燃煤电厂烟气除尘，主要采用电除尘、电袋复合除尘和袋式除尘技术，即可满足排放标准限值要求，另外可根据电厂自身需求，选择低温电除尘、湿式电除尘、高频电源技术、脉冲电源技术、移动电极离线振打清灰、机电多复式双区电除尘、电凝聚技术等工艺；对于二氧化硫，主要分为湿法、干法和半干法三种工艺，主要达标可行技术见表 2–1；对于氮氧化物，锅炉低氮燃烧技术与烟气脱硝技术配合使用可实现 NO_x 达标排放，烟气脱硝技术主要有 SCR、SNCR 和 SNCR–SCR 联合脱硝技术；对于汞及其化合物，燃煤电厂除尘、脱硫和脱硝等环保设施对汞的脱除效果明显，大部分电厂都可以达标，对于个别燃烧高汞煤、汞排放超标的电厂，可以采用炉内添加卤化物等和烟道喷入活性炭吸附剂等单项脱汞技术；此外还有煤炭相关扬尘防治可行技术，见表 2–2。对于采用不属于可行技术范围的污染治理技术，应在“其他信息”栏填写提供的相关证明材料。

表 2–1　　火电企业二氧化硫达标可行技术参照表

<table>
<tr><th>SO_2 入口浓度（mg/m^3）</th><th>地域</th><th>单机容量（MW）</th><th colspan="2">达标可行技术</th></tr>
<tr><td>≤ 2000</td><td>一般和重点地区</td><td rowspan="5">所有容量</td><td rowspan="5">石灰石 – 石膏湿法脱硫</td><td>传统空塔
双托盘</td></tr>
<tr><td rowspan="2">2000 ～ 3000</td><td>一般地区</td><td>传统空塔
双托盘</td></tr>
<tr><td>重点地区</td><td>双托盘
沸腾泡沫</td></tr>
<tr><td>3000 ～ 6000</td><td>一般和重点地区</td><td>旋汇耦合、湍流管栅
单塔双 pH 值、单塔双区</td></tr>
<tr><td>＞ 6000</td><td>一般和重点地区</td><td>旋汇耦合、双塔双 pH 值、
单塔双 pH 值</td></tr>
<tr><td>≤ 3000</td><td>缺水地区</td><td>≤ 300</td><td colspan="2">烟气循环流化床脱硫</td></tr>
<tr><td>≤ 2000</td><td>沿海地区</td><td>300 ～ 1000</td><td colspan="2">海水脱硫</td></tr>
<tr><td>≤ 12000</td><td>电厂周围 200km 内有稳定氨源</td><td>≤ 300</td><td colspan="2">氨法脱硫</td></tr>
</table>

注　适用于 SO_2 入口高浓度的技术，也适用于入口浓度较低的技术。

表 2-2　　火电企业煤炭装卸、输送、贮存的扬尘防治可行技术参照表

扬尘防治环节	可行技术	适用性
煤炭装卸作业过程扬尘防治	（1）封闭式螺旋卸船机、桥式抓斗绳索牵引式卸船机	水路来煤
	（2）缝式煤槽卸煤装置，两侧封闭	汽车来煤
	（3）卸煤设施除进、出端外应采取封闭措施	铁路来煤
厂内煤炭输送作业过程扬尘防治	（1）圆管带式输送机或封闭输煤栈桥	适用于所有电厂煤炭输送
	（2）转运站配袋式除尘器	适用于各种煤质
	（3）转运站配静电除尘器	适用于低挥发分煤
	（4）转运站采用湿式除尘器与湿式电除尘器的组合	适用于各种煤质，环境较敏感地区
厂内贮煤场扬尘防治	（1）露天煤场设喷洒装置、干煤棚，周边进行绿化	适用于南方多雨、潮湿的地区且周围无环境敏感目标的现有煤场
	（2）露天煤场设喷洒装置与防风抑尘网组合	适用于不能封闭的煤场
	（3）储煤筒仓配置库顶式除尘器	适用于贮煤量较小、配煤要求高的电厂
	（4）封闭式煤场设置喷洒装置	适用于能够封闭的煤场

排放口设置是否符合要求：指排放口设置是否符合《排污口规范化整治技术要求（试行）》（环监〔1996〕470 号）等相关文件的规定，填写“是”，并在附件中提供排污口照片等证明材料。

排放口类型：分为主要排放口和一般排放口。主要排放口包括锅炉烟囱和燃气轮机组烟囱，管控许可排放浓度和许可排放量。一般排放口包括输煤转运站排气筒、采样间排气筒等。

4. 废水主页面

火电企业废水部分应填写项目如图 2-11 所示，点击“添加”按钮，进入下一级页面。所有废水产排污节点、污染物及污染治理设施信息填报完成后，均以表格形式显示在此级页面。

添加

行业类别	废水类别	污染物种类	污染治理设施						排放去向	排放方式	排放规律	排放口编号	排放口名称	排放口设置是否符合要求	排放口类型	其他信息	操作
			污染治理设施编号	污染治理设施名称	污染治理设施工艺	是否为可行技术	是否涉及商业秘密	污染治理设施其他信息									
	电力生产废水	全盐量,pH值,悬浮物,化学需氧量,五日生化需氧量	TW001	工业废水处理系统	酸碱中和,气浮法,絮凝或混凝沉淀,澄清	是	否		不外排	无							

图 2-11　废水主页面

5. 废水子页面

废水子页面如图 2-12 所示。

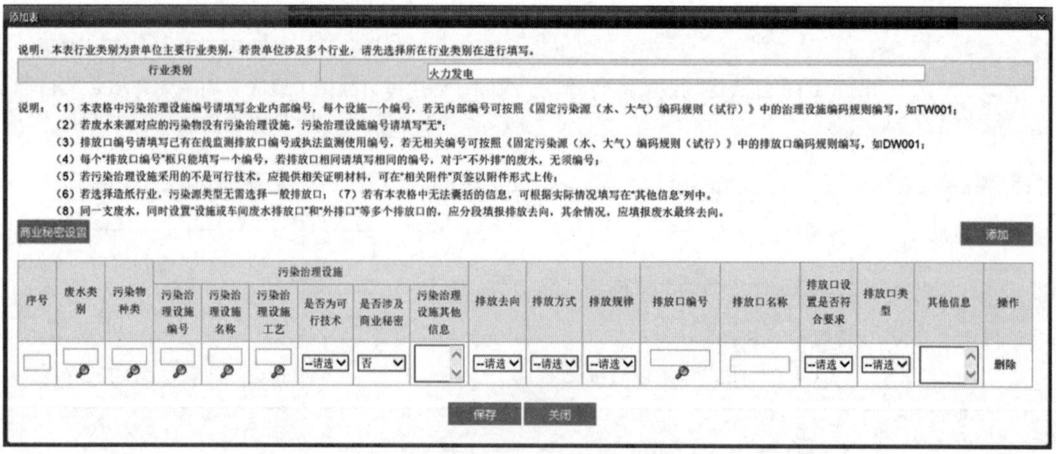

添加表

说明：本表行业类别为贵单位主要行业类别，若贵单位涉及多个行业，请先选择所在行业类别在进行填写。

行业类别	火力发电

说明：（1）本表格中污染治理设施编号请填写企业内部编号，每个设施一个编号，若无内部编号可按照《固定污染源（水、大气）编码规则（试行）》中的治理设施编码规则编写，如TW001；

（2）若废水来源对应的污染物没有污染治理设施，污染治理设施编号请填写"无"；

（3）排放口编号请填写已有在线监测排放口编号或执法监测使用编号，若无相关编号可按照《固定污染源（水、大气）编码规则（试行）》中的排放口编码规则编写，如DW001；

（4）每个"排放口编号"框只能填写一个编号，若排放口相同请填写相同的编号，对于"不外排"的废水，无须编号；

（5）若污染治理设施采用的不是可行技术，应提供相关证明材料，可在"相关附件"页签以附件形式上传；

（6）若选择造纸行业，污染源类型无需选择一般排放口；（7）若有本表格中无法囊括的信息，可根据实际情况填写在"其他信息"列中。

（8）同一支废水，同时设置"设施或车间废水排放口"和"外排口"等多个排放口的，应分段填报排放去向，其余情况，应填报废水最终去向。

商业秘密设置　　添加

序号	废水类别	污染物种类	污染治理设施						排放去向	排放方式	排放规律	排放口编号	排放口名称	排放口设置是否符合要求	排放口类型	其他信息	操作
			污染治理设施编号	污染治理设施名称	污染治理设施工艺	是否为可行技术	是否涉及商业秘密	污染治理设施其他信息									
						--请选	否		--请选	--请选	--请选			--请选	--请选		删除

保存　关闭

图 2-12　废水子页面

火电企业废水类别：火电企业产生的废水主要分为工业废水、脱硫废水、含油废水、输煤冲洗和除尘废水、生活污水及冷却水排水等。工业废水主要包括化学水处理系统的酸碱再生废水、过滤器反冲洗废水、锅炉清洗废水、机组杂排水等。具体类别根据环评要求和地方环境主管部门要求填写。

污染物种类：包括水温、氢离子浓度指数（pH 值）、悬浮物、化学需氧量、氨氮、五日生化需氧量、总磷等（根据《火电行业排污许可证申请与核发技术规范》表 8 监测项目填写污染物种类）。

污染治理设施编号：每个设施一个编号。可填写企业内部污染治理设施名称，若企业无内部编号，则根据《固定污染源（水、大气）编码规则（试行）》进行编号，并填报

每个设施的编号，如 TW001；若废水来源对应的污染物没有污染治理设施，污染治理设施编号请填写“无”。

污染治理设施名称：包括工业废水处理系统、生活污水处理系统、脱硫废水处理系统、含油废水处理系统、含煤废水处理系统、高盐水处理系统。

污染治理设施工艺：包括絮凝或混凝沉淀、澄清、过滤氧化还原、酸碱中和、超滤、反渗透、蒸发结晶、生物接触氧化、化粪池、降温池、气浮法、活性炭吸附法、电磁吸附法、膜过滤法、生物氧化法、隔油池、二级生化处理工艺。

是否为可行技术：具体可参考《火电厂污染防治可行技术指南》（HJ 2301—2017）。火电企业生产废水经隔油、过滤、沉淀等处理后，可用于厂区绿化及道路、堆场洒水，或用于原料磨、增湿塔喷水；生活污水采用二级生化处理工艺处理即可满足《污水综合排放标准》（GB 8978—1996）或《污水排入城镇下水道水质标准》（GB/T 31962—2015）相应限值要求。火电企业废水可行技术参照表详见表 2-3。对于采用不属于可行技术范围的污染治理技术，应在“其他信息”栏填写提供的相关证明材料。

表 2-3　　火电企业废水可行技术参照表

废水种类	主要污染因子	可行技术	去向或回用途径
锅炉酸洗废水	COD、SS、pH 值等	氧化、混凝、澄清	集中处理站
锅炉非经常性废水	pH 值、SS 等	沉淀、中和	集中处理站
酸碱废水	pH 值	中和	烟气脱硫系统
煤泥废水	SS	混凝、澄清、过滤	重复利用
冲灰废水	SS、pH 值等	加阻垢剂	闭路循环
含油废水	油、SS	油水分离	煤场喷洒
脱硫废水	pH 值、SS、COD、重金属等	石灰处理、混凝、澄清、中和	干灰调湿、灰场喷洒、冲渣水、冲灰水或达标排放
		石灰处理（双减法处理）、混凝、澄清、中和、膜软化、膜浓缩、蒸发干燥或蒸发结晶	喷雾蒸发干燥时脱硫废水进入烟气。蒸发结晶时脱硫废水蒸发的水汽冷凝后可在厂内利用，结晶盐外运综合利用
氨区废水	氨氮、pH 值	中和	回用
生活污水	COD、BOD、SS	（1）二级生化处理；（2）膜生物反应器工艺	绿化、集中处理站

续表

废水种类	主要污染因子	可行技术	去向或回用途径
冲渣水	SS、pH 值	沉淀、中和	重复利用
主厂房冲洗水	SS	混凝、澄清	集中处理站
初期雨水	SS、油等	不处理或混凝、澄清	集中处理站
锅炉排污水	温度	—	冷却水系统或化水系统
循环冷却系统排水	盐类	反渗透等除盐工艺	除灰、脱硫、喷洒等利用或除盐后回冷却系统
直流冷却系统排水	温度	—	直接排入水环境
高含盐废水（反渗透浓水、循环水排污等）	盐类	石灰处理、絮凝、沉淀、超滤、反渗透	回冷却系统、脱硫系统等

排放去向（如图 2-13 所示）：①不外排，其中对于工艺、工序产生的废水，“不外排”指全部在工序内部循环使用。②“排至厂内综合污水处理站”指工序废水经处理后排至综合处理站；对于综合污水处理站，“不外排”指全厂废水经处理后全部回用不排放。③直接进入海域。④直接进入江河、湖、库等水环境等。⑤进入城市下水道（再入江河、湖、库）。⑥进入城市下水道（再入沿海海域）。⑦进入城市污水处理厂。⑧直接进入污水灌溉农田。⑨进入地渗或蒸发地。⑩进入其他单位。k工业废水集中处理厂。l其他（包括回喷、回填、回灌、回用等）。同一支废水，同时设置“设施或车间废水排放口”和“外排口”等多个排放口的，应分段填报排放去向，其余情况，应填报废水最终去向。废水排入集中式污水处理设施的，许可排放浓度按照国家或地方污染物排放标准确定；对于国家或地方污染物排放标准没有明确规定的，按照《污水综合排放标准》（GB 8978—1996）中的三级排放限值、《污水排入城镇下水道水质标准》（GB/T 31962—2015）、集中式污水处理设施接纳水质标准，以及其他有关标准从严确定。

排放规律：包括连续排放，流量稳定；连续排放，流量不稳定，但有周期性规律等。

排放口编号：每个“排放口编号”框只能填写一个编号，若排放口相同请填写相同的编号，对于“不外排”的废水，无须编号；尽量填写已有在线监测排放口编号或执法监测使用编号，若无相关编号可按照《固定污染源（水、大气）编码规则（试行）》中的排放口编码规则编写，如 DW001。

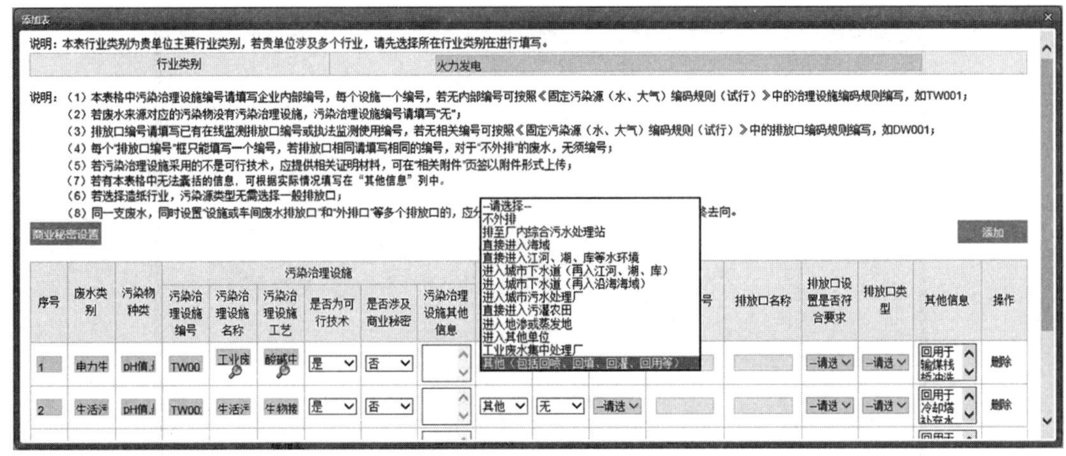

图 2-13　废水排放去向

排放口设置是否符合要求：填写排放口设置是否符合《排污口规范化整治技术要求（试行）》（环监〔1996〕470 号）等相关文件的规定。

排放口类型：分为外排口、设施或车间排放口，其中外排口又分为主要排放口、一般排放口。火电企业废水排放口为一般排放口。一般情况下，燃煤电厂脱硫废水排放口设置为车间排放口，不拥有外排口的编号（如 DW001），但在自行监测信息中需按照核发规范开展自行监测。地方环境主管部门有其他要求的，从其规定。

仅有生活污水，且接入污水厂的，可简化填写。废水表中“污水厂信息”“排放标准”等均不用填。

2.1.2.6　大气污染物排放口

1. 大气排放口基本情况表

如图 2-14 所示，排放单位基本情况填报完成后，部分表格自动生成。点击“编辑”按钮进入子页面，补充排放口信息，其中排放口地理坐标可以自动拾取，如图 2-15 所示。

排放口编号	排放口名称	污染物种类	排放口地理坐标		排气筒高度（m）	排气筒出口内径（m）	排气温度	其他信息	操作
			经度	纬度					
DA001	11号机组排放口	烟尘,汞及其化合物,林格曼黑度,氮氧化物,二氧化硫	120度 26分 16.66秒	31度 26分 33.79秒	120	5.5	48℃		编辑
DA002	14号机组排放口	汞及其化合物,二氧化硫,林格曼黑度,烟尘,氮氧化物	120度 26分 35.95秒	31度 26分 25.40秒	120	5.5	48℃		编辑
DA005	11号机组1号灰库排放口	粉尘	120度 25分 58.33秒	31度 26分 43.51秒	30	0.4	常温		编辑

图 2-14　大气排放口基本情况表

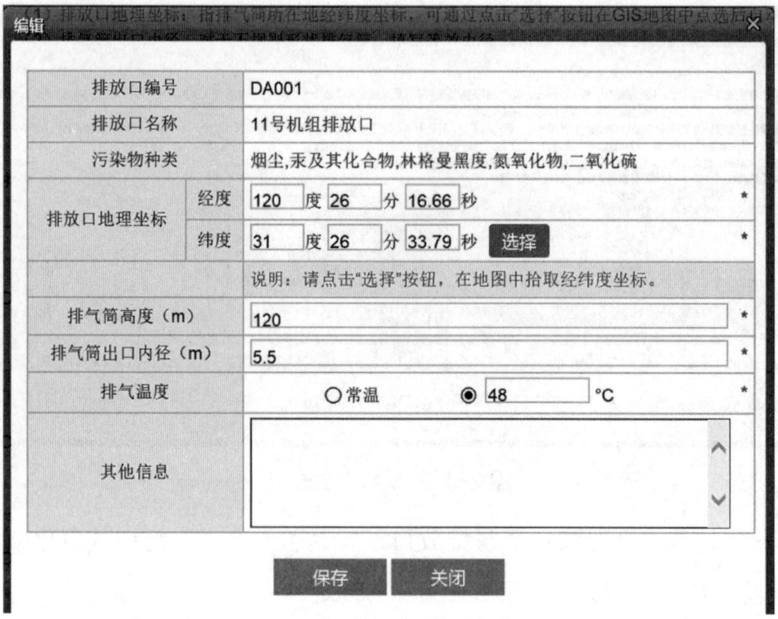

编辑

排放口编号		DA001
排放口名称		11号机组排放口
污染物种类		烟尘,汞及其化合物,林格曼黑度,氮氧化物,二氧化硫
排放口地理坐标	经度	120 度 26 分 16.66 秒 *
	纬度	31 度 26 分 33.79 秒 选择 *
		说明：请点击"选择"按钮，在地图中拾取经纬度坐标。
排气筒高度（m）		120 *
排气筒出口内径（m）		5.5 *
排气温度		○常温 ◉ 48 °C *
其他信息		

保存　关闭

图 2-15　大气排放口基本情况表子页面

火电企业锅炉烟囱和燃气轮机组烟囱等有组织排放口为主要排放口，管控许可排放浓度和许可排放量，应详细填报排放口具体位置、排气筒高度、排气筒出口内径等信息。

其他有组织废气排放口为大气一般排放口，火电企业主要涉及灰库、石灰石筒仓、转运站等区域，由企业在申请排污许可证阶段自行申报，按照相应的污染物排放标准进行管控，后续按要求开展自行监测等；无组织废气污染源应说明采取的控制措施。地方排污许可规范性文件有具体规定或其他要求的，从其规定。

2. 废气污染物排放执行标准信息表

如图 2–16 所示，排放单位基本情况填报完成后，部分表格自动生成，点击"编辑"按钮进入子页面，补充相关信息。

国家或地方污染物排放标准：只能填国家标准（GB）、行业标准（HJ）和省级地方标准（DB），低于省级地方标准的其他标准要求不填写。标准优先级：①地方标准优先于国家标准（特殊情况：地方标准制定后长期没更新，而国家标准更新后对应污染因子严于地方标准，从严）。②同属国家标准的，行业标准优先于通用标准；同属地方标准的，流域（海域、区域）型标准优先于行业标准优先于综合型和通用型标准。

环境影响评价批复要求：新增污染源（必填），指最近一次环境影响评价批复中规定的污染物排放浓度限值。

承诺更加严格排放限值：如火电厂超低排放浓度限值、深度减排浓度限值。按照国

家和地方要求已实施超低排放改造并享受国家和地方的超低排放各类经济补贴和政策优惠的企业，应填报超低排放浓度限值；其他更为严格的限值，根据地方政府要求和企业实际情况适度承诺。

排放口编号	排放口名称	污染物种类	国家或地方污染物排放标准			环境影响评价批复要求	承诺更加严格排放限值	其他信息	操作
			名称	浓度限值	速率限值（kg/h）				
DA001	11 号机组排放口	烟尘	火电厂大气污染物排放标准 GB 13223—2011	20mg/Nm³	/	10 mg/Nm³	10mg/Nm³		编辑复制
DA001	11 号机组排放口	氮氧化物	火电厂大气污染物排放标准 GB 13223—2011	100mg/Nm³	/	50 mg/Nm³	50mg/Nm³		编辑复制
DA001	11 号机组排放口	林格曼黑度	火电厂大气污染物排放标准 GB 13223—2011	1	/	/	/		编辑复制
DA001	11 号机组排放口	二氧化硫	火电厂大气污染物排放标准 GB 13223—2011	50mg/Nm³	/	35 mg/Nm³	35 mg/Nm³		编辑复制

图 2-16　废气污染物排放执行标准信息表

浓度限值：二噁英及二噁英类浓度限值单位为 ng-TEQ/m³；臭气浓度、林格曼黑度限值无量纲；未显示单位的，默认单位为 mg/Nm³（即标准状况下 mg/m³）。

注意：污染物排放执行标准信息表中所有污染物根据《火电厂大气污染物排放标准》（GB 13223—2011），以产排污节点对应的生产设施或排放口为单位，明确各台发电锅炉、燃气轮机组烟尘、二氧化硫、氮氧化物、汞及其化合物许可排放浓度，为小时浓度。

其中属于规定范围的，按照《关于执行大气污染物特别排放限值的公告》（环境保护部公告 2013 年第 14 号）和《关于执行大气污染物特别排放限值有关问题的复函》（环办大气函〔2016〕1087 号）的要求确定许可排放浓度。

地方有更严格的排放标准要求的，按照地方排放标准确定。环评中使用其他地方标准，填入环境影响评价批复要求。

若执行不同许可排放浓度的多台设施采用混合方式排放烟气，且选择的监控位置只能监测混合烟气中的大气污染物浓度，则应执行各限值要求中最严格的许可排放浓度。

2.1.2.7 大气污染物有组织排放信息

1. 主要排放口

排放单位基本情况填报完成后，部分表格自动生成，点击“编辑”按钮进入子页面，补充相关信息，由于平台显示拥挤，此处引用导出后“排污许可证申请表”对应内容的表格显示需填报内容，如图 2–17 所示。

序号	排放口编号	污染物种类	申请许可排放浓度限值（mg/Nm^3）	申请许可排放速率限值（kg/h）	申请年许可排放量限值（t/a）					申请特殊排放浓度限值（mg/Nm^3）	申请特殊时段许可排放量限值
					第一年	第二年	第三年	第四年	第五年		
主要排放口											
1	6 号烟囱入口	二氧化碳	50	/	422.96	422.96	422.96	422.96	422.96	/	/
2	6 号烟囱入口	烟尘	20	/	169.19	169.19	169.19	169.19	169.19	/	/
3	6 号烟囱入口	氮氧化物	100	/	845.93	845.93	845.93	845.93	845.93	/	/
4	6 号烟囱入口	汞及其化合物	0.03	/	/	/	/	/	/	/	/
5	6 号烟囱入口	林格曼黑度	1	/	/	/	/	/	/	/	/
主要排放口合计			颗粒物		169.19	169.19	169.19	169.19	169.19	/	/
			$S0_2$		422.96	422.96	422.96	422.96	422.96	/	/
			NO_x		845.93	845.93	845.93	845.93	845.93	/	/
			VOCs					/	/	/	/

图 2–17 大气污染物主要排放口

在此级页面，企业需明确各台发电锅炉、燃气轮机组烟尘、二氧化硫、氮氧化物许可排放量，包括年许可排放量、不同级别应急预警期间日排放量，以及京津冀等重点区域冬防阶段月排放量。其中，年许可排放量的有效周期应以许可证核发时间起算，滚动 12 个月。

2. 一般排放口

如图 2–18 所示，排放单位基本情况填报完成后，部分表格自动生成，点击“编辑”按钮进入子页面，补充相关信息。有组织废气一般排放口的排放浓度、速率限制等参照《大气污染物综合排放标准》（GB 16297—1996），如有其他标准，按照 2.1.2.6 中标准优先级执行。火电企业大气一般排放口一般暂不许可排放量，地方主管部门有特殊要求的，

从其规定。

说明：浓度限值未显示单位的，默认单位为"mg/Nm³"。

排放口编号	排放口名称	污染物种类	申请许可排放浓度限值	申请许可排放速率限值(kg/h)	申请年许可排放量限值（t/a）					申请特殊排放浓度限值	申请特殊时段许可排放量限值	操作
					第一年	第二年	第三年	第四年	第五年			
DA005	11号机组1号灰库排放口	粉尘	20mg/Nm³	0.5	/	/	/	/	/	/	/	编辑
DA006	11号机组2号灰库排放口	粉尘	20mg/Nm³	0.5	/	/	/	/	/	/	/	编辑
DA007	11号机组3号灰库排放口	粉尘	20mg/Nm³	0.5	/	/	/	/	/	/	/	编辑

图 2-18　大气污染物一般排放口

3. 全厂有组织排放总计

全厂有组织排放总计即为全厂主要排放口与一般排放口总量之和，点击“计算”按钮可以自动计算加和，如图 2-19 所示。

说明："全厂有组织排放总计"指的是，主要排放口与一般排放口之和数据。

请点击计算按钮，完成加和计算　计算

	污染物种类	申请年许可排放量限值（t/a）					申请特殊时段许可排放量限值
		第一年	第二年	第三年	第四年	第五年	

图 2-19　全厂有组织统计

4. 许可排放量的确定

（1）总量确认原则。

1）排污许可证许可排放量为各台锅炉和燃气轮机组许可排放量之和。

2）备用机组不再单独许可排放量，按照企业全厂许可排放量管理。

3）存在锅炉和机组不对应情况的企业，对于纯发电机组，按照发电机数量分别计算许可排放量；对于热电机组，根据发电机额定功率比例计算各自的供热能力，再按照发电机数量分别计算许可排放量。

4）有环境影响评价批复的新增火电机组依据环境影响评价文件及批复确定许可排放量。

5）环境影响评价文件及批复中无排放总量要求或排放总量要求低于按照排放标准

（含特别排放限值）确定的许可排放量的，按照执行的排放标准（含特别排放限值）要求为依据，采用《火电行业排污许可证申请与核发技术规范》推荐的排放绩效法确定许可排放量。地方有更严格的环境管理要求的，从其规定。

6）总量控制要求包括地方政府或环保部门发文确定的企业总量控制指标、环评文件及其批复中确定的总量控制指标、现有排污许可证中载明的总量控制指标、通过排污权有偿使用和交易确定的总量控制指标等地方政府或环保部门与排污许可证申请企业以一定形式确认的总量控制指标。

7）应当执行特别排放限值的企业，按照特别排放限值确定许可排放量。对重污染天气应急预警期间日排放量及京津冀等重点区域冬防阶段月排放量有明确规定的，还应计算特殊时段许可排放量。

8）申请年许可排放量限值，依据各行业规范要求确定因子及计算方法，按照规范计算的值与环评文件中对应的量取样填报，并上传计算过程至附件。

（2）绩效法计算排放总量示例。

排放绩效法测算方法如下。发电锅炉、燃气轮机组烟尘、二氧化硫、氮氧化物的许可排放量根据机组装机容量和年利用小时数，采用排放绩效法测算。排放绩效分别按照《火电厂大气污染物排放标准》（GB 13223—2011），根据达到排放标准、特别排放限值要求进行确定，如表 2-4 ～表 2-6 所示（取自《火电行业排污许可证申请与核发技术规范》）。

表 2-4　　火电机组氮氧化物排放绩效值

<table>
<tr><th rowspan="2">燃料</th><th rowspan="2">地区</th><th rowspan="2">适用条件</th><th rowspan="2">锅炉 / 机组类型</th><th colspan="2">绩效值（g / kWh）</th></tr>
<tr><th>≥ 750MW</th><th>< 750MW</th></tr>
<tr><td rowspan="3">煤</td><td>重点地区</td><td>全部</td><td>全部</td><td>0.35</td><td>0.4</td></tr>
<tr><td rowspan="2">其他地区</td><td rowspan="2">全部</td><td>W 型火焰锅炉、现有循环流化床锅炉</td><td>0.7</td><td>0.8</td></tr>
<tr><td>其他锅炉</td><td>0.25</td><td>0.4</td></tr>
<tr><td rowspan="3">油</td><td>重点地区</td><td colspan="2">全部</td><td colspan="2">0.23</td></tr>
<tr><td rowspan="2">其他地区</td><td>新建锅炉</td><td rowspan="2">全部</td><td colspan="2">0.23</td></tr>
<tr><td>现有锅炉</td><td colspan="2">0.46</td></tr>
<tr><td>天然气</td><td colspan="3">全部</td><td colspan="2">0.25</td></tr>
</table>

注　1. 新建锅炉为 2012 年 1 月 1 日之后环境影响评价文件通过审批的新建、扩建和改建的火力发电锅炉；现有锅炉为 2012 年 1 月 1 日之前建成投产或环境影响评价文件已通过审批的火力发电锅炉；2003 年 12 月 31 日之前建成投产或通过建设项目环境影响评价报告书审批的火力发电锅炉，按照 W 型火焰锅炉，现有循环流化床锅炉对应的排放绩效测算；采用煤矸石、生物质、油页岩、石油焦等燃料的发电锅炉，可以参照循环流化床锅炉绩效值测算。

2. 有地方排放标准的，按照地方排放标准对应的排放绩效测算。
3. 执行特别排放限值的，按照重点地区对应的排放绩效测算。

表 2-5　　火电机组烟尘排放绩效值

燃料	地区	绩效值（g / kWh）	
		≥ 750MW	< 750MW
煤	重点地区	0.07	0.08
	其他地区	0.105	0.12
油	重点地区	0.046	
	其他地区	0.069	
天然气	全部	0.0175	

注　1. 有地方排放标准的，按照地方排放标准对应的排放绩效测算。
2. 执行特别排放限值的，按照重点地区对应的排放绩效测算。

表 2-6　　火电机组二氧化硫排放绩效值

燃料	地区	适用条件	绩效值（g / kWh）	
			≥ 750MW	< 750MW
煤	高硫煤地区	新建锅炉	0.7	0.8
		现有锅炉	1.4	1.6
	重点地区	全部	0.175	0.2
煤	其他地区	新建锅炉	0.35	0.4
		现有锅炉	0.7	0.8
油	重点地区	全部	0.115	
	其他地区	新建锅炉	0.23	
		现有锅炉	0.46	
天然气	全部		0.175	

注　1. 新建锅炉为 2012 年 1 月 1 日之后环境影响评价文件通过审批的新建、扩建和改建的火力发电锅炉；现有锅炉为 2012 年 1 月 1 日之前建成投产或环境影响评价文件已通过审批的火力发电锅炉。
2. 有地方排放标准的，按照地方排放标准对应的排放绩效测算。
3. 位于广西壮族自治区、重庆市、四川省和贵州省的火力发电锅炉，按照高硫煤地区对应的排放绩效测算。
4. 执行特别排放限值的，按照重点地区对应的排放绩效测算。

有地方排放标准的，在上述表格绩效基础上按照地方排放标准折合对应的排放绩效测算。原则上，年利用小时数按照 5000h 取值；自备发电机组和严格落实环境影响评价审批热负荷的热电联产机组按 5500h 取值；若企业可提供监测数据等材料证明自备发电机组和热电联产机组前三年平均利用小时数确大于 5500h 的，可按照前三年平均数取值；对于不联网的自备热电机组，可以根据供热的主体设施运行小时数取值。具备有效在线监测数据的，企业也可以前一自然年实际排放量为依据，申请年许可排放量，其中浓度限值超标或者监测数据缺失时段的排放量不得计算在内。

以某发电公司 2 台 330MW 热电联产机组为例。该厂机组年利用小时数按照 5500h 取值，年供热量 359.5 万 GJ。根据国家及生态环境部相关要求，二氧化硫、氮氧化物和烟尘排放浓度均执行特别排放限值，因此二氧化硫排放绩效值为 0.2g/kWh，氮氧化物排放绩效值为 0.4g/kWh，烟尘排放绩效值为 0.08g/kWh。根据上述参数，单台机组主要污染物申请年许可排放量的计算过程如下。

二氧化硫：（$330 \times 5500+3595000000 \times 0.278 \times 0.3/1000$）$\times 0.2/1000 = 422.96$（t）；

氮氧化物：（$330 \times 5500+3595000000 \times 0.278 \times 0.3/1000$）$\times 0.4/1000 = 845.93$（t）；

烟尘：（$330 \times 5500+3595000000 \times 0.278 \times 0.3/1000$）$\times 0.08/1000 = 169.19$（t）。

其中，单机容量为 330MW，年利用小时数为 5500h，年供热量为 3595000000MJ，供热量（MJ）等效发电量（MWh）系数为 $0.278 \times 0.3/1000$。若特殊时段，要求企业限产 30%，则该厂特殊时段日许可二氧化硫排放量为 $422.96/365 \times$（1–30%）$= 0.811$（t）；氮氧化物和烟尘特殊时段日许可排放量计算参照该公式。

注意：部分地区环境主管部门要求企业总量控制指标、环评文件批复总量、绩效法计算总量相比较，三者取其严。此种情况应在附件中提供总量计算和三者比较过程说明。

2.1.2.8　大气污染物无组织排放信息

1. 本单元填报说明

火电企业无组织排放节点主要包括储煤场、输煤系统、油罐区、物料场、翻车机房、备煤备料系统、石灰石、石膏、灰渣储存区、脱硝辅料区（氨罐区）、灰场等。

对于露天储煤场应配备防风抑尘网、喷淋、洒水、苫盖等抑尘措施，且防风抑尘网不得有明显破损。柴油、液氨、尿素溶液等液态物料应罐装密闭存储，煤粉、灰渣、石灰或石灰石粉等粉状物料须采用筒仓等全封闭料库存储，其他易起尘物料应苫盖。灰渣、石灰或石灰石粉等粉状物料卸料斗和储仓上设置布袋除尘器或其他粉尘收集处理设施。翻车机房、输煤栈桥、输煤转运站采用封闭措施并配置袋式除尘器或其他粉尘收集处理设施。氨罐区应设有防泄漏围堰、氨气泄漏检测设施。氨罐区应安装氨（氨水）流量计。

易错点：

（1）所有无组织点位均需填写，并补充污染防治措施。

（2）厂界无组织需要填报排放标准和浓度限值。

（3）无组织点位结合环评及规范写完整，不要遗漏。

（4）火电企业大气污染物无组织排放暂不许可排放总量。

2. 大气污染物无组织排放信息表

如图 2-20 所示，排放单位基本情况填报完成后，部分表格自动生成，点击“添加”按钮进入图 2-21 所示的子页面，补充相关信息。

添加

行业	生产设施编号/无组织排放编号	产污环节	污染物种类	主要污染防治措施	国家或地方污染物排放标准		年许可排放量限值（t/a）					申请特殊时段许可排放量限值	其他信息	操作
					名称	浓度限值	第一年	第二年	第三年	第四年	第五年			
火力发电	MF0094	氨站	氨		恶臭污染物排放标准GB14554-93	1.5mg/Nm³	/	/	/	/	/	/		编辑
火力发电	MF0095	氨站	氨		恶臭污染物排放标准GB14554-93	1.5	/	/	/	/	/	/		编辑
火力发电	MF0060	储煤设施	粉尘	除尘措施	大气污染物综合排放标准DB32/4041-2021	0.5mg/Nm³	/	/	/	/	/	/		编辑

图 2-20　大气无组织排放信息表

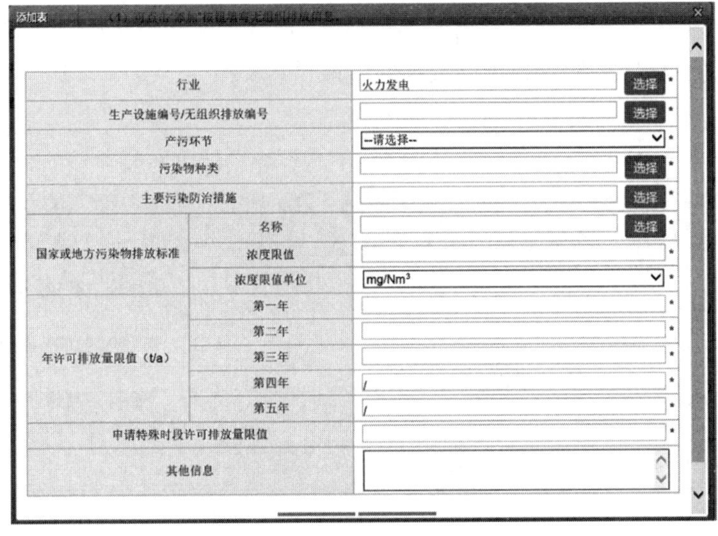
添加表

行业		火力发电　选择 *
生产设施编号/无组织排放编号		选择 *
产污环节		--请选择-- *
污染物种类		选择 *
主要污染防治措施		选择 *
国家或地方污染物排放标准	名称	选择 *
	浓度限值	*
	浓度限值单位	mg/Nm³ *
年许可排放量限值（t/a）	第一年	*
	第二年	*
	第三年	*
	第四年	/ *
	第五年	/ *
申请特殊时段许可排放量限值		*
其他信息		

图 2-21　大气无组织排放信息表子页面

生产设施编号 / 无组织排放编号：填写地方环境主管部门现有编号或由企业根据《固定污染源（水、大气）编码规则（试行）》进行编号并填写。

污染物种类：根据选项选择，如颗粒物、非甲烷总烃、氨、林格曼黑度、二氧化碳等。

主要污染防治措施：根据本企业情况填写。

国家或地方污染物排放标准：火电企业选择《大气污染物综合排放标准》（GB 16297—1996）。

年许可排放量限值：暂不填写。

3. 全厂无组织排放总计

全厂无组织排放总计即为全厂主要排放口与一般排放口总量之和，点击“计算”按钮可以自动计算加和，如图 2-22 所示。

请点击计算按钮，完成加和计算 计算

	污染物种类	年许可排放量限值（t/a）					申请特殊时段许可排放量限值
		第一年	第二年	第三年	第四年	第五年	
全厂无组织排放总计	颗粒物	/	/	/	/	/	/
	SO_2	/	/	/	/	/	/
	NO_x	/	/	/	/	/	/
	VOCs	/	/	/	/	/	/

图 2-22　全厂无组织排放总计

2.1.2.9　企业大气排放总许可量

如图 2-23 所示，“全厂合计”指的是，“全厂有组织排放总计”与“全厂无组织排放总计”之和数据、全厂总量控制指标数据两者取严。

是否需要按月细化：否 *

合规检查

污染物种类	全厂有组织排放总计（t/a）					全厂无组织排放总计（t/a）					全厂合计（t/a）				
	第一年	第二年	第三年	第四年	第五年	第一年	第二年	第三年	第四年	第五年	第一年	第二年	第三年	第四年	第五年
颗粒物	121.100000	121.100000	121.100000	121.100000	121.100000	/	/	/	/	/	121.10	121.10	121.10	121.10	121.10
SO_2	601.600000	601.600000	601.600000	601.600000	601.600000	/	/	/	/	/	601.60	601.60	601.60	601.60	601.60
NO_x	859.600000	859.600000	859.600000	859.600000	859.600000	/	/	/	/	/	859.60	859.60	859.60	859.60	859.60
VOCs						/	/	/	/	/	/	/	/	/	/

备注信息（说明：若有表格中无法囊括的信息或其他需要备注的信息，可根据实际情况填写在以下文本框中。）

无

图 2-23　企业大气排放总许可量

系统自动计算“全厂有组织排放总计”与“全厂无组织排放总计”之和，请根据全厂总量控制指标数据对“全厂合计”值进行核对与修改。

2.1.2.10　水污染物排放口

1. 本单元填报说明

火电企业纳入排污许可管理的废水类别包括工业废水、生活污水和冷却水排水等，单独排入城镇集中污水处理设施的生活污水仅说明去向。根据《污水综合排放标准》（GB 8978—1996）及企业实际排放情况明确水污染因子，包括化学需氧量（COD）、氨氮、pH 值、泥态废物（SS）、硫化物、石油类、溶解性总固体（TDS）、总磷、氟化物、挥发酚等，如表 2-7 所示。地方有其他要求的，从其规定。

表 2-7　生产设施及排放口

废水		
废水类别	废水排放口	污染因子
生产废水、生活污水、冷却水排水、脱硫废水	—	COD
		氨氮
		pH 值
		SS
		硫化物
		石油类
		TDS
		总磷
		氟化物
		挥发酚
		动植物油类

明确所有废水排放口各项水污染因子许可排放浓度（除 pH 值、TDS 外），为日均浓度。火电机组废水直接排放至水体的，其污染物许可排放浓度按照《污水综合排放标准》（GB 8978—1996）及地方排放标准确定，具体应符合环评及其批复要求。

当企业在同一个废水排放口排放两支或两支以上工业废水，且每支废水同一种污染物的排放标准不同时，许可排放浓度按照《污水综合排放标准》（GB 8978—1996）中附录 A 的要求确定。

废水排入集中式污水处理设施的，许可排放浓度按照国家或地方污染物排放标准确定；国家或地方污染物排放标准没有明确规定的，按照《污水综合排放标准》（GB 8978—1996）中的三级排放限值、《污水排入城镇下水道水质标准》（GB/T 31962—2015），以及其他有关标准从严确定。

2. 废水直接排放口信息

如图 2-24 所示，排放单位基本情况填报完成后，部分表格自动生成，点击“编辑”按钮进入子页面，补充相关信息。

排放口编号	排放口名称	排放口地理位置		排水去向	排放规律	间歇式排放时段	受纳自然水体信息		汇入受纳自然水体处地理坐标		其他信息	操作
		经度	纬度				名称	受纳水体功能目标	经度	纬度		
DW002	直流冷却水排口1	120度 26分 12.01秒	31度 26分 50.46秒	直接进入江河、湖、库等水环境	连续排放，流量不稳定，但有周期性规律	/	望虞河	Ⅲ类	120度 26分 9.56秒	31度 26分 56.72秒		编辑
DW003	直流冷却水排口2	120度 26分 12.01秒	31度 26分 50.68秒	直接进入江河、湖、库等水环境	连续排放，流量不稳定，但有周期性规律	/	望虞河	Ⅲ类	120度 26分 9.74秒	31度 26分 58.38秒		编辑

图 2-24　废水直接排放口信息

排放口地理位置：对于直接排放至地表水体的排放口，指废水排出厂界处经纬度坐标；对于纳入管控的车间或车间处理设施排放口，指废水排出车间或车间处理设施边界处经纬度坐标。可手工填写经纬度，也可通过点击“选择”按钮在地理信息系统（GIS）地图中点选后自动生成。

排水去向：2.1.2.5 部分的废水子页面中选择后，此处自动生成，不能修改。

受纳自然水体名称：指受纳水体的名称，如南沙河、太子河、温榆河等。

受纳自然水体功能目标：对于直接排放至地表水体的排放口，其所处受纳水体功能类别，如Ⅲ类、Ⅳ类、Ⅴ类等（具体属于几类水体请与当地生态环境主管部门确认）。

汇入受纳自然水体处地理坐标：对于直接排放至地表水体的排放口，指废水汇入地表水体处经纬度坐标；可手工填写经纬度，也可通过点击“选择”按钮在 GIS 地图中点选后自动生成。

废水向海洋排放的，应当填写岸边排放或深海排放。深海排放的，还应说明排污口的深度、与岸线直线距离。在“其他信息”列中填写。

若有表格中无法囊括的信息，可根据实际情况填写在“其他信息”列中。

3. 入河排污口信息

对直接进入自然水体的排污口信息，与排放口水行政主管部门批复文件相对应。点击“编辑”按钮，补充相关信息，如图 2-25 所示。批复文件需在附件中上传扫描件。

排放口编号	排放口名称	入河排污口			其他信息	操作
		名称	编号	批复文号		
DW002	直流冷却水排口1	30万机直流冷却水排口	001	太管水政【2007】114号		编辑
DW003	直流冷却水排口2	30万机直流冷却水排口	002	太管水政【2007】114号		编辑

图 2–25　入河排放口信息

4. 雨水排放口基本情况表

对于企业厂区雨水排放口，填报信息与“废水直接排放口”一致，如图 2–26 所示，此处不再详细介绍。雨水排放口编号填报排污单位内部编号，如无内部编号，则采用“YS+ 三位流水号数字”（如 YS001）进行编号并填报。

添加

排放口编号	排放口名称	排放口地理位置		排水去向	排放规律	间歇式排放时段	受纳自然水体信息		汇入受纳自然水体处地理坐标		其他信息	操作
		经度	纬度				名称	受纳水体功能目标	经度	纬度		
DW005	雨水排放口	120度 26分 21.05秒	31度 26分 22.49秒	直接进入江河、湖、库等水环境	间断排放，排放期间流量不稳定且无规律，但不属于冲击型排放	下雨时段	京杭大运河	III类	120度 26分 23.53秒	31度 26分 19.90秒		编辑 删除

图 2–26　雨水排放口信息

5. 废水间接排放口基本情况表

火电企业间接排放口主要指污水接管、脱硫废水车间排放口等情况。点击“编辑”按钮添加相关信息。2022 年进行排污许可申请或变更时，脱硫废水车间排放口已经不属于间接排放口，不再有废水排放口编号，仅在 2.1.2.5 部分废水主页面体现。图 2–27 为旧版排污许可证页面。

排放口编号	排放口名称	排放口地理坐标		排放去向	排放规律	间歇排放时段	受纳污水处理厂信息				操作
		经度	纬度				名称	污染物种类	排水协议规定的浓度限值(mg/L)（如有）	国家或地方污染物排放标准浓度限值	
DW001	30万脱硫废水车间排放口	120度 26分 24.61秒	31度 26分 25.51秒	其他（包括回喷、回填、回灌、回用等）		设施运行期间					编辑

图 2–27　废水间接排放口信息

排放口地理坐标：对于排放至厂外城镇或工业污水集中处理设施的排放口，指废水排出厂界处经纬度坐标；对于纳入管控的车间或者生产设施排放口，指废水排出车间或者生产设施边界处经纬度坐标。可通过点击“选择”按钮在 GIS 地图中点选后自动生成。

受纳污水处理厂名称：指厂外城镇或工业污水集中处理设施名称。点击受纳污水处理厂名称后的“增加”按钮，可设置污水处理厂排放的污染物种类及其浓度限值。

排水协议规定的浓度限值：指排污单位与受纳污水处理厂等协商的污染物排放浓度限值要求。属于选填项，没有可以填写“/”。

6. 废水污染物排放执行标准表

本页面需对上述所有排放口的污染物排放种类、标准、浓度限值等情况进行说明，点击“编辑”按钮添加相关信息，如图 2–28 所示。

排放口编号	排放口名称	污染物种类	国家或地方污染物排放标准		排水协议规定的浓度限值（如有）	环境影响评价审批意见要求	承诺更加严格排放限值	其他信息
			名称	浓度限值				
DW002	直流冷却水排口1	流量	/	/ mg/L	/ mg/L	/ mg/L	/ mg/L	/
DW002	直流冷却水排口1	水温	地表水环境质量标准(GB/3838—2002)	/ mg/L	/ mg/L	/ mg/L	/ mg/L	人为造成的环境水温变化应限制在……
DW002	直流冷却水排口1	总余氯（以Cl计）	地表水环境质量标准(GB/3838—2002)	/ mg/L	/ mg/L	/ mg/L	/ mg/L	/
DW003	直流冷却水排口2	水温	地表水环境质量标准(GB/3838—2002)	/ mg/L	/ mg/L	/ mg/L	/ mg/L	人为造成的环境水温变化应限制在……
DW003	直流冷却水排口2	总余氯（以Cl计）	地表水环境质量标准(GB/3838—2002)	/ mg/L	/ mg/L	/ mg/L	/ mg/L	/
DW003	直流冷却水排口2	流量	/	/ mg/L	/ mg/L	/ mg/L	/ mg/L	/

图 2–28　废水污染物排放执行标准表

国家或地方污染物排放标准：指对应排放口须执行的国家或地方污染物排放标准的名称及浓度限值，具体查看环评及其批复要求。火电企业废水总排放口大部分执行《污水综合排放标准》（GB 8978—1996）；部分排至自然水体的，执行流域排放标准或地表水环境质量标准；脱硫废水间接排放口执行《燃煤电厂石灰石 – 石膏湿法脱硫废水水质控制指标》（DL/T 997—2020）。

排水协议规定的浓度限值：指排污单位与受纳污水处理厂等协商的污染物排放浓度限值要求。属于选填项，没有可以填写“/”。

浓度限值未显示单位的，默认单位为 mg/L。

2.1.2.11　水污染物申请排放信息

1. 主要排放口

火电企业废水的排放口均为一般排放口，且排入城镇集中污水处理设施的生活污水无须申请许可排放量，故多数火电企业无须填报此页面，地方有其他要求的，从其

规定。

2. 一般排放口

火电企业直流冷却水、循环冷却水直接排入环境水体的，不得混入其他生产废水，且应严格控制水温，同时确保含盐量、pH 值、有机物浓度、悬浮物含量等满足排放标准要求。水污染物一般排放口如图 2–29 所示。

排放口编号	排放口名称	污染物种类	申请排放浓度限值	申请年排放量限值（t/a）					申请特殊时段排放量限值	操作
				第一年	第二年	第三年	第四年	第五年		
DW001	30万脱硫废水车间排放口	总砷	0.5mg/L	/	/	/	/	/	/	编辑
DW001	30万脱硫废水车间排放口	pH值	6-9	/	/	/	/	/	/	编辑
DW001	30万脱硫废水车间排放口	总汞	0.05mg/L	/	/	/	/	/	/	编辑

图 2–29　水污染物一般排放口

3. 全厂水污染物排放总计

火电企业一般不许可水污染物排放量，仅许可排放浓度限值。对于有水环境质量改善需求的或者地方政府有要求的，可明确各项水污染物的许可排放量。

需要许可水污染排放总量的火电企业，根据地方政府或环保部门发文确定的企业总量控制指标、环评文件及其批复中确定的总量控制指标等相关总量控制要求，明确水污染物排放总量，在附件中上传相关依据。

不需许可水污染排放总量的火电企业，不需提供申请水污染物年排放量限值计算过程及特殊时段许可排放量限值计算过程，可直接填“无”。

2.1.2.12　固体废物管理信息

1. 固体废物基础信息表

依据《排污许可证申请与核发技术规范　工业固体废物（试行）》（HJ 1200—2021）填报。火电企业的固体废物可分为一般工业固体废物和危险废物。两类固体废物信息均在图 2–30 所示页面汇总。

基础信息包括固体废物的名称、代码、类别、物理性状、产生环节、去向等信息。点击“添加”按钮，进入下级页面填写一般工业固体废物的基本信息。

添加

行业类别	固体废物类别	固体废物名称	代码	危险特性	类别	物理性状	产生环节	去向	备注	操作
	一般工业固体废物	炉渣	SW03	/	第Ⅰ类工业固体废物	固态（固态废物，S）	11号机组	委托利用,自行贮存		
	一般工业固体废物	脱硫石膏	SW06	/	第Ⅰ类工业固体废物	固态（固态废物，S）	11号机组	委托利用,自行贮存		
	一般工业固体废物	脱硫石膏	SW06	/	第Ⅰ类工业固体废物	固态（固态废物，S）	14号机组	委托利用,自行贮存		

图 2-30　固体废物基础信息表

2. 一般工业固体废物基础信息填报

一般工业固体废物按照生态环境部制定的一般工业固体废物环境管理台账制定指南填报名称、代码等信息，如图 2-31 所示。

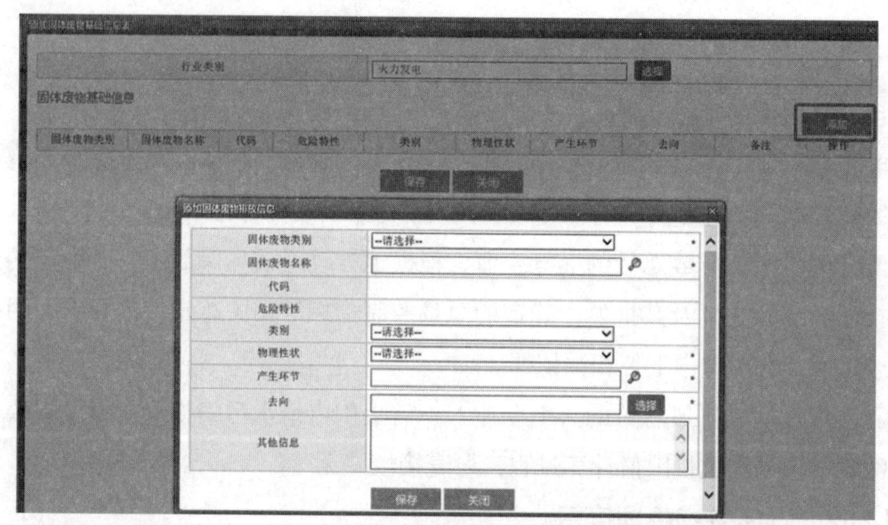

图 2-31　一般工业固体废物基础信息表填报

固体废物类别：在下拉菜单中选择“一般工业固体废物”和“危险废物”。

固体废物名称：点击右侧“放大镜”选择固体废物名称，自动填入其代码和危险特性。燃煤电厂常见的一般工业固体废物包括粉煤灰、炉渣、脱硫石膏、脱硫污泥、污泥、除尘布袋、处理来水的废离子交换树脂等；燃气轮机电厂一般工业固体废物主要为污泥、处理来水的废离子交换树脂；常见的危险废物主要包括废矿物油、废矿物油桶、废油漆、废油漆桶、废铅酸电池、废脱硝催化剂等。

工业固体废物类别：选择第Ⅰ类工业固体废物或第Ⅱ类工业固体废物。第Ⅰ类工业固体废物为按照《固体废物　浸出毒性浸出方法　水平振荡法》（HJ 557—2010）规定方

法获得的浸出液中任何一种特征污染物浓度均未超过《污水综合排放标准》（GB 8978—1996）最高允许浓度（第Ⅱ类污染物最高允许排放浓度按照一级标准执行），且 pH 值在 6 ～ 9 范围之内的一般工业固体废物；第Ⅱ类一般工业固体废物为按照《固体废物　浸出毒性浸出方法　水平振荡法》（HJ 557—2010）规定方法获得的浸出液中有一种或一种以上的特征污染物浓度超过《污水综合排放标准》（GB 8978—1996）最高允许浓度（第Ⅱ类污染物最高允许排放浓度按照一级标准执行），或 pH 值在 6 ～ 9 范围之外的一般工业固体废物。火电企业涉及的粉煤灰、炉渣、石膏等固体废物均为第Ⅰ类工业固体废物，脱硫污泥、原水预处理污泥需要进一步鉴定判断。

物理性状：为一般工业固体废物在常温、常压下的物理状态，包括固态（固态废物，S）、半固态（泥态废物，SS）、液态（高浓度液态废物，L）、气态（置于容器中的气态废物，G）等。

产生环节：指产生该种一般工业固体废物的设施、工序、工段或车间名称等，可点击右侧“放大镜”选择。若有排污单位接收外单位一般工业固体废物的，填报“外来”。

去向：可以进行多项选择，包括自行贮存 / 利用 / 处置、委托贮存 / 利用 / 处置等。此项填报时应选择该类工业固体废物在排污单位内部涉及的全过程去向，企业工业固体废物在厂区内贮存后委外处置的，工业固体废物“去向”同时选择“自行贮存”和“委托处置”。

3. 危险废物基础信息

危险废物基础信息包括危险废物的名称、代码、危险特性、物理性状、产生环节及去向等信息，填报操作参考一般工业固体废物基础信息，不再详细介绍。企业危险废物产生种类应根据环评内容逐一填报，若投产后有新增固体废物，可按要求鉴别后，根据鉴别结果变更填报的工业固体废物内容。

危险废物依据《国家危险废物名录（2021 年版）》（生态环境部、国家发展和改革委员会、公安部、交通运输部、国家卫生健康委员会令第 15 号）、《危险废物鉴别标准》系列标准（GB 5085）和《危险废物鉴别技术规范》（HJ 298—2019）判定，填报危险废物名称、代码、危险特性等信息。火电企业涉及的危险废物有废矿物油、废脱硝催化剂、废铅酸蓄电池、废油桶、废油漆桶、废化学药品、废保温石棉。

物理性状：为危险废物在常温、常压下的物理状态，包括固态（固态废物，S）、半固态（泥态废物，SS）、液态（高浓度液态废物，L）、气态（置于容器中的气态废物，G）等。

产生环节：指产生该种危险废物的设施、工序、工段或车间名称等。工业固体废物治理排污单位接收外单位危险废物的，填报“外来”。

去向：包括自行贮存 / 利用 / 处置、委托贮存 / 利用 / 处置等。

4. 委托贮存 / 利用 / 处置环节污染防控技术要求

请根据《排污许可证申请与核发技术规范　工业固体废物（试行）》（HJ 1200—2021）填报。

排污单位应按照《中华人民共和国固体废物污染环境防治法》（中华人民共和国主席令第三十一号）等相关法律法规要求，对工业固体废物采用防扬散、防流失、防渗漏或者其他防止污染环境的措施，不得擅自倾倒、堆放、丢弃、遗撒工业固体废物。

污染防控技术应符合排污单位适用的污染物排放标准、污染控制标准、污染防治可行技术等相关标准和管理文件要求，鼓励采取先进工艺对煤矸石、尾矿等工业固体废物进行综合利用。

有审批权的地方生态环境主管部门可根据管理需求，依法依规增加工业固体废物相关污染防控技术要求。

示例：排污单位委托他人运输、利用、处置危险废物的，应落实《中华人民共和国固体废物污染环境防治法》（中华人民共和国主席令第三十一号）等法律法规要求，对受托方的主体资格和技术能力进行核实，依法签订书面合同，在合同中约定污染防治要求；转移危险废物的，应当按照国家有关规定填写、运行危险废物转移联单等。

5. 自行贮存和自行利用 / 处置设施信息表

点击页面表格右侧“添加”按钮，进入下一级页面。填报图 2-32 所示页面前，确认在 2.1.2.2 部分已经填报了固体废物贮存设施。完成填报后，所有一般工业固体废物和危险废物贮存及利用 / 处置设施信息，均以表格形式显示在图 2-32 所示页面。

（1）一般工业固体废物填报。自行贮存 / 利用 / 处置设施信息包括设施名称、编号、类型、位置，贮存 / 利用 / 处置方式，贮存 / 利用 / 处置一般工业固体废物能力，贮存 / 利用 / 处置一般工业固体废物的名称、代码、类别、物理性状、产生环节等信息，如图 2-32 所示。

设施名称：按排污单位对该设施的内部管理名称填写，与 2.1.2.2 部分填报的设施名称和编号一致。

设施编号：应填报一般工业固体废物自行贮存 / 利用 / 处置设施的内部编号。若无内部设施编号，应按照《排污单位编码规则》（HJ 608—2017）规定的污染防治设施编号规则进行编号并填报。

设施类型：填报自行贮存 / 利用 / 处置设施。

位置地理坐标：应填报一般工业固体废物自行贮存 / 利用 / 处置设施的地理坐标。

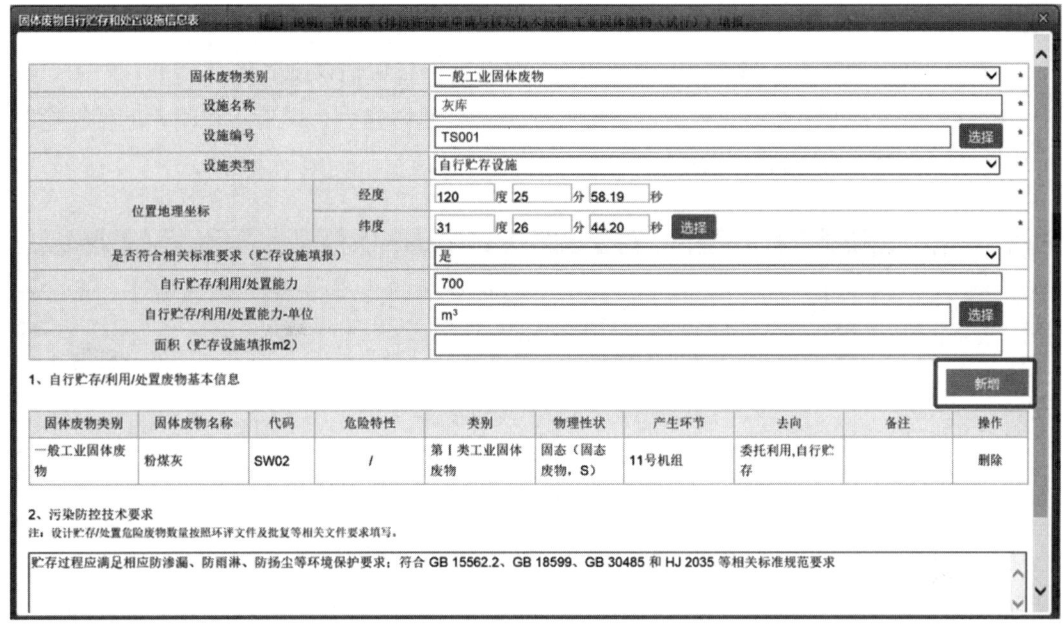

图 2-32　一般工业固体废物填报

自行贮存 / 利用 / 处置方式：作为燃料（直接燃烧除外）或以其他方式产生能量、溶剂回收 / 再生（如蒸馏、萃取等）、再循环 / 再利用不用作溶剂的有机物、再循环 / 再利用金属和金属化合物、再循环 / 再利用其他无机物、再生酸或碱、回收污染减除剂的组分、回收催化剂组分、废油再提炼或其他废油的再利用、生产建筑材料、清洗包装容器、水泥窑协同处置、填埋、物理化学处理（如蒸发、干燥、中和、沉淀等，不包括填埋或焚烧前的预处理）、焚烧、其他。

自行贮存 / 利用 / 处置能力：根据设施实际情况填报。贮存 / 利用 / 处置能力为设施可贮存 / 利用 / 处置一般工业固体废物的最大量，单位为 t/a、m^3/a 等。

自行贮存 / 利用 / 处置一般工业固体废物的名称、代码、类别、物理性状、产生环节：按照 2.1.2.12 部分一般工业固体废物基础信息填报执行。半固态一般工业固体废物可备注含水率、含油率等指标。

污染防控技术要求：企业采用的一般工业固体废物全过程管理期间的措施。示例：采用库房、包装工具（罐、桶、包装袋等）贮存一般工业固体废物的，贮存过程应满足相应防渗漏、防雨淋、防扬尘等环境保护要求；危险废物和生活垃圾不得进入一般工业固体废物贮存场；不相容的一般工业固体废物应设置不同的分区进行贮存；贮存场应设置清晰、完整的一般工业固体废物标志牌等。排污单位生产运营期间一般工业固体废物自行贮存 / 利用 / 处置设施的环境管理和相关设施运行维护要求还应符合《环境保护图形标志　固体废物贮存（处置）场》（GB 15562.2—1995）和《一般工业固体废物贮存和填埋污染控制标准》(GB 18599—2020)等相关标准规范要求。

(2)危险废物填报。自行贮存/利用/处置设施信息包括设施名称、编号、类型、位置，贮存/利用/处置方式，贮存/利用/处置危险废物能力，贮存/利用/处置危险废物的名称、代码、危险特性、物理性状、产生环节等信息，如图 2–33 所示。

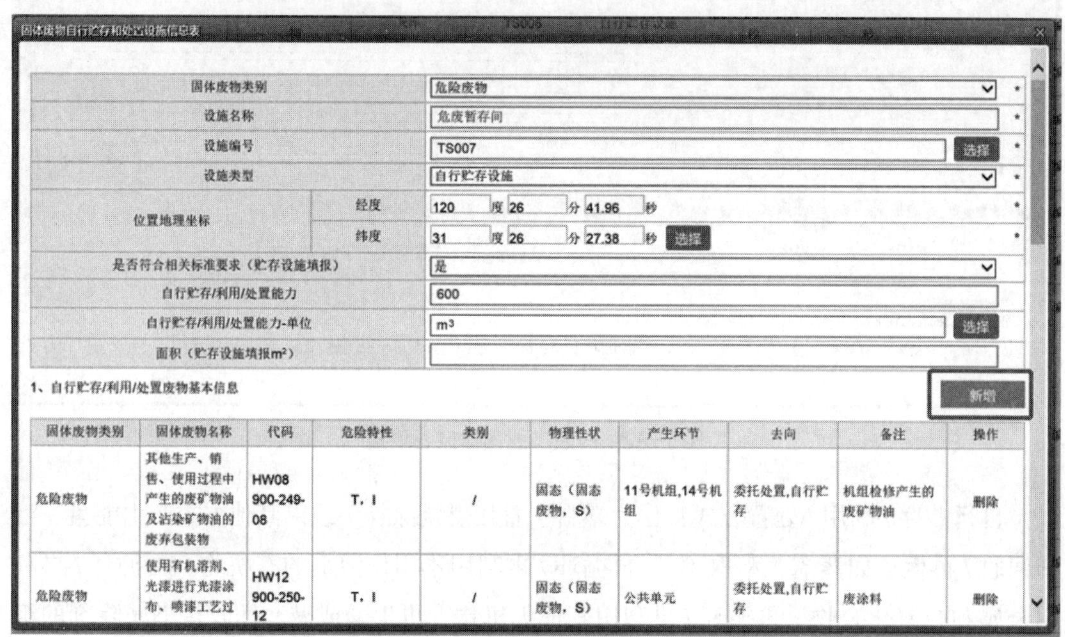
固体废物自行贮存和处置设施信息表

固体废物类别		危险废物 *
设施名称		危废暂存间 *
设施编号		TS007 选择 *
设施类型		自行贮存设施 *
位置地理坐标	经度	120 度 26 分 41.96 秒 *
	纬度	31 度 26 分 27.38 秒 选择 *
是否符合相关标准要求（贮存设施填报）		是
自行贮存/利用/处置能力		600
自行贮存/利用/处置能力-单位		m^3 选择
面积（贮存设施填报m^2）		

1、自行贮存/利用/处置废物基本信息　新增

固体废物类别	固体废物名称	代码	危险特性	类别	物理性状	产生环节	去向	备注	操作
危险废物	其他生产、销售、使用过程中产生的废矿物油及沾染矿物油的废弃包装物	HW08 900-249-08	T，I	/	固态（固态废物，S）	11号机组,14号机组	委托处置,自行贮存	机组检修产生的废矿物油	删除
危险废物	使用有机溶剂、光漆进行光漆涂布、喷漆工艺过	HW12 900-250-12	T，I	/	固态（固态废物，S）	公共单元	委托处置,自行贮存	废涂料	删除

图 2–33　危险废物填报

设施名称：按排污单位对该设施的内部管理名称填写，与 2.1.2.12 部分危险废物基础信息填报的设施名称和编号一致。

设施编号：应填报危险废物自行贮存/利用/处置设施的内部编号。若无内部设施编号，应按照《排污单位编码规则》(HJ 608—2017)规定的污染防治设施编号规则进行编号并填报。

设施类型：填报自行贮存/利用/处置设施。

位置地理坐标：应填报危险废物自行贮存/利用/处置设施的地理坐标。

自行利用/处置方式：火电企业一般为“委托处置”。

自行贮存/利用/处置能力：根据设施实际情况填报。贮存/利用/处置能力为设施可贮存/利用/处置危险废物的最大量，单位为 t/a、m^3/a 等。

自行贮存/利用/处置危险废物的名称、代码、危险特性、物理性状、产生环节：按照 2.1.2.12 部分危险废物基础信息填报执行。半固态危险废物可备注含水率、含油率等指标。

污染防控技术要求：企业采用的危险废物全过程管理期间的措施。示例：包装容器应达到相应的强度要求并完好无损，禁止混合贮存性质不相容且未经安全性处置的危险废物；危险废物容器和包装物，以及危险废物贮存设施、场所应按规定设置危险废物识别标志；仓库式贮存设施应分开存放不相容危险废物，按危险废物的种类和特性进行分区贮存，采用防腐、防渗地面和裙脚，设置防止泄漏物质扩散至外环境的拦截、导流、收集设施；贮存堆场要防风、防雨、防晒。排污单位生产运营期间贮存危险废物不得超过一年，危险废物自行贮存设施的环境管理和相关设施运行维护还应符合《环境保护图形标志　固体废物贮存（处置）场》（GB 15562.2—1995）修改单、《危险废物识别标志设置技术规范》（HJ 1276—2022）和《危险废物贮存污染控制标准》（GB 18597—2023）等相关标准规范要求。

6. 特殊固体废物填报

排污单位应完整填报其产生和接收的全部工业固体废物种类及相关基础信息，产生工业固体废物的排污单位可根据环评文件及批复、危险废物管理计划等文件，结合实际工业固体废物产生情况详细填报，因此企业还需要结合实际产废情况，在“工业固体废物基础信息表”内补充填报废气治理设施产生的废活性炭相关信息。

若企业所在地区有特殊要求，活性炭更换频次计算方式则须按照地方要求进行计算，并提供计算过程和依据。计算过程中需考虑废气设计方案、环评要求，从中取严，得出最终更换频次。

2.1.2.13　自行监测要求

依据《排污单位自行监测技术指南　总则》（HJ 819—2017）、《排污单位自行监测技术指南　火力发电及锅炉》（HJ 820—2017）填报。

1. 自行监测要求填报页面

图 2–34 所示页面中，企业需填写所有排放口的自行监测情况，包括废气有组织 / 无组织排放口、废水排放口，所有信息填报完成后自动汇总展示。企业需根据排污许可自行监测相关标准要求，确定每个排放口的监测项目、监测点位、监测指标、监测频次、监测方法和仪器、采样方法、监测质量控制、自动监测系统联网、自动监测系统的运行维护及监测结果公开情况等，并建立台账记录报告。

无组织排放监测、废气排放监测、废水排放监测如表 2–8 ～表 2–10 所示。

监测内容：指气量、水量、温度、含氧量等非污染物的监测项目。

污染源类别	排放口编号	监测内容	污染物名称	监测设施	自动监测是否联网	自动监测仪器名称	自动监测设施安装位置	自动监测设施是否符合安装、运行、维护等管理要求	手工监测采样方法及个数	手工监测频次	手工测定方法	其他信息
	DA001	林格曼黑度,二氧化硫,氮氧化物,颗粒物,汞及其化合物	林格曼黑度	手工					非连续采样 至少3个	1次/季	固定污染源排放烟气黑……	
			汞及其化合物	手工					非连续采样 至少3个	1次/季	固定污染源废气 汞的……	
			氮氧化物	自动	是	#1烟气连续在线监测仪	烟囱入口	是				
			二氧化硫	自动	是	#1烟气连续在线监测仪	烟囱入口	是				
			烟尘	自动	是	#1烟气连续在线监测仪	烟囱入口	是				

图 2-34　自行监测填报

手工监测采样方法及个数：指污染物采样方法，如对于废水污染物，“混合采样（3个、4个或5个混合）”“瞬时采样（3个、4个或5个瞬时样）”；对于废气污染物，“连续采样”“非连续采样（3个或多个）”。

手工监测频次：指一段时期内的监测次数要求，如1次/季等，对于规范要求填报自动监测设施的，在手工监测内容中填报。自动在线监测出现故障时的手工频次为1次/4h，每6h上报地方环境主管部门。

表 2-8　无组织排放监测

燃料类型	监测点位	监测指标	监测频次
煤、煤矸石、石油焦、油页岩、生物质	厂界	颗粒物①	季度
油	储油罐周边及厂界	非甲烷总烃	季度
所有燃料	氨罐区周边	氨②	季度

① 未封闭堆场需增加监测频次。周边无敏感点的，可适当降低监测频次。
② 适用于使用液氨或氨水作为还原剂的企业。

表 2-9　废气排放监测

燃料类型	锅炉或燃气轮机规模	监测指标	监测频次
燃煤	14MW 或 20t/h 及以上	颗粒物、二氧化硫、氮氧化物	自动监测
		汞及其化合物①、氨②、林格曼黑度	季度
	14MW 或 20t/h 以下	颗粒物、二氧化硫、氮氧化物、林格曼黑度、汞及其化合物	月
燃油	14MW 或 20t/h 及以上	颗粒物、二氧化硫、氮氧化物	自动监测
		氨②、林格曼黑度	季度
	14MW 或 20t/h 以下	颗粒物、二氧化硫、氮氧化物、林格曼黑度	月

续表

燃料类型	锅炉或燃气轮机规模	监测指标	监测频次
燃气[3]	14MW 或 20t/h 及以上	氮氧化物	自动监测
		颗粒物、二氧化硫、氨[2]、林格曼黑度	季度
	14MW 或 20t/h 以下	氮氧化物	月
		颗粒物、二氧化硫、林格曼黑度	年

注 1. 型煤、水煤浆、煤矸石锅炉参照燃煤锅炉；油页岩、石油焦、生物质锅炉或燃气轮机组参照以油为燃料的锅炉或燃气轮机组。

2. 多种燃料掺烧的锅炉或燃气轮机应执行最严格的监测频次。

3. 排气筒废气监测应同步监测烟气参数。

① 煤种改变时，需对汞及其化合物增加监测频次。

② 使用液氨等含氨物质作为还原剂，去除烟气中氮氧化物的，可以选测。

③ 仅限于以净化天然气为燃料的锅炉或燃气轮机组，其他气体燃料的锅炉或燃气轮机组参照以油为燃料的锅炉或燃气轮机组。

表 2-10　　废水排放监测

锅炉或燃气轮机规模	燃料类型	监测点位	监测指标	监测频次
涉单台 14MW 或 20t/h 及以上锅炉或燃气轮机的排污单位	燃煤	企业废水总排放口	pH 值、化学需氧量、氨氮、悬浮物、总磷[1]、石油类、氟化物、硫化物、挥发酚、溶解性总固体（全盐量）、流量	月
	燃煤	脱硫废水排放口	pH 值、总砷、总铅、总汞、总镉、流量	月
	燃气	企业废水总排放口	pH 值、化学需氧量、氨氮、悬浮物、总磷[1]、溶解性总固体（全盐量）、流量	季度
	燃油	企业废水总排放口	pH 值、化学需氧量、氨氮、悬浮物、总磷[1]、石油类、硫化物、溶解性总固体（全盐量）、流量	月
		脱硫废水排放口	pH 值、总砷、总铅、总汞、总镉、流量	月
	所有	循环冷却水排放口	pH 值、化学需氧量、总磷、流量	季度

续表

锅炉或燃气轮机规模	燃料类型	监测点位	监测指标	监测频次
涉单台 14MW 或 20t/h 及以上锅炉或燃气轮机的排污单位	所有	直流冷却水排放口	水温、流量	日
			总余氯	冬、夏各监测一次
仅涉单台 14MW 或 20t/h 以下锅炉的排污单位	所有	企业废水总排放口	pH 值、化学需氧量、氨氮、悬浮物、流量	年

注 除脱硫废水外，废水与其他工业废水混合排放的，参照相关工业行业监测要求执行；脱硫废水不外排的，监测频次可按季度执行。

① 生活污水若不排入总排口，可不测总磷。

手工测定方法：指污染物浓度测定方法，如“测定化学需氧量的重铬酸钾法”“测定氨氮的水杨酸分光光度法”等。

根据行业特点，如果需要对雨排水进行监测，应当在其他自行监测及记录信息表内手动填写。注意不要遗漏雨水监测要求，部分地区有土壤和地下水监测要求的，也可载明。周边环境影响监测点位、监测指标的参照企业环境影响评价文件的要求执行。地方生态环境主管部门有更严格的监测要求的，从其规定。

若有表格中无法囊括的信息，可根据实际情况填写在“其他信息”列中。

对于无自动监测的大气污染物和水污染物指标，企业应当按照自行监测数据记录，总结说明企业开展手工监测的情况。

2. 监测质量保证与质量控制要求

填报示例：监测质量保证与质量控制按照《排污单位自行监测技术指南　总则》（HJ 819—2017）、《排污单位自行监测技术指南　火力发电及锅炉》（HJ 820—2017）中相关规定执行，以提升自行监测数据的质量。

（1）公司按要求需上报的排放数据采用自动监测和手工监测，其中 SO_2、NO_x、烟尘监测为自动监测，自动连续监测烟气自动监控系统（CEMS）数据与环境保护部门联网，系统监测数据经比对验收，满足相关运行、维护等管理要求；涉及汞及其化合物、总悬浮微粒（TSP）等指标的为手工监测，企业委托有资质的检测机构代为开展，所委托的第三方检测单位须出具其检验检测机构资质认定（CMA）证书。

（2）企业设置有监测机构，制定相应的工作流程、管理措施与监督措施，建立自行监测质量体系，对日常运行中部分数据开展监测。运行过程应满足的具体要求如下。

1）建立质量体系：根据本单位自行监测的工作需求，设置监测机构，梳理监测方案制定、样品采集、样品分析、监测结果报出、样品留存、相关记录的保存等监测的各个环节作业的要求。质量体系应包括对监测机构、人员、出具监测数据所需仪器设备、监测辅助设施和实验室环境、监测方法技术能力验证、监测活动质量控制与质量保证等的具体描述。委托其他有资质的检测机构代其开展自行监测的，排污单位不用建立监测质量体系，但应对检测机构的资质进行确认。

2）监测机构：监测机构应具有与监测任务相适应的技术人员、仪器设备和实验室环境，明确监测人员和管理人员的职责、权限和相互关系，有适当的措施和程序保证监测结果准确可靠。

3）监测人员：应配备数量充足、技术水平满足工作要求的技术人员，规范监测人员录用、培训教育和能力确认 / 考核等活动，建立人员档案，并对监测人员实施监督和管理，规避人员因素对监测数据正确性和可靠性的影响。

4）监测设施和环境：根据仪器使用说明书、监测方法和规范等的要求，配备必要的如除湿机、空调、干湿度温度计等辅助设施，以使监测工作场所条件得到有效控制。

5）监测：应配备数量充足、技术指标符合相关监测方法要求的各类监测仪器设备、标准物质和实验试剂。监测仪器性能应符合相应方法标准或技术规范要求，根据仪器性能实施自校准或者检定 / 校准、运行和维护、定期检查。标准物质、试剂、耗材的购买和使用情况应建立台账予以记录。

6）监测方法技术能力验证：应组织监测人员按照其所承担监测指标的方法步骤开展实验活动，测试方法的检出浓度、校准（工作）曲线的相关性、精密度和准确度等指标，实验结果满足方法相应的规定以后，方可确认该人员实际操作技能满足工作需求，能够承担测试工作。

7）监测质量控制：编制监测工作质量控制计划，选择与监测活动类型和工作量相适应的质控方法，包括使用标准物质、采用空白试验、平行样测定、加标回收率测定等，定期进行质控数据分析。

8）监测质量保证：按照监测方法和技术规范的要求开展监测活动，若存在相关标准规定不明确但又影响监测数据质量的活动，可编写作业指导书予以明确。

3. 监测数据记录、整理、存档要求

填报示例：监测数据记录、整理、存档按照《排污单位自行监测技术指南　总则》（HJ 819—2017）、《排污单位自行监测技术指南　火力发电及锅炉》（HJ 820—2017）中相关规定执行。

（1）自动监测数据记录、整理、存档要求。

1）自动监测运维记录，包括监测辅助设备运行状况、系统校准、校验记录、定期比对监测记录、维护保养记录、是否故障、故障维修记录、巡检日期等信息。记录频次：实时记录，每月汇总。

2）台账保存期限不得少于五年。

（2）手工监测数据记录、整理、存档要求。

1）采样记录采样日期、采样时间、采样点位、混合取样的样品数量、采样器名称、采样人姓名等。

2）样品保存和交接：样品保存方式、样品传输交接记录。

3）样品分析记录分析日期、样品处理方式、分析方法、质控措施、分析结果、分析人姓名等。

4）手工监测数据，记录频次：监测时记录。记录形式：电子台账＋纸质台账。

5）台账保存期限不得少于五年。

4. 监测点位示意图

须包括所有自行监测点位位置，可上传的文件格式应为图片格式，包括 jpg、jpeg、gif、bmp、png，附件大小不能超过 5MB，图片分辨率不能低于 72dpi，可上传多张图片。

2.1.2.14　环境管理台账记录要求

1. 填报页面

点击“填报模板下载”按钮，下载环境管理台账记录要求模板，并在此基础上补充相关行业排污许可证申请与核发技术规范规定的内容；也可以点击“添加默认数据”按钮，系统将自动代入台账记录要求信息，可在此基础上修改和编辑。

2. 台账记录管理填报要求

火电企业应按照“规范、真实、全面、细致”的原则，依据本技术规范要求，在排污许可证管理信息平台申报系统进行填报；有核发权的地方环境保护主管部门补充制定相关技术规范中要求增加的，在技术规范基础上进行补充；企业还可根据自行监测管理的要求补充填报其他必要内容。企业应建立环境管理台账制度，设置专职人员进行台账的记录、整理、维护和管理，并对台账记录结果的真实性、准确性、完整性负责。

排污许可证台账应按生产设施进行填报，内容主要包括基本信息、生产设施运行管理信息、其他环境管理信息、污染防治设施运行管理信息、监测记录信息、其他环境管理信息，记录频次和记录内容要满足排污许可证的各项环境管理要求，如图 2-35 所示。

（1）基本信息。企业名称、地址、行业类别、法人代表、信用代码、环评审批文号、许可证编号等。

序号	类别	记录内容	记录频次	记录形式	其他信息
1	基本信息	企业名称、地址、行业类别、法人代表、信用代码、环评审批文号、许可证编号等	1次/年（发生变化时记录1次）。	电子台账+纸质台账	纸质及电子台账保存五年。
2	生产设施运行管理信息	按照燃煤发电机组记录每日的运行小时、用煤量、发电煤耗、产灰量、产渣量、实际发电量、实际供热量、负荷率。按照燃气机组记录每日的运行小时、用气量、发电气耗、实际发电量、实际供热量、负荷率。燃煤火电厂应每天记录煤质分析，包括收到基灰分、干燥无灰基挥发分、收到基全硫、低位发热量等	1次/日	电子台账+纸质台账	纸质及电子台账保存五年。
3	其他环境管理信息	按照《危险废物产生单位管理计划制定指南》等标准及管理文件的相关要求，结合自身的实际情况，与生产记录相衔接，建立危险废物台账，如实记载产生危险废物的种类、数量、流向、贮存、利用处置等信息。	按《危险废物产生单位管理计划制定指南》要求记录。	电子台账+纸质台账	纸质及电子台账保存五年。
4	污染防治设施运行管理信息	1、废气处理设施运行情况 应记录脱硫、脱硝、除尘设备的工艺、设计建设企业、投运时间等基本情况。按日记录脱硫剂使用量、脱硫副产物产生量、脱硝剂使用量、粉煤灰产生量、布袋除尘器清灰周期及换袋情况等，并记录脱硫、脱硝、除尘设施运行、故障及维护情况等。2、污水处理运行状况记录 按日记录污水处理量、污水回用量、污水排放量、污泥产生量（包括含水率）、污水处理使用的药剂名称及用量、冷却水的排放量等。	1次/日	电子台账+纸质台账	纸质及电子台账保存五年。
5	监测记录信息	对于无自动监测的大气污染物和水污染物指标，定期记录开展手工监测的日期、时间、污染物排放口和监测点位、监测方法、监测频次、监测仪器及型号、采样方法等	按要求定期记录	电子台账+纸质台账	纸质及电子台账保存五年。
6	其他环境管理信息	按照《一般工业固体废物管理台账制定指南》（试行）等标准及管理文件的相关要求，如实记录工业固体废物的种类、产生量、流向、贮存、利用、处置等信息。	按《一般工业固体废物管理台账制定指南》（试行）要求记录。	电子台账+纸质台账	纸质及电子台账保存五年。

图 2-35 数据保存要求

（2）生产设施运行管理信息。按照燃煤发电机组记录每日的运行小时、用煤量、发电煤耗、产灰量、产渣量、实际发电量、实际供热量、负荷率。按照燃气机组记录每日的运行小时、用气量、发电气耗、实际发电量、实际供热量、负荷率。燃煤火电厂应每天记录煤质分析，包括收到基灰分、干燥无灰基挥发分、收到基全硫、低位发热量等。

（3）其他环境管理信息（危险废物）。按照《危险废物产生单位管理计划制定指南》等标准及管理文件的相关要求，结合自身的实际情况，与生产记录相衔接，建立危险废物台账，如实记载产生危险废物的种类、数量、流向、贮存、利用处置等信息。

（4）污染防治设施运行管理信息。

1）废气处理设施运行情况。应记录脱硫、脱硝、除尘设备的工艺、设计建设企业、投运时间等基本情况。按日记录脱硫剂使用量、脱硫副产物产生量、脱硝剂使用量、粉煤灰产生量、布袋除尘器清灰周期及换袋情况等，并记录脱硫、脱硝、除尘设施运行、故障及维护情况等。

2）污水处理运行状况记录。按日记录污水处理量、污水回用量、污水排放量、污泥产生量（包括含水率）、污水处理使用的药剂名称及用量、冷却水的排放量等。

（5）监测记录信息。对于无自动监测的大气污染物和水污染物指标，定期记录开展手工监测的日期、时间、污染物排放口和监测点位、监测方法、监测频次、监测仪器及型号、采样方法等。

（6）其他环境管理信息（固体废物）。按照《一般工业固体废物管理台账制定指南（试行）》等标准及管理文件的相关要求，如实记录工业固体废物的种类、产生量、流向、贮存、利用、处置等信息。

3. 注意事项

危险废物经营单位应将台账记录保存10年以上，以填埋方式处置危险废物的台账记录应当永久保存。其他内容的电子台账+纸质台账的保存期限不得低于5年。

2.1.2.15 补充登记信息

主要产品信息、燃料使用信息、涉VOCs辅料使用信息、废气排放信息、废水排放信息、工业固体废物排放信息、其他需要说明的信息，可在此部分进行补充填报。一般火电厂不需要填报此部分内容。

2.1.2.16 地方生态环境主管部门依法增加内容

火电企业厂界噪声相关信息在图2-36所示页面填写，主要依据为《工业企业厂界环境噪声排放标准》(GB 12348—2008)，以及行业技术规范要求及企业环评、验收文件要求，取严执行。此页面需填写的主要内容是昼间/夜间时段、噪声限值、执行排放标准，备注中明确自行监测要求。环评或者地方环境主管部门有频发噪声、偶发噪声相关要求的企业，需在此页面载明相关要求。

噪声排放信息

噪声类别	生产时段		执行排放标准名称	厂界噪声排放限值		备注
	昼间	夜间		昼间,dB(A)	夜间,dB(A)	
稳态噪声	06 至 22	22 至 06	《工业企业厂界环境噪声 选择	65	55	一季度监测一次
频发噪声	○是 ◉否	○是 ◉否	选择			
偶发噪声	○是 ◉否	○是 ◉否	选择			

图2-36 噪声排放信息

根据《工业企业厂界环境噪声排放标准》(GB 12348—2008)要求，企业厂界环境噪声排放限值如表2-11所示。

表2-11 工业企业厂界噪声排放限值 单位：dB(A)

厂界外声环境功能区类别	时段	
	昼间	夜间
0	50	40

续表

厂界外声环境功能区类别	时段	
	昼间	夜间
1	55	45
2	60	50
3	65	55
4	70	55

注意：

（1）夜间频发噪声的最大声级超过限值的幅度不得高于 10dB（A）。

（2）夜间偶发噪声的最大声级超过限值的幅度不得高于 15dB（A）。

（3）工业企业若位于未划分声环境功能区的区域，当厂界外有噪声敏感建筑物时，由当地县级以上人民政府参照《声环境质量标准》（GB 3096—2008）和《声环境功能区划分技术规范》（GB/T 15190—2014）的规定确定厂界外区域的声环境质量要求，并执行相应的厂界环境噪声排放限值。

（4）当厂界与噪声敏感建筑物距离小于 1m 时，厂界环境噪声应在噪声敏感建筑物的室内测量，并将规范中相应的限值减 10dB（A）作为评价依据。

2.1.2.17　相关附件

1. 填报页面

在图 2–37 所示页面，企业需要点击右侧“点击上传”处，上传表 2–12 所示文件。

2. 注意事项

（1）承诺书等内容不准修改，签字日期需为最新时间，法人签字盖章，与营业执照法人一致。

（2）环评、审批和验收文件统一命名格式：“文号 +×××公司 A 项目批复 ×× 年 ×× 月 ×× 日”“×× 公司 B 项目环评报告表 ×× 年 ×× 月 ×× 日”。

（3）排污口规范化材料、工艺流程图、监测点位示意图等均要按照要求上传，每份材料合并成一个文档，文件名完整清楚。

（4）涉及总量需上传年排放量计算过程和依据，合并成一个文档，文件名完整清楚。

（5）营业执照、接管协议、危险废物管理计划、特殊固体废物计算过程、各类情况说明等，上传在“其他”中。

（6）重新申请 / 变更申请需上传相应的申请文件。

（7）涉及变动的企业要上传变动分析，按照《污染影响类建设项目重大变动清单（试行）》中相关文件的编制要求，由建设单位编制上传变动分析，并对结论负责。

必传文件	文件类型名称	上传文件名称	操作
*	守法承诺书（需法人签字）	承诺书（天然气）20220511.pdf 删除	点击上传
	排污许可证申领信息公开情况说明	信息公开说明表（天然气）.pdf 删除	点击上传
	与变更排污许可事项有关的其他材料	83 506-7 .jpg 删除 变更说明-发电有限公司.docx 删除	点击上传
	生产工艺流程图	燃机生产工艺流程图.png 删除	点击上传
	达标证明材料（说明：包括环评、监测数据证明、工程数据证明等。）		点击上传
	生产厂区总平面布置图	生产厂区总平面布置图_副本.jpg 删除 厂区总平面图（水）.jpg 删除	点击上传
	监测点位示意图	电有限公司监测点位图.bmp 删除	点击上传
	申请年排放量限值计算过程		点击上传
	地方规定排污许可证申请表文件	燃机环评报告书.pdf 删除	点击上传
	整改报告		点击上传
	其他	发电有限公司+燃机环评报告书+2002年2月.pdf 删除 发电有限公司+环评批复+2002年3月12日.pdf 删除 发电有限公司+燃机环保验收监测报告+2006年4月.pdf 删除 发电有限公司+燃机环保验收意见+2006年7月8日.pdf 删除	点击上传

下一步

图 2-37　相关附件

表 2-12　附件要求

序号	文件名称	备注
1	守法承诺书（须法人签字）	必须项
2	符合建设项目环境影响评价程序的相关文件或证明材料	必须上传：上传项目相关的环评文件、环评批复、备案文件（如有）。建议上传：验收报告、验收批复等相关材料
3	排污许可证申领信息公开情况说明表	必须项。模板见网站首页底部
4	通过排污权交易获取排污权指标的证明材料	若有排污权交易情况需上传
5	排污口和监测孔规范化设置情况说明材料	上传排污口、监测孔已规范化设置的证明材料

续表

序号	文件名称	备注
6	达标证明材料（说明：包括环评、监测数据证 明、工程数据证明等）	按要求上传相关能证明达标排放的材料
7	生产工艺流程图	建议包括主要生产设施（设备）、主要原辅料的流向、产排污节点，生产工艺流程等内容
8	生产厂区总平面布置图	应包括主要工序、厂房、设备位置关系，注明厂区雨水、污水收集和运输走向等内容
9	监测点位示意图	应包括上述自行监测要求中的所有监测点
10	申请年排放量限值计算过程	对于需要核定许可排放量的排污单位，属于必须项。见本手册 2.1.2.7 部分许可排放量的确定
11	自行监测相关材料	应上传符合技术规范或指南的监测方案，即监测指标、监测频次等内容应符合行业技术规范或行业自行监测技术指南的要求
12	地方规定排污许可证申请表文件	—
13	其他	上传固体废物处置合同、机组后期改造的环评文件、其他需要说明的材料等。对于限期整改类的企业，需上传整改承诺和整改方案，相关模板可咨询所在地生态环境主管部门

2.1.2.18　提交申请

1. 守法承诺确认

“我单位已了解《排污许可管理办法（试行）》及其他相关文件规定，知晓本单位的责任、权利和义务。我单位不位于法律法规规定禁止建设区域内，不存在依法明令淘汰或者立即淘汰的落后生产工艺装备、落后产品，对所提交排污许可证申请材料的完整性、真实性和合法性承担法律责任。我单位将严格按照排污许可证的规定排放污染物、规范运行管理、运行维护污染防治设施、开展自行监测、进行台账记录并按时提交执行报告、及时公开环境信息。在排污许可证有效期内，国家和地方污染物排放标准、总量控制要求或者地方人民政府依法制定的限期达标规划、重污染天气应急预案发生变化时，我单位将积极采取有效措施满足要求，并及时申请变更排污许可证。一旦发现排放行为与排污许可证规定不符，将立即采取措施改正并报告生态环境主管部门。我单位将自觉接受生态环境主管部门监管和社会公众监督，如有违法违规行为，将积极配合调查，并依法接受处罚。

特此承诺。”

2. 提交信息

完成所有信息填报后，点击“生成排污许可证申请表 .doc”可排队生成排污许可证申请表文档，稍后刷新页面可出现“下载排污许可证申请表 .doc”按钮，点击下载检查无误后，选择提交审批级别，点击“提交”按钮完成申报，如图 2–38 所示。

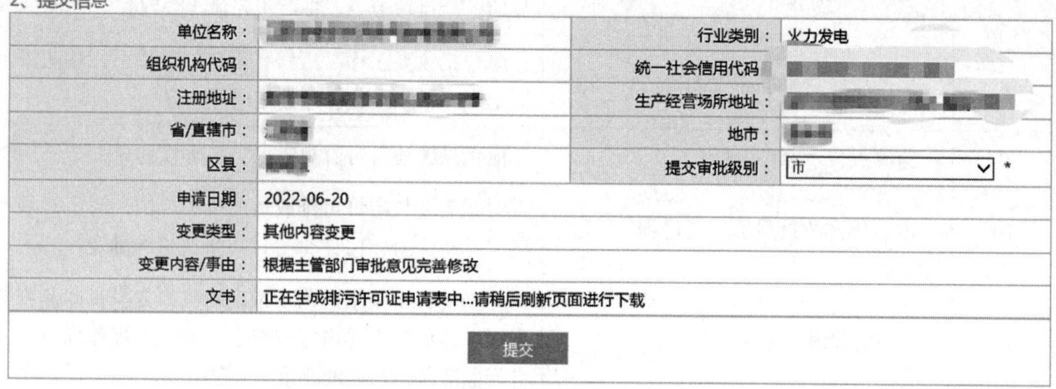
2、提交信息

单位名称：		行业类别：	火力发电
组织机构代码：		统一社会信用代码	
注册地址：		生产经营场所地址：	
省/直辖市：		地市：	
区县：		提交审批级别：	市 *
申请日期：	2022-06-20		
变更类型：	其他内容变更		
变更内容/事由：	根据主管部门审批意见完善修改		
文书：	正在生成排污许可证申请表中...请稍后刷新页面进行下载		

提交

图 2–38　信息提交

2.2　煤矿企业排污许可证申报指南

2.2.1　排污许可申请依据及适用范围

1. 申请依据

（1）《排污许可管理条例》（中华人民共和国国务院令第 736 号）。

（2）《固定污染源排污许可分类管理名录（2019 年版）》（生态环境部令第 11 号）。

（3）《排污口规范化整治技术要求（试行）》（环监〔1996〕470 号）。

（4）《一般工业固体废物环境管理台账制定指南（试行）》。

（5）《锅炉大气污染物排放标准》（GB 13271—2014）。

（6）《煤炭工业污染物排放标准》（GB 20426—2006）。

（7）《排污许可证申请与核发技术规范　总则》（HJ 942—2018）。

（8）《排污许可证申请与核发技术规范　水处理通用工序》（HJ 1120—2020）。

（9）《排污许可证申请与核发技术规范　锅炉》（HJ 953—2018）。

（10）《排污许可证申请与核发技术规范　工业固体废物（试行）》（HJ 1200—2021）。

（11）《排污单位自行监测技术指南　总则》（HJ 819—2017）。

（12）《排污单位编码规则》（HJ 608—2017）。

（13）《危险废物管理计划和管理台账制定技术导则》（HJ 1259—2022）。

（14）《固体废物　浸出毒性浸出方法　水平振荡法》（HJ 557—2010）。

2. 适用范围

适用于煤炭开采类（露天和井工）排污单位首次申请排污许可证、变更排污许可证及重新申请排污许可证时，在全国排污许可证管理信息平台填报申请排污许可证。本手册针对煤炭开采企业的特点，细化明确了系统填报的技术要求，力求帮助煤炭开采企业更高效、更规范地填报。

2.2.2　排污许可平台申请表填报

企业需填报的排污许可证申请表由 18 个板块组成，其中：

第 1 板块为排污单位基本信息，由于内容较多，以表格形式呈现填报指导；

第 2 ～ 5 板块为排污单位登记信息；

第 6 ～ 9 板块为大气污染物排放信息；

第 10、11 板块为水污染物排放信息；

第 12 板块为固体废物管理信息，此板块为 2020 年新增板块；

第 13、14 板块为环境管理要求；

第 15 板块为补充登记信息；

第 16 板块为地方生态环境主管部门依法增加的内容；

第 17 板块为相关附件；

第 18 板块为提交申请页面，需 1 ～ 17 板块准确填报完成后，方可进入提交页面，同时该页面可下载填报完成的“排污许可证申请表”。

请按照页面顺序进行填报。生产设施编号、污染治理设施编号、排污口编号为企业自行编制或填写当地环保部门统一印发的编号。请注意相同的设施和排放口填写相同的编号，不同的设施和排放口填写不同的编号，一次填写一个编号，请勿将多个编号写在一个文本框内。为了满足各地管理要求的差异，所有表单中若有对应表格中无法囊括的信息，可根据实际情况填写在“其他信息”列或备注信息文本框中。

许可申请模块所有信息填写完成后，点击“提交申请”按钮，确认提交后，业务申请填报完成，申报信息提交给管理部门审核。排污单位在提交申请页面可下载排污许可证申请表。

2.2.2.1　排污单位基本信息

是否需要改正：符合《关于固定污染源排污限期整改有关事项的通知》（环环评〔2020〕19 号）要求的“不能达标排放”“手续不全”“其他”情形的，应勾选“是”；确实不存在三种整改情形的，应勾选“否”，如图 2-39 所示。

1、排污单位基本信息

是否需改正:	◎是	◉否	*	符合《关于固定污染源排污限期整改有关事项的通知》要求的“不能达标排放”、“手续不全”、“其他”情形的，应勾选“是”；确实不存在三种整改情形的，应勾选“否”。
排污许可证管理类别:	◉简化管理	◎重点管理	*	排污单位属于《固定污染源排污许可分类管理名录》中排污许可重点管理的，应选择“重点”，简化管理的选择“简化”。

图 2-39　排污单位基本信息

排污许可证管理类别：煤矿企业主要涉及“锅炉”和“水处理”通用工序，依据《固定污染源排污许可分类管理名录（2019 年版）》（生态环境部令第 11 号），涉及通用工序重点管理的选择“重点管理”，涉及通用工序简化管理的选择“简化管理”，其他实行登记管理，如表 2-13 所示。实行登记管理的企业不需要申请取得排污许可证，应当在全国排污许可证管理信息平台填报排污登记表，登记基本信息、污染物排放去向、执行的污染物排放标准，以及采取的污染防治措施等信息。

表 2-13　　管理类别

序号	行业类别	重点管理	简化管理	登记管理
一、畜牧业 03				
1	牲畜饲养 031，家禽饲养 032	设有污水排放口的规模化畜禽养殖场、养殖小区（具体规模化标准按《畜禽规模养殖污染防治条例》执行）	—	无污水排放口的规模化畜禽养殖场、养殖小区，设有污水排放口的规模以下畜禽养殖场、养殖小区
2	其他畜牧业 039	—	—	没有污水排放口的养殖场、养殖小区
二、煤炭开采和洗选业 06				
3	烟煤和无烟煤开采洗选 061，褐煤开采洗选 062，其他煤炭洗选 069	涉及通用工序重点管理的	涉及通用工序简化管理的	其他
三、石油和天然气开采业 07				
4	石油开采 071，天然气开采 072	涉及通用工序重点管理的	涉及通用工序简化管理的	其他
四、黑色金属矿采选业 08				

续表

序号	行业类别	重点管理	简化管理	登记管理
5	铁矿采选 081，锰矿、铬矿采选 082，其他黑色金属矿采选 089	涉及通用工序重点管理的	涉及通用工序简化管理的	其他
五、有色金属矿采选业 09				
6	常用有色金属矿采选 091，贵金属矿采选 092，稀有稀土金属矿采选 093	涉及通用工序重点管理的	涉及通用工序简化管理的	其他
六、非金属矿采选业 10				
7	土砂石开采 101，化学矿开采 102，采盐 103，石棉及其他非金属矿采选 109	涉及通用工序重点管理的	涉及通用工序简化管理的	其他
七、其他采矿业 12				
8	其他采矿业 120	涉及通用工序重点管理的	涉及通用工序简化管理的	其他
八、农副食品加工业 13				
9	谷物磨制 131	—	—	谷物磨制 131*
……				
五十、其他行业				
108	除 1 ~ 107 外的其他行业	涉及通用工序重点管理的，存在本名录第七条规定情形之一的	涉及通用工序简化管理的	涉及通用工序登记管理的
五十一、通用工序				
109	锅炉	纳入重点排污单位名录的	除纳入重点排污单位名录的，单台或者合计出力 20 t / h（14MW）及以上的锅炉（不含电热锅炉）	除纳入重点排污单位名录的，单台且合计出力 20 t / h（14MW）以下的锅炉（不含电热锅炉）

续表

序号	行业类别	重点管理	简化管理	登记管理
110	工业炉窑	纳入重点排污单位名录的	除纳入重点排污单位名录的，除以天然气或者电为能源的加热炉、热处理炉、干燥炉（窑）以外的其他工业炉窑	除纳入重点排污单位名录的，以天然气或者电为能源的加热炉、热处理炉或者干燥炉（窑）
111	表面处理	纳入重点排污单位名录的	除纳入重点排污单位名录的，有电镀工序、酸洗、抛光（电解抛光和化学抛光）、热浸镀（溶剂法）、淬火或者钝化等工序的、年使用10t及以上有机溶剂的	其他
112	水处理	纳入重点排污单位名录的	除纳入重点排污单位名录的，日处理能力2万t及以上的水处理设施	除纳入重点排污单位名录的，日处理能力500t及以上2万t以下的水处理设施

注 1. 表格中标“*”号者，是指在工业建筑中生产的排污单位。工业建筑的定义参见《工程结构设计基本术语标准》（GB/T 50083—2014），是指提供生产用的各种建筑物，如车间、产前区 建筑、生活间、动力站、库房和运输设施等。

2. 表格中涉及有溶剂、涂料、油墨、胶黏剂等使用量的排污单位，其投运满三年的，使用量按照近三年年最大量确定；其投运满一年但不满三年的，使用量按投运期间年最大量确定；其未投运或者投运不满一年的，按照环境影响报告书（表）批准文件确定。投运日期为排污单 位发生实际排污行为的日期。

3. 根据《中华人民共和国环境保护税法实施条例》，城乡污水集中处理场所，是指为社会公众提供生活污水处理服务的场所，不包括为工业园区。开发区等工业聚集区域内的排污单位提供 污水处理服务的场所，以及排污单位自建自用的污水处理场所。

4. 表格中的电镀工序，是指电镀、化学镀、阳极氧化等生产工序。

5. 表格不包括位于生态环境法律法规禁止建设区域内的，或生产设施或产品属于产业政策立即淘汰类的排污单位。

单位名称、注册地址、生产经营场所地址及邮政编码：据实填写，应与企业营业执照保持一致。

行业类别：本项选择时只需选择主要生产行业，煤炭开采排污单位在“采矿业”→“煤炭开采和洗选业”中勾选（B061/B062/B069），如图2–40所示。

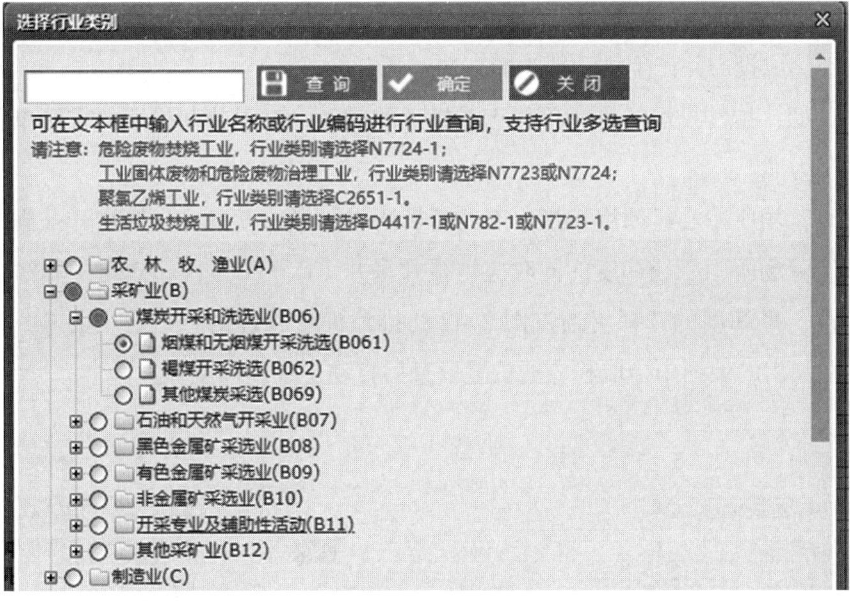

图 2-40　行业类别

其他行业类别：排污单位涉及多个行业，本项选择主要行业外的其他行业，煤炭开采排污单位在“通用工序”中进行选择，一般选择锅炉和水处理通用工序，如图 2-41 所示。

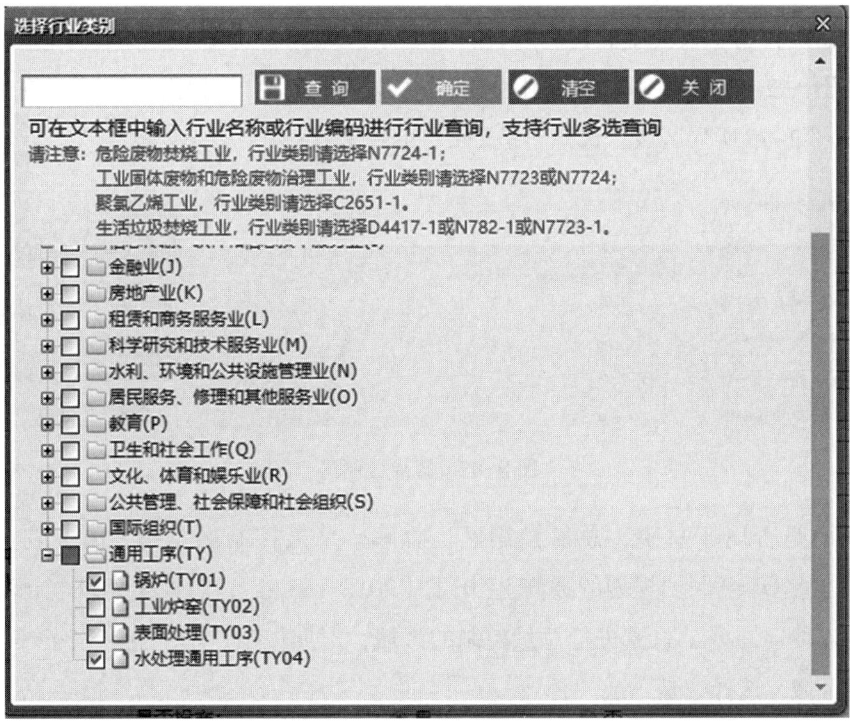

图 2-41　其他行业类别

是否投产：2015 年 1 月 1 日起，正在建设过程中，或已建成但尚未投产的，选“否”；已经建成投产并产生排污行为的，选“是”。

投产日期：指已投运的排污单位正式投运的时间，对于分期投运的排污单位，以先期投运时间为准。

生产经营场所中心经纬度：指生产经营场所中心经纬度坐标，煤炭开采排污单位在填报生产经营场所中心经纬度的同时应填报开采井（矿）田范围、选煤厂和污水处理站中心经纬度。经纬度的选择可通过图 2-42 的排污许可管理信息平台中的 GIS 点击“选择”后，在弹出的地图中拾取相应的位置信息后自动生成经纬度。

是否投产：	◉是 ◎否	*	2015年1月1日起，正在建设过程中，或已建成但尚未投产的，选“否”；已经建成投产并产生排污行为的，选“是”。
投产日期：	2018-10-23		指已投运的排污单位正式投产运行的时间，对于分期投运的排污单位，以先期投运时间为准。
生产经营场所中心经度：	109 度 30 分 20.09 秒 选择	*	生产经营场所中心经纬度坐标，请点击“选择”按钮，在地图页面拾取坐标。
生产经营场所中心纬度：	38 度 26 分 9.60 秒	*	经纬度选择说明
开采井（矿）田范围	东经109°25′25.72″～109°41′35.47″，北纬38°22′17.99″～38°30′06.15″。	*	
选煤厂经度	109 度 30 分 10.87 秒 选择	*	
选煤厂纬度	38 度 26 分 19.50 秒	*	
污水处理站中心经度	109 度 30 分 27.72 秒 选择	*	
污水处理站中心纬度	38 度 26 分 7.55 秒	*	

图 2-42　GIS 页面

所在地是否属于大气重点控制区，所在地是否属于重金属污染物特别排放限值实施区域：点击图 2-43 右侧“重点控制区域”“特排区域清单”，根据本单位所在区域对照图 2-44、图 2-45 所列区域，选择“是”或“否”。

所在地是否属于大气重点控制区：	◎是 ◉否	*	重点控制区域
所在地是否属于总磷控制区：	◎是 ◉否	*	指《国务院关于印发“十三五”生态环境保护规划的通知》（国发〔2016〕65号）以及生态环境部相关文件中确定的需要对总磷进行总量控制的区域。
所在地是否属于总氮控制区：	◎是 ◉否	*	指《国务院关于印发“十三五”生态环境保护规划的通知》（国发〔2016〕65号）以及生态环境部相关文件中确定的需要对总氮进行总量控制的区域。
所在地是否属于重金属污染物特别排放限值实施区域：	◎是 ◉否	*	特排区域清单
是否位于工业园区：	◎是 ◉否	*	是指各级人民政府设立的工业园区、工业集聚区等。
是否有环评审批文件：	◉是 ◎否	*	指环境影响评价报告书、报告表的审批文件号，或者是环境影响评价登记表的备案编号。

图 2-43　重点控制区

所在地是否属于总磷、总氮控制区：总磷、总氮控制区是指《国务院关于印发“十三五”生态环境保护规划的通知》（国发〔2016〕65 号），以及生态环境部相关文件中确定的需要对总磷、总氮进行总量控制的区域，对照以下“十三五”生态环境保护规划中所列区域，选择“是”或“否”。

总磷超标的控制单元及上游相关地区实施总磷总量控制，包括天津市宝坻区，黑龙

江省鸡西市，贵州省黔南布依族苗族自治州、黔东南苗族侗族自治州，河南省漯河市、鹤壁市、安阳市、新乡市，湖北省宜昌市、十堰市，湖南省常德市、益阳市、岳阳市，江西省南昌市、九江市，辽宁省抚顺市，四川省宜宾市、泸州市、眉山市、乐山市、成都市、资阳市，云南省玉溪市等。

重点控制区范围

序号	区域名称	省份	重点控制区
1	京津冀	北京市	北京市
		天津市	天津市
		河北省	石家庄市、唐山市、保定市、廊坊市
2	长三角	上海市	上海市
		江苏省	南京市、无锡市、常州市、苏州市、南通市、扬州市、镇江市、泰州市
		浙江省	杭州市、宁波市、嘉兴市、湖州市、绍兴市
3	珠三角	广东省	广州市、深圳市、珠海市、佛山市、江门市、肇庆市、惠州市、东莞市、中山市
4	辽宁中部城市群	辽宁省	沈阳市
5	山东城市群	山东省	济南市、青岛市、淄博市、潍坊市、日照市
6	武汉及其周边城市群	湖北省	武汉市
7	长株潭城市群	湖南省	长沙市
8	成渝城市群	重庆市	重庆市主城区
		四川省	成都市
9	海峡西岸城市群	福建省	福州市、三明市
10	山西中北部城市群	山西省	太原市
11	陕西关中城市群	陕西省	西安市、咸阳市
12	甘宁城市群	甘肃省	兰州市
		宁夏回族自治区	银川市

图 2-44　大气污染重点控制区范围

重金属污染物特别排放限值实施区域清单

序号	省（区）	地市	区县
1	北京市	-	-
2	天津市	-	-
3	河北省	石家庄市	-
4	河北省	唐山市	-
5	河北省	秦皇岛市	-
6	河北省	邯郸市	-
7	河北省	邢台市	-
8	河北省	保定市	-
9	河北省	张家口市	-
10	河北省	承德市	-
11	河北省	沧州市	-
12	河北省	廊坊市	-
13	河北省	衡水市	-
14	山西省	太原市	-
15	山西省	阳泉市	-
16	山西省	长治市	-
17	山西省	晋城市	-
18	山西省	大同市	灵丘县

图 2-45　重金属污染物排放限值实施区域清单

在56个沿海地级及以上城市或区域实施总氮总量控制，包括丹东市、大连市、锦州市、营口市、盘锦市、葫芦岛市、秦皇岛市、唐山市、沧州市、天津市、滨州市、东营市、潍坊市、烟台市、威海市、青岛市、日照市、连云港市、盐城市、南通市、上海市、杭州市、宁波市、温州市、嘉兴市、绍兴市、舟山市、台州市、福州市、平潭综合实验区、厦门市、莆田市、宁德市、漳州市、泉州市、广州市、深圳市、珠海市、汕头市、江门市、湛江市、茂名市、惠州市、汕尾市、阳江市、东莞市、中山市、潮州市、揭阳市、北海市、防城港市、钦州市、海口市、三亚市、三沙市和海南省直辖县级行政区等。

在29个富营养化湖库汇水范围内实施总氮总量控制，包括安徽省巢湖、龙感湖，安徽省、湖北省南漪湖，北京市怀柔水库，天津市于桥水库，河北省白洋淀，吉林省松花湖，内蒙古自治区呼伦湖、乌梁素海，山东省南四湖，江苏省白马湖、高邮湖、洪泽湖、太湖、阳澄湖，浙江省西湖，上海市、江苏省淀山湖，湖南省洞庭湖，广东省高州水库、鹤地水库，四川省鲁班水库、邛海，云南省滇池、杞麓湖、星云湖、异龙湖，宁夏回族自治区沙湖、香山湖，新疆维吾尔自治区艾比湖等。

大气、水污染物控制指标：默认大气污染物控制指标为二氧化硫、氮氧化物、颗粒物和挥发性有机物，其中颗粒物包括颗粒物、可吸入颗粒物、烟尘和粉尘4种；默认水污染物控制指标为化学需氧量和氨氮。煤炭开采排污单位污染控制指标均为默认，此项不填。

注：所有子项完成后先“暂存”，然后点击“下一步”进入下一页面。

2.2.2.2 主要产品及产能

1. 主行业产品及产能信息填报

点击第一级子页面的“添加”按钮，进入第二级子页面，点击“放大镜”按钮，在弹出窗口中查询行业编码（煤矿企业主行业编码为B061/B062/B069）或行业名称，在下拉选项中选择主行业，如图2–46所示。

点击图2–46的“选择”后返回第二级子页面，第二级子页面中所选择行业类别已显示主行业，如图2–47所示。

点击第二级子页面“添加”后，弹出第三级子页面，在主要生产单元名称一栏点击“放大镜”按钮，根据弹出的页面进行选择，主要生产单元编号为排污单位自行编号，主要生产单元名称与编号应相对应，如图2–48所示。

主要生产单元名称：煤炭开采排污单位主要生产单元包含采掘场/矿田、选煤厂、矸石场及其他（如矿井水处理厂、生活污水处理厂等）。

主要生产单元编号（必填项）：编号为排污单位自行编号，每个生产单元只能有一个

编号，不能重复，如 SCDY001、SCDY002、SCDY003 等。

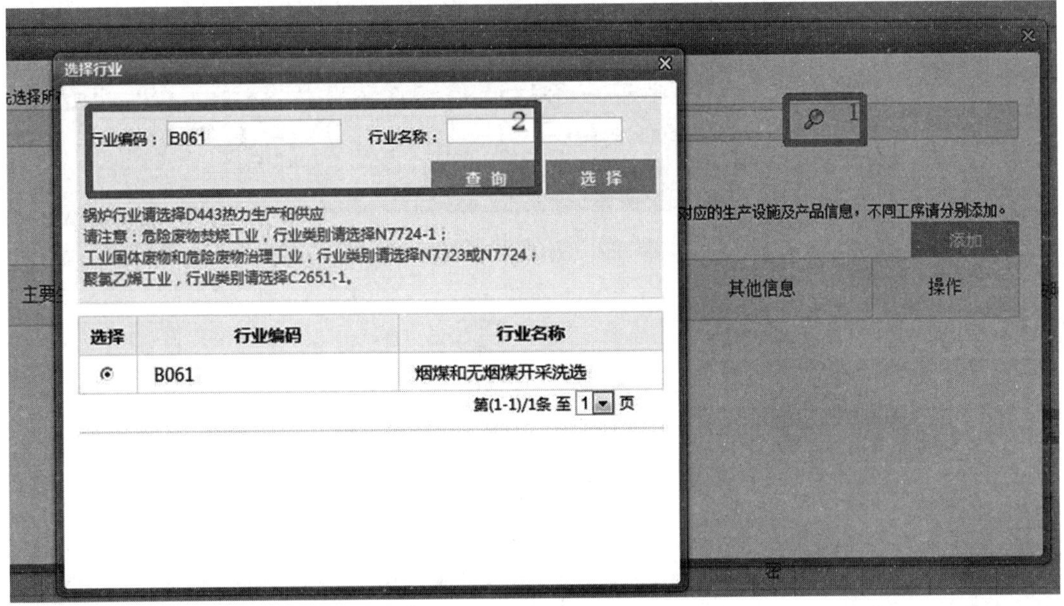

图 2-46　第一级子页面

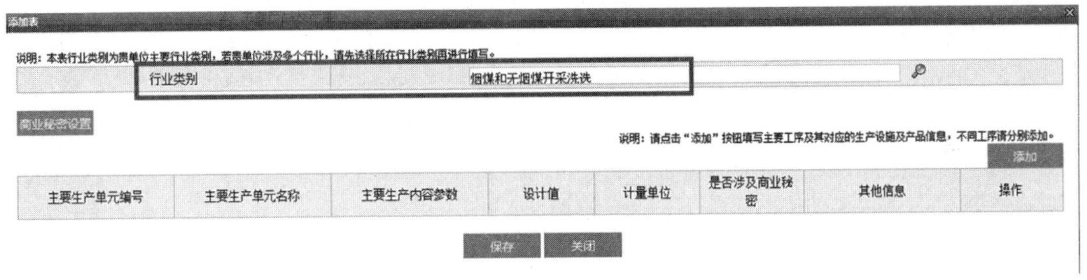

图 2-47　第二级子页面

主要生产单元重要参数填报：本页面点击“添加产品”前，首先确保主要生产单元名称及编号填写完成。点击“添加产品”，在下拉菜单中点击“放大镜”按钮，在弹出的子页面中根据主要生产单元特点，选择主要生产内容参数、设计值、计量单位等信息，完成主要产品及产能信息的填报，如图 2–49 所示。

（1）生产单元选择采掘场 / 矿田，添加主要参数内容：

开采方式。选择“井工”或“露天”。

生产能力。为主要产品设计产能，计量单位为 t/a。

设计年生产时间。按照环境影响评价文件及审批意见或者备案文件中的年生产时间填写。

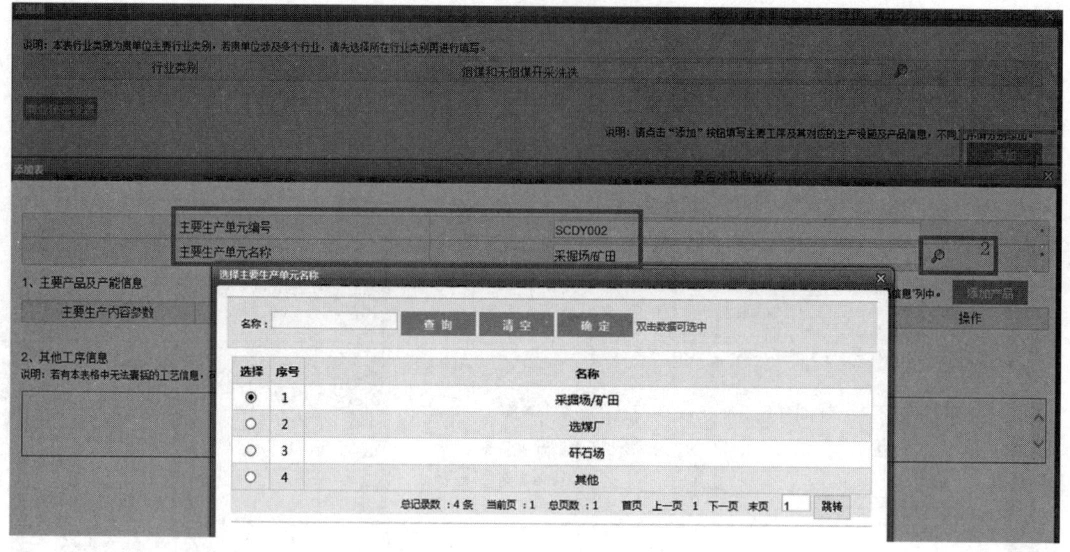

图 2-48 主要生产单元

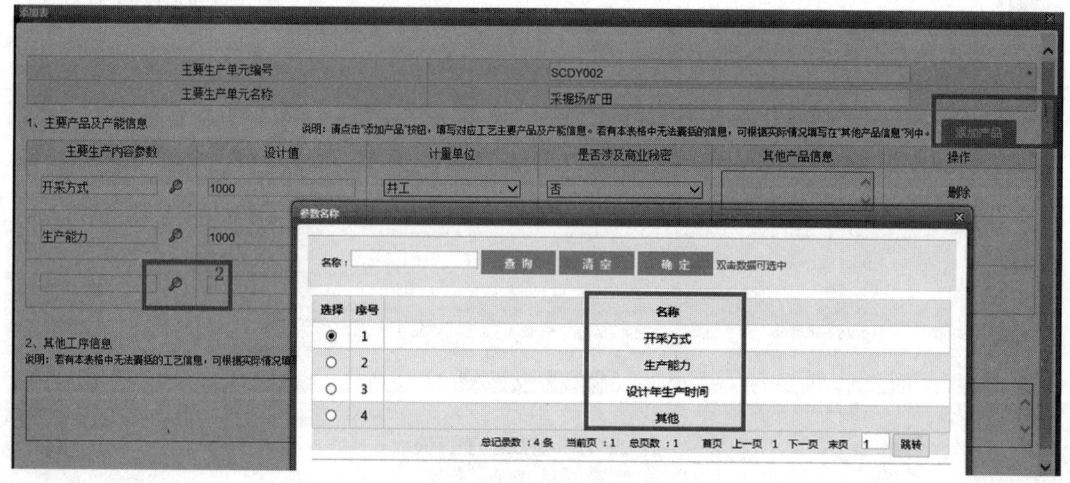

图 2-49 产品添加

（2）生产单元选择矸石场，添加主要参数内容：

库容。指有效贮存煤矸石的能力，为排矸场可贮存一般工业固体废物的最大量，单位为 m^3。

汇水面积。为贮存设施达到贮存能力时矸石场堆存所占面积，单位为 m^2。

（3）生产单元选择选煤厂，添加主要参数内容：

处置能力。按照环境影响评价文件及审批意见或其他备案文件中的设计生产能力填写，单位为 t/a。

产品名称。选择“精煤”“混煤”或“其他”。

其他。排污单位如有需要说明的内容，可填写。

（4）生产单元选择“其他”→“矿井水处理厂”，添加主要参数内容：

处理规模。按照环境影响评价文件及审批意见或其他备案文件中的最大设计处理量填写，单位为 t/h。

其他。排污单位如有需要说明的内容，可填写。

2. 涉及其他行业产品及产能信息填报

存在锅炉设备且执行《锅炉大气污染物排放标准》（GB 13271—2014）的排污单位，填报时选择行业“热力生产和供应（D443）”行业，并填报此行业产品及产能信息。

进入第一级页面应该详细阅读前述“说明”，如图 2-50 所示。

当前位置：排污单位基本情况-主要产品及产能

注：*为必填项，没有相应内容的请填写“无”或“/”

2、主要产品及产能

说明

(1) 主要工艺名称：指主要生产单元所采用的工艺名称。
(2) 生产设施名称：指某生产单元中主要生产设施（设备）名称。
(3) 生产设施参数：指设施（设备）的设计规格参数，包括参数名称、设计值、计量单位。
(4) 产品名称：指相应工艺中主要产品名称。
(5) 生产能力和计量单位：指相应工艺中主要产品设计产能。
(6) 请存在锅炉设备且执行《锅炉大气污染物排放标准（GB 13271—2014)》的排污单位，填报本表时选择行业“热力生产和供应（D443）”或“锅炉（TY01）”按照锅炉规范进行填报。

说明：若本单位涉及多个行业，请分别对每个行业进行添加设置。　商业秘密设置　添加

行业类别	主要生产单元名称	主要工艺名称	生产设施名称	是否涉及商业秘密	生产设施编号	是否为备用锅炉	设施参数				其他设施信息	产品（介质）名称	是否涉及商业秘密	计量单位	生产能力	设计年生产时间（h）	其他产品信息	其他工艺信息	操作
							参数名称	计量单位	设计值	其他设施参数信息									

图 2-50　主要产品与产能

主要工艺名称：指主要生产单元所采用的工艺名称。锅炉通用工序工艺主要包括燃烧系统、贮存系统、制备系统等，具体参见表 2-14；水处理通用工序参见表 2-15。

生产设施名称：指某生产单元中主要生产设施（设备）名称。锅炉通用工序主要生产设施具体参见表 2-14，水处理通用工序参见表 2-15。

生产设施参数：指设施（设备）的设计规格参数，包括参数名称、设计值、计量单位。锅炉通用工序主要生产设施参数具体参见表 2-14，水处理通用工序参见表 2-15。

表 2-14　锅炉通用工序主要生产单元、主要工艺、生产设施及参数表

主要生产单元	主要工艺	生产设施		设施参数	计量单位
热力生产单元	燃烧系统	燃煤锅炉	是否为备用锅炉 □ 是□ 否	锅炉额定出力	t/h 或 MW
		燃油锅炉		锅炉额定出力	t/h 或 MW
		燃气锅炉		锅炉额定出力	t/h 或 MW
热力生产单元	燃烧系统	燃生物质锅炉	是否为备用锅炉 □ 是□ 否	锅炉额定出力	t/h 或 MW
		其他		—	—
储运和制备单元	贮存系统	燃料料仓		容积	m^3
		燃料堆场		占地面积	m^2
		脱硫剂料仓		容积	m^3
		燃油储罐		容积	m^3
		氨水罐		容积	m^3
		水煤浆储罐		容积	m^3
		醇基液体燃料储罐		容积	m^3
		粉煤灰库		容积	m^3
		脱硫副产物库房		容积	m^3
		灰渣场		占地面积	m^2
		其他		—	—
	制备系统	碎煤机		处理量	t/h
		筛分机		处理量	t/h
		石灰石制粉设备		处理量	t/h
储运和制备单元	制备系统	其他		—	—
	输送系统	输煤中转站		处理量	t/h
		皮带运输机		输送量	t/h
		燃料上料装置		输送量	t/h
		其他		—	—

续表

主要生产单元	主要工艺	生产设施	设施参数	计量单位
辅助单元	软化水制备系统	离子交换树脂罐	容积	m^3
		酸罐	容积	m^3
辅助单元	软化水制备系统	碱罐	容积	m^3
		除盐水箱	容积	m^3
		其他	—	—
	冷却水系统	冷却塔	流量	m^3/h
		其他	—	—

表 2-15　水处理通用工序主要生产单元、主要工艺、生产设施及参数表

主要生产单元	主要工艺	生产设施	设施参数
主体工程	主要生产线	与排放废水密切相关的主要生产设施	设计生产或处理能力
公用、辅助及储运工程	供热、储运等为生产线配套服务的系统	与排放废水密切相关的设施	功率、设计处理能力、储量、容积等

产品名称：指相应工艺中主要产品名称。锅炉通用工序主要产品名称包括“热水”和“蒸汽”。

生产能力和计量单位：指相应工艺中主要产品设计产能。生产能力不得超出环评批复中所载，否则排污许可证无效。

存在锅炉设备且执行《锅炉大气污染物排放标准》(GB 13271—2014)的排污单位，填报时除添加主行业(B061/B062/B069)外，还需选择行业“热力生产和供应(D443)”，并按照《排污许可证申请与核发技术规范　锅炉》(HJ 953—2018)进行填报。《锅炉大气污染物排放标准》(GB 13271—2014)适用于以燃煤、燃油和燃气为燃料的单台出力 65t/h 及以下的蒸汽锅炉、各种容量的热水锅炉及有机热载体锅炉，各种容量的层燃炉、抛煤机炉。

待主行业所有产品及产能信息填写完成后，返回第一级子页面点击“放大镜”按钮，在弹出窗口中查询行业编码(D443)及行业名称(热力生产和供应)，选择“热力生产和供应(D443)”行业，填写主要产品及产能等信息，如图 2-51 所示。

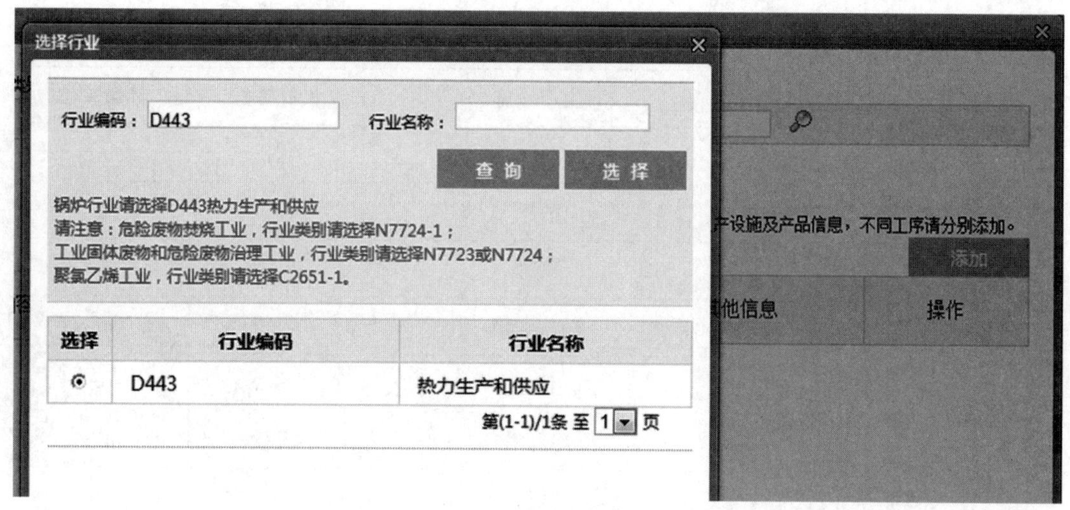

图 2-51　产业信息

点击图 2-51 中“选择”后返回第二级子页面，第二级子页面中所选择行业类别已显示“热力生产和供应”。

点击图 2-52 中“添加”后，弹出第三级子页面，如图 2-53 所示。

添加表

说明：本表行业类别为贵单位主要行业类别，若贵单位涉及多个行业，请先选择所在行业类别再进行填写。

行业类别	热力生产和供应

商业秘密设置

说明：请点击“添加”按钮填写主要工序及其对应的生产设施及产品信息，不同工序请分别添加。

添加

主要生产单元名称	主要工艺名称	生产设施名称	是否涉及商业秘密	生产设施编号	是否为备用锅炉	设施参数				其他设施信息	产品（介质）名称	是否涉及商业秘密	计量单位	生产能力	设计年生产时间（h）	其他产品信息	其他工艺信息	操作
						参数名称	计量单位	设计值	其他设施参数信息									

保存　关闭

图 2-52　第二级填报页面

点击图 2-53 中“放大镜”按钮选择主要生产单元名称为：热力生产单元，点击“▼”按钮，在下拉菜单中选择主要工艺名称为燃烧系统。然后依次点击“添加设施”“添加产品”，弹出第四级子页面，如图 2-54 所示。

生产设施名称：根据煤炭开采排污单位的实际情况在弹出窗口选择“燃煤锅炉 / 燃油锅炉 / 燃气锅炉 / 燃生物质锅炉 / 发电机 / 其他”。

生产设施编号：应为企业内部编号，若无内部生产设施编号，则根据《排污单位编码规则》（HJ 608—2017）规定的编号规则填写。依据《排污单位编码规则》（HJ 608—2017）中生产设施编码的相关要求，生产设施代码由生产设施标识码和顺序码共 6 位字母和数字组成，如 MF0001 ～ MF9999。请注意，生产设施编号不能重复。

添加表

说明：本表行业类别为贵单位主要行业类别，若贵单位涉及多个行业，请先选择所在行业类别再进行填写。

行业类别	热力生产和供应

添加表

主要生产单元名称	热力生产单元
主要工艺名称	燃烧系统

1、生产设施及参数信息　　说明：请点击"添加设施"按钮，填写生产单元中主要生产设施（设备）信息。　添加设施

生产设施名称	生产设施编号	是否为备用锅炉	设施参数				是否涉及商业秘密	其他设施信息	操作
			参数名称	计量单位	设计值	其他参数信息			

2、主要产品及产能信息　　说明：请点击"添加产品"按钮，填写对应工艺主要产品及产能信息。若有本表格中无法囊括的信息，可根据实际情况填写在"其他产品信息"列中。　添加产品

产品（介质）名称	计量单位	生产能力	设计年生产时间（h）	其他产品信息	是否涉及商业秘密	操作

3、其他工序信息

说明：若有本表格中无法囊括的工艺信息，可根据实际情况填写在以下文本框中。

保存　关闭

图 2-53　第三级填报页面

说明：生产设施编号请填写企业内部编号，若无内部编号可按照《固定污染源（水、大气）编码规则（试行）》中的生产设施编号规则编写，如MF0001。请注意，生产设施编号不能重复。

主要生产单元名称	热力生产单元
主要工艺名称	燃烧系统
生产设施名称	燃煤锅炉
生产设施编号	MF0010
是否为备用锅炉	否
是否涉及商业秘密	否

1、生产设施及参数信息　　说明：请点击"添加设施参数"按钮，填写对应设施主要参数信息。若有本表格中无法囊括的信息，可根据实际情况填写在"其他参数信息"列中。　添加设施参数

参数名称	计量单位	设计值	其他参数信息	操作

2、其他设施信息

说明：若有本表格中无法囊括的信息，可根据实际情况填写在以下文本框中。

保存　关闭

图 2-54　热力生产单元

热力生产单元基本信息填写完成后点击“添加设施参数”，在下拉菜单中完成生产设施参数信息的填报后依次点击“保存”“关闭”，关闭该页面后返回第三级子页面，点击“添加产品”，在下拉菜单中完善主要产品及产能信息并保存后返回至第一级子页面，本页面通过下拉滚动条可查看、修改、删除所填报主要产品及产能信息，如图 2–55 所示。

2、主要产品及产能

说明

说明：若本单位涉及多个行业，请分别对每个行业进行添加设置。 商业秘密设置 添加

行业类别	主要生产单元名称	主要工艺名称	生产设施名称	是否涉及商业秘密	生产设施编号	是否为备用锅炉	设施参数				其他设施信息	产品（介质）名称	是否涉及商业秘密	计量单位	生产能力	设计年生产时间（h）	其他产品信息	其他工艺信息	操作
							参数名称	计量单位	设计值	其他设施参数信息									
热力生产和供应	热力生产单元	燃烧系统	燃煤锅炉	否	MF0010	否	锅炉额定出力	MW	28			热水	否	t/h	40	8760			修改 删除

行业类别	主要生产单元编号	主要生产单元名称	主要生产内容参数	设计值	计量单位	是否涉及商业秘密	其他信息	操作
烟煤和无烟煤开采	SCDY006	选煤厂	处理能力	10000000	t/a	否		修改 删除
			产品名称	-	精煤	否		
	SCDY007	矿井水处理站	处理规模	40000	t/d	否		
	SCDY005	矸石场	库容	1550000	m³	否		
			汇水面积	60000	m²	否		

图 2-55 主要产品及产能

设施参数名称、计量单位及设计值：按照设施设计参数据实填写。

产品（介质）名称：分为蒸汽、热水和有机热载体等。

计量单位：产品（介质）名称选择蒸汽时，计量单位为 t/h；产品（介质）名称选择热水和有机载体时，计量单位为 MW。

生产能力：为主要产品设计产能，生产设施设计供热能力。

设计年生产时间：按照环境影响评价文件及审批意见或者备案文件中的年生产时间填写。无审批意见或备案文件的按实际年生产时间填写。

2.2.2.3 主要产品及产能补充

本级页面填报参照 2.2.2.2。

（1）本表格适用于部分行业，可在行业类别选择框中选到对应行业。若无法选到某个行业，说明此行业不用填写本表格。

（2）若本单位涉及多个行业，请分别对每个行业进行添加设置。

2.2.2.4 主要原辅材料及燃料

1. 本单元填报说明

煤炭开采排污单位根据其行业特点，本页面填写主要辅料及燃料；主要辅料包括工业生产过程和废气、废水污染防治过程中添加的化学药剂等；燃料为热力生产及供应过程中锅炉燃烧需要的材料。

进入第一级页面应该详细阅读前述“说明”，在填写主要原辅材料及燃料相关表单内容时，系统会默认当前填报行业类别为企业注册时填报的主要行业类别，如图 2–56 所示，若

当前申请单位涉及多个行业，请先选择所需填报行业，再依次进行填报，如图 2–57 所示。

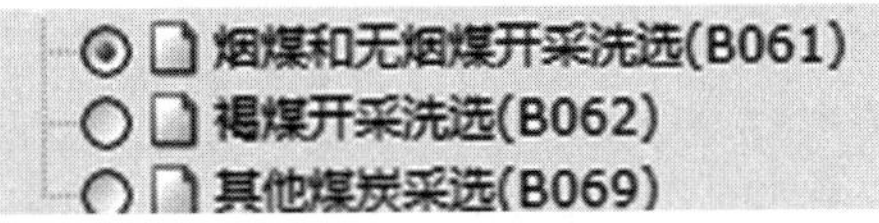

图 2–56　主要行业类别

当前位置：排污单位基本情况-主要原辅材料及燃料

注：*为必填项，没有相应内容的请填写"无"或"/"

要原辅材料及燃料

说明：

(1) 种类：指材料种类，选填"原料"或"辅料"。

(2) 名称：指原料、辅料名称。

(3) 有毒有害成分及占比：指有毒有害物质或元素，及其在原料或辅料中的成分占比，如氟元素（0.1%）。此内容各行业不同，具体请参照内部填报页面说明。

(4) 若有表格中无法囊括的信息，可根据实际情况填写在"其他信息"列中。

(1) 原料及辅料信息

商业秘密设置　添加

行业类别	种类	名称	年最大使用量计量单位	年最大使用量	硫元素占比（%）	有毒有害成分及占比（%）	是否涉及商业秘密	其他信息	操作

(2) 燃料信息

说明：请存在锅炉设备且执行《锅炉大气污染物排放标准（GB 13271-2014）》的排污单位，填报本表时选择行业"热力生产和供应（D443）"或"锅炉（TY01）"按照锅炉规范进行填报。

商业秘密设置　添加

行业类别	燃料名称	灰分（%）	硫分（%）	挥发分（%）	热值（MJ/kg、MJ/m³）	年最大使用量（万t/a、万m³/a）	是否涉及商业秘密	其他信息	操作
烟煤和无烟煤开采洗选	原煤	5.48	1.88	35.39	27.27	14400	否		编辑 删除

图1-1 生产工艺流程图　一键设置商业秘密

说明

(1) 应包括主要生产设施（设备）、主要原燃料的流向、生产工艺流程等内容。

(2) 可上传文件格式应为图片格式，包括jpg/jpeg/gif/bmp/png，附件大小不能超过5M，图片分辨率不能低于72dpi，可上传多张图片。

上传文件

上传文件名称	是否涉及商业秘密	操作
暂无数据！		

图 2–57　主要原料及燃料

2. 原料及辅料信息

点击第一级子页面原料及辅料信息栏的“添加”按钮，所弹出的第二级子页面中行业类别默认为主要行业类别，点击第二级子页面中的“添加”按钮，在下拉菜单中逐一添加本企业的原辅料信息，如图 2–58 所示。

添加表

说明：本表行业类别为贵单位主要行业类别，若贵单位涉及多个行业，请先选择所在行业类别再进行填写。

行业类别	烟煤和无烟煤开采洗选

商业秘密设置　说明：若有本表格中无法囊括的信息，可根据实际情况填写在"其他信息"列中。　添加

种类	名称	年最大使用量计量单位	年最大使用量	硫元素占比（%）	有毒有害成分及占比（%）	是否涉及商业秘密	其他信息	删除
辅料	絮凝剂	t/a	1000	2	0	否		删除
--请选择--		--请选择--				否		删除

保存　关闭

图 2–58　主要原料及燃料第一级子页面

种类（必填项）：分为原料、辅料。

原料名称：如无其他原料，可不填。

辅料名称：主要包括脱硫剂（石灰石、石灰、氧化镁、氢氧化钠、碳酸钠、电石渣）、脱硝还原剂（尿素、氨水）、水处理药剂（混凝剂、助凝剂、絮凝剂、离子交换剂、阻垢剂）等。

年最大使用量计量单位：为与产能和生产实际相匹配的原辅料及燃料年使用量，并标明计量单位，一般为t/a：已投运排污单位的年最大使用量按近五年实际使用量的最大值填写，未投运排污单位的年最大使用量按设计使用量填写。

硫元素占比：根据实际情况填写。

有毒有害成分及占比：应按照设计值或上一年生产实际值填写，原辅料中不含有有毒有害物质或元素的可填“/”。

其他信息：若有表格中无法囊括的信息，可根据实际情况填写在本列中。

全部原辅料信息填写完成后点击“保存”“关闭”，返回第一级子页面。

3. 燃料信息

点击第一级子页面燃料信息栏的“添加”按钮，在弹出的第二级子页面中点击“放大镜”按钮，在弹出窗口中查询行业编码（D443）及行业名称（热力生产和供应），如图2-59所示。

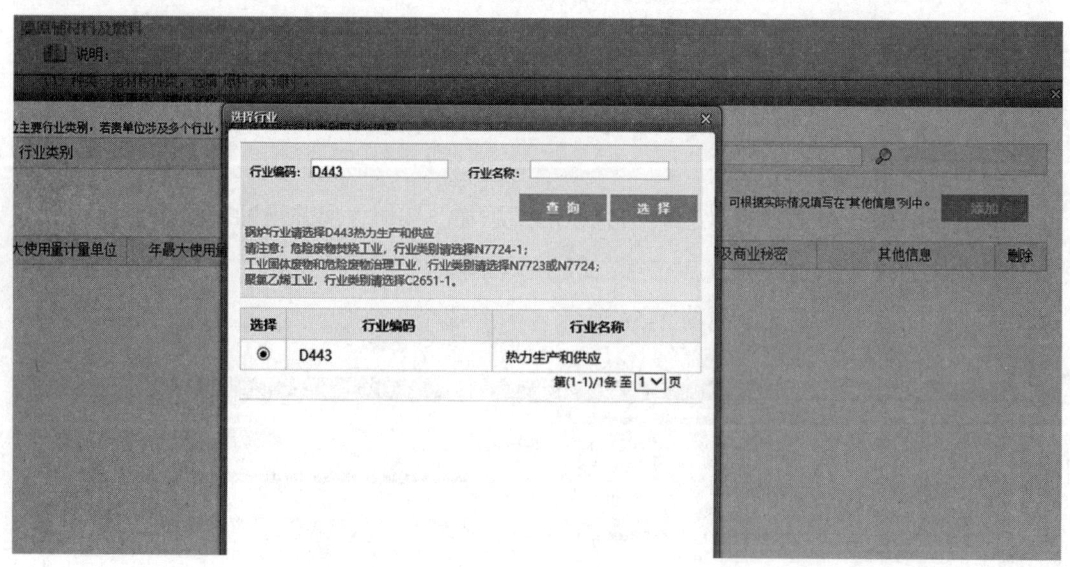

图2-59　主要原料及燃料第二级子页面

点击图2-59中“选择”后返回第二级子页面，如图2-60所示，第二级子页面中所选择行业类别已显示“热力生产和供应”。

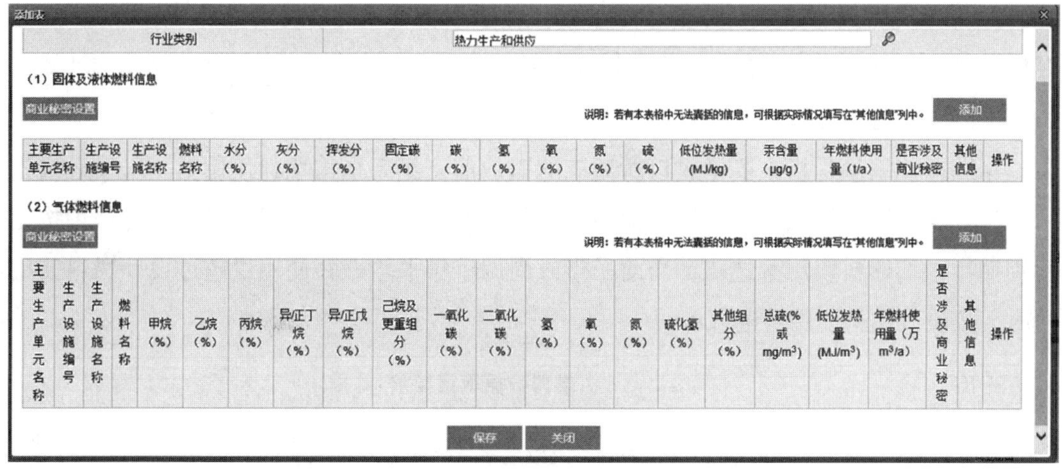

图 2-60　行业类别

在第二级子页面中根据企业实际，选择固体及液体燃料信息、气体燃料信息，点击"添加"按钮弹出第三级子页面，如图 2-61 所示，第三级子页面中主要生产单元名称及生产设施名称已自动生成，点击"放大镜"按钮选择对应的生产设施编号，点击"添加"按钮在下拉菜单中逐一填写本企业的燃料信息。

图 2-61　第三级页面

燃料名称：仅填主要燃料，包括褐煤、无烟煤、烟煤、煤矸石、油页岩、型煤、石油焦、生物质燃料、水煤浆、燃料油、醇基颜料、普通柴油、页岩油、天然气、液化石油气、煤层气、页岩气等。

如需填报燃料工业分析数据（水分、灰分、挥发分、固定碳）及元素分析数据（碳、氢、氧、氮、硫），请确保组分中：水分（%）+ 灰分（%）+ 碳（%）+ 氢（%）+ 氧（%）+ 氮（%）+ 硫（%）= 100%。应按设计值或上一年生产实际值填写固体燃料灰分、硫分、挥发分及热值（低位发热量）等数据。燃油和燃气填写硫分（液体燃料按硫分计；气体燃料按总硫计，包含有机硫和无机硫）及热值（低位发热量），原则上固体和液体燃料填报值以收到基为基准，如表 2-16 所示。

年燃料使用量是指主要排放口所对应的锅炉前三年年平均燃料使用量（未投运或投运不满一年的锅炉按照设计年燃料使用量进行选取，投运满一年但未满三年的锅炉按运行周期年平均燃料使用量选取，当前三年或周期年年平均燃料使用量超过设计燃料使用量时，按设计燃料使用量选取）。

表 2-16　　燃料数据填报要求

锅炉类型	单台出力 10 t/h（7MW）及以上或者合计出力 20 t/h（14MW）及以上的锅炉排污单位	单台出力 10 t/h（7MW）以下且合计出力 20 t/h（14MW）以下的锅炉排污单位
燃煤锅炉①和燃生物质锅炉	（1）优先填写燃料工业分析数据（收到基水分、收到基灰分、干燥无灰基挥发分、收到基固定碳和收到基低位发热量）和元素分析数据（收到基碳含量、收到基氢含量、收到基氧含量、收到基氮含量、收到基硫含量）；无条件的，至少应填写燃料收到基硫含量、收到基灰分、干燥无灰基挥发分和燃料收到基低位发热量。 （2）燃煤锅炉还需填写煤中汞含量	（1）至少应填写燃料收到基灰分、收到基硫含量、干燥无灰基挥发分和燃料收到基低位发热量； （2）燃煤锅炉还需填写煤中汞含量
燃油锅炉②	优先填写燃料元素分析数据（收到基碳含量、收到基氢含量、收到基氧含量、收到基氮含量、收到基硫含量）和燃料收到基低位发热量；无条件的，至少应填写燃料收到基硫含量和燃料收到基低位发热量	至少应填写燃料收到基硫含量和燃料收到基低位发热量
燃气锅炉③	优先填写燃料组分分析数据（一氧化碳、氢气、硫化氢、甲烷、碳氢化合物、氧气、氮气、二氧化碳等）及燃料低位发热量；无条件的，至少应填写燃料硫分（按硫化氢计）和燃料低位发热量	至少应填写燃料硫分（按硫化氢计）和燃料低位发热量

① 使用型煤、水煤浆、煤矸石、石油焦、油页岩的锅炉燃料信息需填写燃料工业分析数据（收到基水分、收到基灰分、干燥无灰基挥发分、收到基固定碳和收到基低位发热量）和元素分析数据（收到基碳含量、收到基氢含量、收到基氧含量、收到基氮含量、收到基硫含量）。

② 使用醇基液体燃料的锅炉燃料信息需填写燃料元素分析数据（收到基碳含量、收到基氢含量、收到基氧含量、收到基氮含量、收到基硫含量）和燃料收到基低位发热量。

③ 使用发生炉煤气、沼气、黄磷尾气、生物质气的锅炉燃料信息需填写燃料组分分析数据（一氧化碳、氢气、硫化氢、甲烷、碳氢化合物、氧气、氮气、二氧化碳等）及燃料低位发热量。

若有表格中无法囊括的信息，可根据实际情况填写在“其他信息”列中。

4. 图表上传

生产工艺流程图：应包括主要生产设施（设备）、主要原料的流向、生产工艺流程等内容。

生产厂区总平面布置图：应包括主要工序、厂房、设备位置关系，注明厂区雨水、污水收集和运输走向等内容。

可上传文件格式应为图片格式，包括 jpg、jpeg、gif、bmp、png，附件大小不能超过 5MB，图片分辨率不能低于 72dpi，可上传多张图片。

2.2.2.5　产排污节点、污染物及污染治理设施

1. 本单元填报说明

本单元包含废气、废水产排污节点、排放口、污染物及污染治理设施信息表的填报，首先详细阅读前述“说明”，同时了解产排污设施、污染治理设施及排污口的编码规则。

产污设施名称与产污设施编号相对应，产污设施编号编码规则同 2.2.2.3 中生产设施编号编码规则相统一，由生产设施标识码和顺序码共 6 位字母和数字组成，如 MF0001 ～ MF9999。请注意：生产设施编号不能重复，生产设施编号同产污设施编号也不能重复。

污染防治设施名称与污染防治设施编号相对应，污染防治设施编号由污染防治设施标识码 T、环境要素标识码（A 表示气，W 表示水，N 表示噪声，S 表示固体废物）和顺序码共 5 位字母和数字组成，如 TA001 ～ TA999。

有组织排放口名称与有组织排放口编号相对应，有组织排放口编号由排放口标识码 D、环境要素标识码（A 表示气，W 表示水，N 表示噪声，S 表示固体废物）和顺序码共 5 位字母和数字组成，如 DW001 ～ DW999。

进入第一级页面，如图 2-62 所示。

2. 废气产排污节点、污染物及污染治理设施

在第一级页面点击废气部分的“添加”按钮，弹出第二级子页面，填写废气产污设施名称及对应的产污设施编号（注：2.2.2.2、2.2.2.3 中已填报的生产设施，此处点击“放大镜”按钮可选择）后，点击“添加”按钮，在下拉菜单中逐项填写，产污设施有多个治理设施环节的，继续点击“添加”按钮，在下拉菜单中完善废气治理设施信息，如图 2-63 所示。

当前位置：排污单位基本情况-排污节点、污染物及污染治理设施

4、产排污节点、污染物及污染治理设施

（1）废气产排污节点、污染物及污染治理设施信息表

说明：

（1）产污设施名称：只产生污染物的生产设施等设施。

（2）对应产污环节名称：指生产设施对应的主要产污环节名称。

（3）污染物种类：指产生的主要污染物类型，以相应排放标准中确定的污染因子为准。

（4）排放形式：指有组织排放或无组织排放。

（5）污染治理设施名称：对于有组织废气，以火电行业为例，污染治理设施名称包括三电场静电除尘器、四电场静电除尘器、普通袋式除尘器、覆膜滤料袋式除尘器等。

（6）有组织排放口编号请填写已有在线监测排放口编号或执法监测使用编号，若无相关编号可按照《固定污染源（水、大气）编码规则（试行）》中的排放口编码规则编写，如DA001。

（7）排放口设置是否符合要求：指排放口设置是否符合排污口规范化整治技术要求等相关文件的规定。

商业秘密设置　带入新增产污设施　添加

产污设施编号	产污设施名称	对应产污环节名称	污染物种类	排放形式	污染治理设施						有组织排放口编号	有组织排放口名称	排放口设置是否符合要求	排放口类型	其他信息	操作
					污染防治设施编号	污染防治设施名称	污染治理设施工艺	是否为可行技术	是否涉及商业秘密	污染治理设施其他信息						

图 2-62　产排污第一级页面

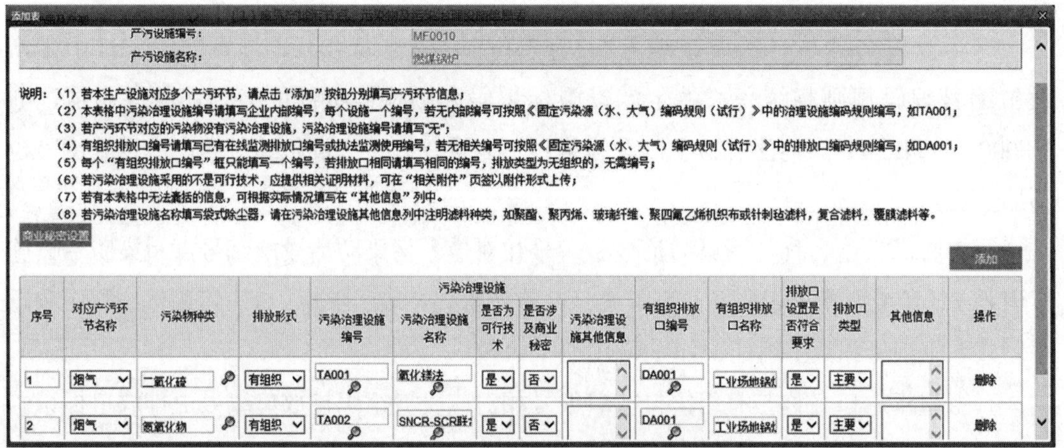
添加表

产污设施编号：MF0010

产污设施名称：燃煤锅炉

说明：（1）若本生产设施对应多个产污环节，请点击“添加”按钮分别填写产污环节信息；

（2）本表格中污染治理设施编号请填写企业内部编号，每个设施一个编号，若无内部编号可按照《固定污染源（水、大气）编码规则（试行）》中的治理设施编码规则编写，如TA001；

（3）若产污环节对应的污染物没有污染治理设施，污染治理设施编号请填写"无"；

（4）有组织排放口编号请填写已有在线监测排放口编号或执法监测使用编号，若无相关编号可按照《固定污染源（水、大气）编码规则（试行）》中的排放口编码规则编写，如DA001；

（5）每个“有组织排放口编号”框只能填写一个编号，若排放口相同请填写相同的编号，排放类型为无组织的，无需编号；

（6）若污染治理设施采用的不是可行技术，应提供相关证明材料，可在“相关附件”页签以附件形式上传；

（7）若有本表格中无法囊括的信息，可根据实际情况填写在“其他信息”列中。

（8）若污染治理设施名称填写袋式除尘器，请在污染治理设施其他信息列中注明滤料种类，如聚酯、聚丙烯、玻璃纤维、聚四氟乙烯机织布或针刺毡滤料，复合滤料，覆膜滤料等。

商业秘密设置　添加

序号	对应产污环节名称	污染物种类	排放形式	污染治理设施					有组织排放口编号	有组织排放口名称	排放口设置是否符合要求	排放口类型	其他信息	操作
				污染治理设施编号	污染治理设施名称	是否为可行技术	是否涉及商业秘密	污染治理设施其他信息						
1	烟气	二氧化硫	有组织	TA001	氧化镁法	是	否		DA001	工业场地锅炉	是	主要		删除
2	烟气	氮氧化物	有组织	TA002	SNCR-SCR联:	是	否		DA001	工业场地锅炉	是	主要		删除

图 2-63　产排污第一级页面添加内容

产污设施名称及编号：废气产污设施包括燃煤锅炉、燃气锅炉、燃油锅炉、燃生物质锅炉、原煤仓、脱硫剂料仓、石灰石制粉系统、粉煤灰库、脱硫副产物库房、煤矸石堆置场、煤炭贮存装卸场所、洗煤厂、燃料储罐、氨水罐、破碎机、筛分机等。编号同2.2.2.3中生产设施编号编码规则相统一，由生产设施标识码和顺序码共6位字母和数字组成，如MF0001～MF9999。图2-63仅做参考，产污设施名称为燃煤锅炉，编号为MF0010。

对应产污环节名称：分为锅炉烟气，装卸、贮存、输送废气，贮存系统无组织排放，装卸、贮存、输送系统无组织排放，破碎、筛分、备料废气，制备系统无组织排放等。

污染物种类：根据环评批复及地方管控要求，填写各项污染因子，如废气中的颗粒物、二氧化硫、氮氧化物、林格曼黑度、汞及其化合物、重金属、非甲烷总烃、氨等。

排放形式：包括“有组织排放”和“无组织排放”。

污染治理设施名称：包括脱硫系统（炉内喷钙法、烟气循环流化床法、石灰石 / 石灰 - 石膏法、氨法、双碱法等）、脱硝系统（高效低氮燃烧器、SCR、SNCR、低氮燃烧 + SNCR 等）、除尘系统（麻石水膜、水吸收、旋风除尘、静电除尘、袋式除尘器、电袋复合除尘器、湿式电除尘、机械式除尘器等）、防风抑尘网等。

污染治理设施编号：污染治理设施编号为企业自行编制或填写当地环保部门统一印发的编号。若无相关编号可按照《排污单位编码规则》（HJ 608—2017）编写，由污染治理设施标识码 T、环境要素标识码（A 表示气，W 表示水，N 表示噪声，S 表示固体废物）和顺序码共 5 位字母和数字组成，如 TA001 ～ TA999。

有组织排放口编号：请填写已有在线监测排放口编号或执法监测使用编号，若无相关编号可按照《排污单位编码规则》（HJ 608—2017）中的排放口编码规则编写，由排放口标识码 D、环境要素标识码（A 表示气，W 表示水，N 表示噪声，S 表示固体废物）和顺序码共 5 位字母和数字组成，如 DA001 ～ DA999。

是否为可行技术：如采用不属于表 2-17 中的技术，选择“否”，并应填写提供的相关证明材料。

表 2-17　　烟气污染防治可行技术

燃料类型		燃煤	生物质	燃气	燃油
炉型		层燃炉、流化床炉、室燃炉	层燃炉、流化床炉、室燃炉	室燃炉	室燃炉
二氧化硫	一般地区	燃用低硫煤、干法 / 半干法脱硫技术、湿法脱硫技术	—	—	燃用低硫油、湿法脱硫技术
	重点地区	燃用低硫煤 + 干法 / 半干法脱硫技术、燃用低硫煤 + 湿法脱硫技术	—	—	燃用低硫油、燃用低硫油 + 湿法脱硫技术

续表

燃料类型		燃煤	生物质	燃气	燃油
氮氧化物	一般地区	低氮燃烧技术、低氮燃烧+SNCR脱硝技术、低氮燃烧+SCR脱硝技术。低氮燃烧+（SNCR-SCR联合）脱硝技术、SNCR脱硝技术、SCR脱硝技术、SNCR-SCR联合脱硝技术		低氮燃烧技术、低氮燃烧+SCR脱硝技术	
	重点地区	低氮燃烧+SNCR脱硝技术、低氮燃烧技术+SCR脱硝技术、低氮燃烧+(SNCR-SCR联合)脱硝技术、SNCR脱硝技术、SCR脱硝技术、SNCR-SCR联合脱硝技术		低氮燃烧技术、低氮燃烧+SCR脱硝技术	
颗粒物	一般地区	袋式除尘技术、电除尘技术、电袋复合除尘技术、湿式电除尘技术	旋风除尘和袋式除尘组合技术	—	袋式除尘技术
	重点地区				
汞及其化合物		协同控制①，若采用协同控制技术仍未实现达标排放，可采用炉内添加卤化物或烟道喷入活性炭吸附剂等技术		—	

① 协同控制是指现有的脱硫、脱硝、除尘等污染防治设施在对其设计目标污染物控制的同时兼顾对汞及其化合物的控制。

排放口设置是否符合要求：指排放口设置是否符合《排污口规范化整治技术要求（试行）》（环监〔1996〕470号）等相关文件的规定。

排放口类型：废气排放口分为主要排放口和一般排放口。原则上单台出力10t/h（7MW）及以上或者合计出力20t/h（14MW）及以上各种燃料锅炉排污单位的所有烟囱排放口为主要排放口，其他有组织排放口均为一般排放口；单台出力10t/h（7MW）以下或者合计出力20t/h（14MW）以下锅炉排污单位的所有有组织排放口为一般排放口。

第二级子页面填写完成后点击"保存"并返回第一级子页面，继续点击废气部分的"添加"按钮，在弹出的第二级子页面中填写或选择产污设施名称及编号，至涉及的所有产污设施信息填报完成后返回第一级子页面，如图2-64所示。

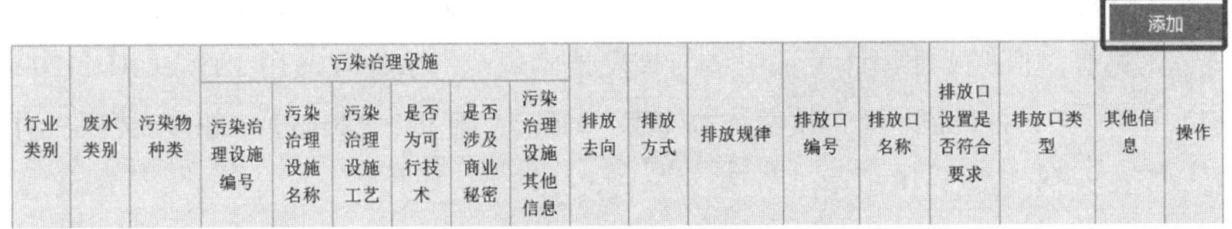

添加

行业类别	废水类别	污染物种类	污染治理设施						排放去向	排放方式	排放规律	排放口编号	排放口名称	排放口设置是否符合要求	排放口类型	其他信息	操作
			污染治理设施编号	污染治理设施名称	污染治理设施工艺	是否为可行技术	是否涉及商业秘密	污染治理设施其他信息									

图 2-64　污染防治措施

3. 废水产排污节点、污染物及污染治理设施

（1）废水主页面。废水主页面如图 2-65 所示，应详细阅读前述“说明”，点击“添加”按钮，进入第二级子页面，弹出的页面中行业类别默认为主要行业类别，若涉及多个行业，请先选择所在行业类别再进行填写［煤矿企业若执行《锅炉大气污染物排放标准》（GB 13271—2014）标准的，还应选择“D443 热力生产和供应”行业进行填报］。所有废水产排污节点、污染物及污染治理设施信息填报完成后，均以表格形式显示在此页面。

(2) 废水类别、污染物及污染治理设施信息表

说明

（1）废水类别：指产生废水的工艺、工序，或废水类型的名称。
（2）污染物种类：指产生的主要污染物类型，以相应排放标准中确定的污染因子为准。
（3）排放去向：包括不外排；排至厂内综合污水处理站；直接进入海域；直接进入江河、湖、库等水环境；进入城市下水道（再入江河、湖、库）；进入城市下水道（再入沿海海域）；进入城市污水处理厂；直接进入污灌农田；进入地渗或蒸发地；进入其他单位；工业废水集中处理厂；其他（包括回喷、回填、回灌、回用等）。对于工艺、工序产生的废水，"不外排"指全部在工序内部循环使用，"排至厂内综合污水处理站"指工序废水经处理后排至综合处理站。对于综合污水处理站，"不外排"指全厂废水经处理后全部回用不排放。
（4）污染治理设施名称：指主要污水处理设施名称，如"综合污水处理站"、"生活污水处理系统"等。
（5）排放口编号请填写已有在线监测排放口编号或执法监测使用编号，若无相关编号可按照《固定污染源（水、大气）编码规则（试行）》中的排放口编码规则编写，如DW001。
（6）排放口设置是否符合要求：指排放口设置是否符合排污口规范化整治技术要求等相关文件的规定。
（7）除B06-B12以外的行业，若需填写与水处理通用工序相关的废水类别、污染物及污染治理设施信息表，行业类别请直接选择TY04。

添加

行业类别	废水类别	污染物种类	污染治理设施					排放去向	排放方式	排放规律	排放口编号	排放口名称	排放口设置是否符合要求	排放口类型	其他信息	操作
			污染治理设施编号	污染治理设施名称	是否为可行技术	是否涉及商业秘密	污染治理设施其他信息									
热力生产和供应	生产废水-脱硫废水	化学需氧量,硫化物,氟化物（以F-计）,悬浮物,pH值,总汞,总镉,总砷,总铅	TW004	中和,膜软化,膜浓缩,蒸发干燥或蒸发结晶,混凝,其他	是	否		进入其他单位	直接排放	间断排放，排放期间流量稳定	DW005	脱硫废水外排口	是	一般排放口-车间或生产设施排放口		编辑 删除

图 2-65　废水主页面

（2）废水子页面。如图 2-66 所示，点击“添加”按钮，在下拉菜单中逐项填写。如果属于其他行业类别的，则需在不同的行业类别中添加完善废水治理设施信息，如图 2-67 所示。

废水类别：包括矿井水（酸性、非酸性）、矿坑水（酸性、非酸性）、疏干水、选煤废水、污染雨水、生活污水、生产废水（脱硫废水、锅炉排污水、软化再生废水、循环冷却水排污水）等。煤炭开采排污单位所涉及的每股水都要填，包括回用不外排的废水。

污染物种类：pH 值、悬浮物、化学需氧量、石油类、总铁、总锰、五日生化需氧量、氨氮等。根据《排污许可证申请与核发技术规范　水处理通用工序》（HJ 1120—2020）和《排污许可证申请与核发技术规范　锅炉》（HJ 953—2018）中相应表格进行填报，如表 2-18 和表 2-19 所示。

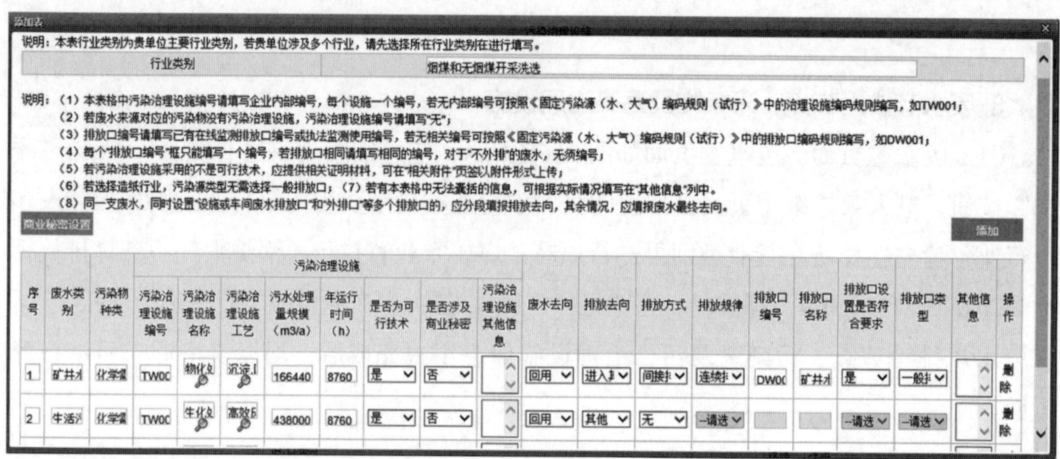

图 2-66　第一级子页面

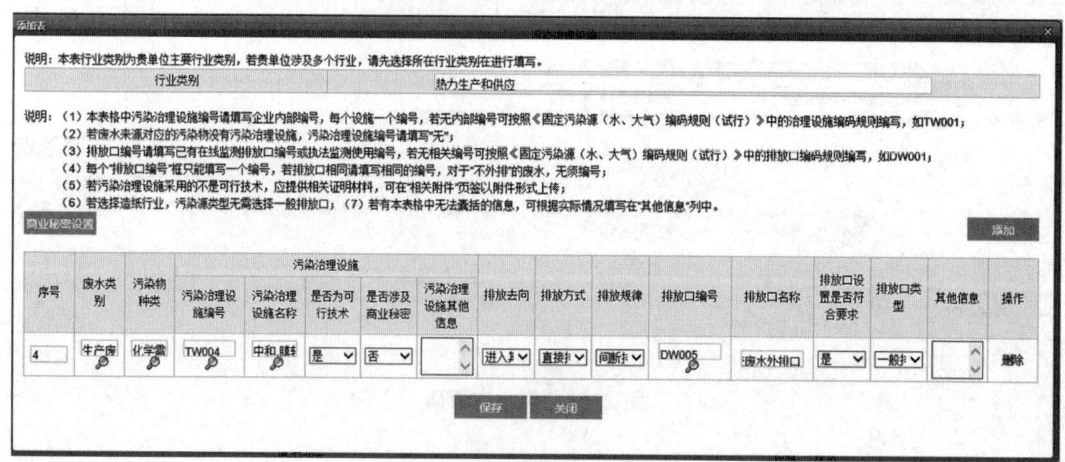

图 2-67　第二级子页面

表 2-18　　废水类别、污染物项目及防治设施参数表一

废水类别	执行标准	污染物项目	废水去向	污染治理设施名称及工艺	污染治理设施设计参数	排放去向	排放口类型	
矿井水（酸性、非酸性）、矿坑水（酸性、非酸性）、疏干水、选煤废水和污染雨水	GB 20426	pH 值、总悬浮物、化学需氧量、石油类、总铁、总锰①、总汞、总镉、总铬、六价铬、总铅、总砷、总锌、氟化物	厂内污水处理设施 / 回用 / 废水外排口	—	污水处理规模（m^3/d）、年运行时间（h）	环境水体 / 污水集中处理设施 / 其他单位	废水外排口	主要排放口 / 一般排放口②
						不外排	—	—
生活污水（单独排放时）③	GB 8978	pH 值、悬浮物、五日生化需氧量、化学需氧量、氨氮、磷酸盐（以 P 计）	厂内污水处理设施			环境水体 / 污水集中处理设施 / 其他单位	废水外排口	一般排放口

① 选煤废水和酸性采煤废水管控总锰。

② 重点管理排污单位废水外排口为主要排放口，其余为一般排放口。

③ 生活污水单独排入集中污水处理设施或其他单位时仅说明排放去向。

表 2-19　　废水类别、污染物项目及防治设施参数表二

废水类别		主要污染物项目	废水排水去向	污染防治设施	
				污染防治设施名称及工艺	是否为可行技术
生产废水	脱硫废水	pH 值、悬浮物、化学需氧量、氟化物、硫化物、总砷、总铅、总汞、总镉	□不外排① □间接排放② □直接排放③	中和、混凝、澄清、膜软化、膜浓缩、蒸发干燥或蒸发结晶、其他	□是 □否

续表

<table>
<tr><th colspan="2" rowspan="2">废水类别</th><th rowspan="2">主要污染物项目</th><th rowspan="2">废水排水去向</th><th colspan="2">污染防治设施</th></tr>
<tr><th>污染防治设施名称及工艺</th><th>是否为可行技术</th></tr>
<tr><td rowspan="3">生产废水</td><td>锅炉排污水</td><td rowspan="3">pH 值、化学需氧量、溶解性总固体（全盐量）</td><td rowspan="6">□不外排[①]
□间接排放[②]
□直接排放[③]</td><td rowspan="3">中和、絮凝、沉淀、超滤、反渗透、其他</td><td rowspan="6">□是
□否</td></tr>
<tr><td>软化水再生废水</td></tr>
<tr><td>循环冷却水排污水</td></tr>
<tr><td colspan="2">生活污水</td><td>pH 值、化学需氧量、五日生化需氧量、悬浮物、氨氮、总磷、动植物油</td><td>普通活性污泥法、厌氧好氧工艺法（A/O 法）、接触氧化法、膜生物反应器（MBR 工艺）、其他</td></tr>
<tr><td colspan="2">初期雨水</td><td>悬浮物、化学需氧量、氨氮、石油类、硫化物、挥发酚</td><td>混凝、澄清、油水分离、其他</td></tr>
<tr><td colspan="2">全厂综合生产废水</td><td>pH 值、化学需氧量、悬浮物、氨氮、总磷、石油类、氟化物、硫化物、挥发酚、溶解性总固体（全盐量）、总砷、总铅、总汞、总镉</td><td>预处理（沉淀、除油、混凝、中和、其他）+ 生物法 + 深度治理（反渗透、离子交换设施等）</td></tr>
</table>

① 不外排指废水经处理后回用，以及其他不通过排污单位污水排放口排出的排放方式。

② 直接排放指直接进入江河、湖、库等水环境、直接进入海域、进入城市下水道（再入江河、湖、库）、进入城市下水道（再入沿海海域），以及其他直接进入环境水体的排放方式。

③ 间接排放指进入城镇污水集中处理设施、进入其他工业废水集中处理设施，以及其他间接进入环境水体的排放方式。

污染治理设施编号：每个设施一个编号。污染治理设施编号为企业自行编制或填写当地环保部门统一印发的编号。若无相关编号可按照《排污单位编码规则》（HJ 608—2017）编写，由污染治理设施标识码 T、环境要素标识码（A 表示气，W 表示水，N 表示噪声，S 表示固体废物）和顺序码共 5 位字母和数字组成，如 TW001 ～ TW999。

污染治理设施名称：指主要污水处理设施名称，如矿井水预处理系统、矿井水深度处理系统、生活污水处理系统、工业废水处理系统、脱硫废水处理系统、含油废水处理系统、含煤废水处理系统等。

污染治理设施工艺：包括絮凝或混凝沉淀、澄清、过滤氧化还原、酸碱中和、超滤、反渗透、蒸发结晶、生物接触氧化、化粪池、降温池、气浮法、活性炭吸附法、电磁吸附法、膜过滤法、生物氧化法、隔油池、二级生化处理等工艺。

污水处理量规模：按照设计或实际处理规模填写，单位一般为 m^3/d 或 m^3/h。

年运行时间：按照设计或实际运行时间填写。

是否为可行技术：煤炭开采排污单位废水经物化处理、生化处理等工艺处理后，需满足环评批复的相关要求。煤矿企业废水可行技术参照表 2–20 和表 2–21。对于采用不属于可行技术范围的污染治理技术，应在“其他信息”栏填写提供的相关证明材料。

表 2–20　污水处理可行技术参照表一

废水类别	可行技术
采矿类排污单位废水	物化处理：隔油、气浮、沉淀、混凝、过滤、中和、高级氧化、吸附、消毒、膜过滤、离子交换、电渗析。 生化处理：水解酸化、厌氧、好氧、缺氧好氧（A/O）、厌氧缺氧好氧（A^2/O）、序批式活性污泥（SBR）、氧化沟、曝气生物滤池（BAF）、生物接触氧化、移动生物床反应器（MBBR）、膜生物反应器（MBR）

表 2–21　污水处理可行技术参照表二

废水排放去向	废水类别	主要污染物项目	可行技术
不外排（包括全部在工序内部循环使用、全厂废水经处理后全部回用不向环境排放）	生产废水	pH 值、悬浮物、化学需氧量、氟化物、石油类、硫化物、溶解性总固体（全盐量）、总砷、总铅、总汞、总镉	一级处理（中和、隔油、氧化、沉淀等）+ 二级处理（絮凝/混凝、澄清、气浮、浓缩、过滤等）
	生活污水	pH 值、化学需氧量、五日生化需氧量、悬浮物、氨氮、总磷、动植物油	生物处理技术（普通活性污泥法、A/O 法、接触氧化法、MBR 工艺等）

续表

废水排放去向	废水类别	主要污染物项目	可行技术
不外排（包括全部在工序内部循环使用、全厂废水经处理后全部回用不向环境排放）	初期雨水	悬浮物、化学需氧量、氨氮、石油类、硫化物、挥发酚	隔油 + 混凝 + 气浮等组合处理技术
进入工业园区集中污水处理厂、市政污水处理厂、其他排污单位污水处理厂等	生产废水	pH 值、悬浮物、化学需氧量、氟化物、石油类、硫化物、溶解性总固体（全盐量）、总砷、总铅、总汞、总镉	一级处理（中和、隔油、氧化、沉淀等）+ 二级处理（絮凝/混凝、澄清、气浮、浓缩、过滤等）
	生活污水	pH 值、化学需氧量、五日生化需氧量、悬浮物、氨氮、总磷、动植物油	生物处理技术（普通活性污泥法、A/O 法、接触氧化法、MBR 工艺等）
	初期雨水	悬浮物、化学需氧量、氨氮、石油类、硫化物、挥发酚	隔油 + 混凝 + 气浮等组合处理技术

废水去向：根据实际情况选择废水去向，主要包括厂内污水处理设施、回用和废水外排口等。

排放去向：根据实际情况选择排放去向，排放去向分为不外排和外排，主要包括环境水体、污染物治理设施和其他单位等。

排放方式：根据实际情况选择废水排放方式，排放方式分为间接排放、直接排放和不排放三种。

排放规律：当废水不外排时，此项不用填写，当废水直接或间接进入环境水体时，点击下拉箭头弹出图 2-68 的选项，根据实际情况选择排放规律。

排放口编号：每个“排放口编号”框只能填写一个编号，若排放口相同请填写相同的编号，对于“不外排”的废水，无须编号；尽量填写已有在线监测排放口编号或执法监测使用编号，若无相关编号可按照《排污单位编码规则》（HJ 608—2017）中的排放口编码规则编写，由排放口标识码 D、环境要素标识码（A 表示气，W 表示水，N 表示噪声，S 表示固体废物）和顺序码共 5 位字母和数字组成，如 DW001 ～ DW999。

排放口类型：分为主要排放口和一般排放口，其中重点管理排污单位矿井水、矿坑废水、疏干水、选煤废水外排口为主要排放口，生活污水和执行《污水综合排放标准》（GB 8978—1996）的锅炉排污单位废水排放口为一般排放口；其余排污单位废水外排口为一般排放口。

--请选择--
连续排放，流量稳定
连续排放，流量不稳定，但有周期性规律
连续排放，流量不稳定，但有规律，且不属于周期性规律
连续排放，流量不稳定，属于冲击型排放
连续排放，流量不稳定且无规律，但不属于冲击型排放
间断排放，排放期间流量稳定
间断排放，排放期间流量不稳定，但有周期性规律
间断排放，排放期间流量不稳定，但有规律，且不属于非周期性规律
间断排放，排放期间流量不稳定，属于冲击型排放
间断排放，排放期间流量不稳定且无规律，但不属于冲击型排放
/
连续排放，流量稳定
连续排放，流量不稳定，但有周期性规律
连续排放，流量不稳定，但有规律，且不属于周期性规律
连续排放，流量不稳定，属于冲击型排放
连续排放，流量不稳定且无规律，但不属于冲击型排放
间断排放，排放期间流量稳定
间断排放，排放期间流量不稳定，但有周期性规律
间断排放，排放期间流量不稳定，但有规律，且不属于非周期性规律
间断排放，排放期间流量不稳定，属于冲击型排放
间断排放，排放期间流量不稳定且无规律，但不属于冲击型排放
/

图 2-68　污水排放规律选项

2.2.2.6　大气污染物排放口

1. 大气排放口基本情况表

废气产排污节点、污染物及污染治理设施信息填报完成后，本页面排放口编号、排放口名称、污染物种类将自动生成，点击图 2-69 右侧“编辑”按钮进入第二级子页面，补充排放口基本信息，如图 2-70 所示。

存在锅炉设备且执行《锅炉大气污染物排放标准》（GB 13271—2014）标准的煤炭开采排污单位，单台出力 10t/h（7MW）及以上或者合计出力 20t/h（14MW）及以上各种燃料锅炉排污单位的所有烟囱排放口为主要排放口，应详细填报排放口地理坐标、排气筒高度、排气筒出口内径等信息，其中排放口地理坐标，可以自动拾取。该页面所有信息填报完成后点击“保存”并“关闭”后所填报信息在第一级子页面自动显示。

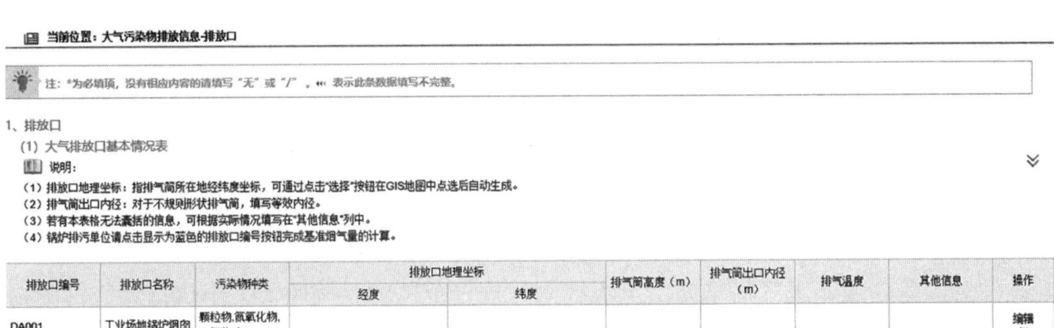

当前位置：大气污染物排放信息-排放口

注：*为必填项，没有相应内容的请填写“无”或“/”，⁜ 表示此条数据填写不完整。

1、排放口

（1）大气排放口基本情况表

说明：

（1）排放口地理坐标：指排气筒所在地经纬度坐标，可通过点击“选择”按钮在GIS地图中点选后自动生成。
（2）排气筒出口内径：对于不规则形状排气筒，填写等效内径。
（3）若有本表格无法囊括的信息，可根据实际情况填写在“其他信息”列中。
（4）锅炉排污单位请点击显示为蓝色的排放口编号按钮完成基准烟气量的计算。

排放口编号	排放口名称	污染物种类	排放口地理坐标		排气筒高度（m）	排气筒出口内径（m）	排气温度	其他信息	操作
			经度	纬度					
DA001	工业场地锅炉烟囱	颗粒物,氮氧化物,二氧化硫							编辑

图 2-69　大气排放口基本情况表

编辑

排放口编号		DA001
排放口名称		工业场地锅炉烟囱
污染物种类		颗粒物,氮氧化物,二氧化硫
排放口地理坐标	经度	度 分 秒 *
	纬度	度 分 秒 选择 *
		说明：请点击"选择"按钮，在地图中拾取经纬度坐标。
排气筒高度（m）		60 *
排气筒出口内径（m）		1.4 *
排气温度		○常温 ◉ 50 ℃ *
其他信息		

保存 关闭

图 2-70　排放口基本信息

2. 废气污染物排放执行标准信息表

废气产排污节点、污染物及污染治理设施信息填报完成后，本页面排放口编号、排放口名称、污染物种类将自动生成，点击右侧“编辑”按钮进入第二级子页面，补充废气污染物排放执行标准信息。

国家或地方污染物排放标准。只能填国家标准（GB）、行业标准（HJ）和省级地方标准（DB），其他地区标准不适用。适用标准优先级：①地方标准优先于国家标准（特殊情况：地方标准制定后长期没更新，而国家标准更新后对应污染因子严于地方标准，从严）；②行业标准优先于通用标准；同属地方标准的，流域（海域、区域）型标准优先于行业标准优先于综合型和通用型标准。

环境影响评价批复要求。新增污染源（必填），指最近一次环境影响评价批复中规定的污染物排放浓度限值。

承诺更加严格排放限值。按照国家和地方要求实施超低排放改造的，应填报超低排放浓度限值。其他更为严格的限值，根据地方政府要求和企业实际情况适度承诺。

浓度限值。未显示单位的，默认单位为 mg/Nm^3。若涉及生活垃圾掺烧的，二噁英及二噁英类浓度限值单位为 $ng\text{-}TEQ/m^3$，臭气浓度限值无量纲。

注意：其中属于大气污染防治重点控制区规定范围的，按照《关于执行大气污染物特别排放限值的公告》（环境保护部公告 2013 年第 14 号）和《关于执行大气污染物特别排放限值有关问题的复函》（环办大气函〔2016〕1087 号）和《关于京津冀大气污染传

输通道城市执行大气污染物特别排放限值的公告》（环境保护部公告2018年第9号）等文件的要求确定许可排放浓度。

地方有更严格的排放标准要求的，按照地方排放标准确定。环评中使用其他地方标准的，填入环境影响评价批复要求。

若执行不同许可排放浓度的多台设施采用混合方式排放烟气，且选择的监控位置只能监测混合烟气中的大气污染物浓度，则应执行各限值要求中最严格的许可排放浓度。不同形态燃料混烧的锅炉排污单位应执行不同形态燃料锅炉排放标准限值要求中最严格的许可排放浓度。

2.2.2.7　大气污染物有组织排放信息

1. 主要排放口

在废气产排污节点、污染物及污染治理设施信息表，大气排放口基本情况表，废气污染物排放执行标准信息表填报完成后，图2-71所示页面排放口编号、排放口名称、污染物种类、申请许可排放浓度限值和申请许可排放速率限值将自动生成，点击右侧“编辑”按钮进入第二级子页面，如图2-72所示，添加相关信息，按照产排污环节对应排放口及许可排放限值确定方法计算年许可排放量。

当前位置：大气污染物排放信息-有组织排放信息

注：*为必填项，没有相应内容的请填写“无”或“/”。«« 表示此条数据填写不完整。

2、大气污染物有组织排放信息

（1）主要排放口

说明

（1）申请特殊排放浓度限值：指地方政府制定的环境质量限期达标规划、重污染天气应对措施中对排污单位有更加严格的排放控制要求。

（2）申请特殊时段许可排放量限值：指地方政府制定的环境质量限期达标规划、重污染天气应对措施中对排污单位有更加严格的排放控制要求。

（3）浓度限值未显示单位的，默认单位为"mg/Nm³"。

排放口编号	排放口名称	污染物种类	申请许可排放浓度限值	申请许可排放速率限值(kg/h)	申请年许可排放量限值（t/a）					申请特殊排放浓度限值	申请特殊时段许可排放量限值	操作
					第一年	第二年	第三年	第四年	第五年			
DA001	工业场地锅炉烟囱	汞及其化合物	/mg/Nm³	/								编辑 «««
DA001	工业场地锅炉烟囱	二氧化硫	100mg/Nm³	/								编辑 «««
DA001	工业场地锅炉烟囱	颗粒物	50mg/Nm³	/								编辑 «««
DA001	工业场地锅炉烟囱	氮氧化物	200mg/Nm³	/								编辑 «««
主要排放口合计				颗粒物						/	/	计算 请点击计算按钮，完成加和计算
				SO_2						/	/	
				NO_x						/	/	
				VOCs						/	/	
备注信息（说明：若有表格中无法囊括的信息或其他需要备注的信息，可根据实际情况填写在以下文本框中。）												

图2-71　主要排放口信息

许可排放限值包括污染物许可排放浓度和许可排放量。许可排放量包括年许可排放量和特殊时段许可排放量。年许可排放量是指允许排污单位连续12个月排放的污染物最大排放量。核发环保部门可根据需要（如采暖季等）将年许可排放量按月、季进行细化。

添加表

计算许可量

排放口编号		DA001
排放口名称		工业场地锅炉烟囱
污染物种类		二氧化硫
申请许可排放浓度限值		100 *
申请许可排放浓度限值单位		mg/Nm3 *
申请许可排放速率限值(kg/h)		/ *
调整系数		0.8 *
申请年许可排放量限值（t/a）	第一年	*
	第二年	*
	第三年	*
	第四年	*
	第五年	*
申请特殊排放浓度限值		*
申请特殊排放浓度限值单位		mg/Nm3 *
申请特殊时段许可排放量限值		*

图 2-72　废气主要排放口基本信息

对于大气污染物，以排放口为单位确定有组织主要排放口和一般排放口许可排放浓度，以生产设施、生产单元或厂界为单位确定无组织许可排放浓度。主要排放口逐一计算许可排放量；一般排放口和无组织废气不许可排放量；其他排放口不许可排放浓度和排放量。根据国家和地方污染物排放标准，按从严原则确定许可排放浓度。

按照《固定污染源排污许可分类管理名录（2019 年版）》（生态环境部令第 11 号）实施简化管理的排污单位原则上仅许可排放浓度，不许可排放量。

2. 一般排放口

本页面可参照主要排放口填报，煤炭开采排污单位大气一般排放口暂不许可排放量，地方主管部门有特殊要求的，从其规定。

3. 许可排放量的确定

锅炉排污单位应明确颗粒物、二氧化硫、氮氧化物的许可排放量，其中燃气锅炉仅需许可氮氧化物排放量，燃生物质锅炉仅需许可颗粒物和氮氧化物排放量。主要排放口污染物年许可排放量的核算由许可排放浓度、基准烟气量和锅炉年燃料使用量确定，月许可排放量的核算由许可排放浓度、基准烟气量和月燃料使用量确定。

锅炉排污单位应优先采用理论公式（以燃料元素分析数据或组分分析数据为依据）计算基准烟气量，其次采用经验公式（以燃料低位发热量数据为依据）估算基准烟气量；若国家或地方锅炉大气污染物排放标准中有基准烟气量的，从其规定。具体方案详见《排污许可证申请与核发技术规范　锅炉》（HJ 953—2018）。

下面以某项目为例采用经验公式法进行年排放总量的测算示范。

估算基准烟气量经验公式如表 2-22 所示。

表 2-22　　基准烟气量取值表

锅炉			基准烟气量	单位
燃煤锅炉	$Q_{net,ar}\geqslant 12.54$MJ/kg	$V_{daf}\geqslant 15\%$	$V_{gy}=0.411\ Q_{net,ar}+0.918$	Nm^3/kg
		$V_{daf}<15\%$	$V_{gy}=0.406\ Q_{net,ar}+1.157$	Nm^3/kg
	$Q_{net,ar}<12.54$MJ/kg		$V_{gy}=0.402\ Q_{net,ar}+0.822$	Nm^3/kg
燃油锅炉			$V_{gy}=0.29\ Q_{net,ar}+0.379$	Nm^3/kg
燃气锅炉	天然气		$V_{gy}=0.285\ Q_{net}+0.343$	Nm^3/m^3
	高炉煤气		$V_{gy}=0.194\ Q_{net}+0.946$	Nm^3/m^3
	转炉煤气		$V_{gy}=0.19\ Q_{net}+0.926$	Nm^3/m^3
	焦炉煤气		$V_{gy}=0.265\ Q_{net}+0.114$	Nm^3/m^3
燃生物质锅炉	$Q_{net,ar}\geqslant 12.54$MJ/kg	$V_{daf}\geqslant 15\%$	$V_{gy}=0.393\ Q_{net,ar}+0.876$	Nm^3/kg
		$V_{daf}<15\%$	$V_{gy}=0.385\ Q_{net,ar}+1.095$	Nm^3/kg
	$Q_{net,ar}<12.54$MJ/kg		$V_{gy}=0.385\ Q_{net,ar}+0.788$	Nm^3/kg

注　1. V_{daf}，燃料干燥无灰基挥发分（%）；V_{gy}，基准烟气量（Nm^3/kg 或 Nm^3/m^3）。

2. $Q_{net,ar}$，固体 / 液体燃料收到基低位发热量（MJ/kg）；Q_{net}，气体燃料低位发热量（MJ/m^3）；按前三年所有批次燃料低位发热量的平均值进行选取，未投运或投运不满一年的锅炉按设计燃料低位发热量进行选取，投运满一年但未满三年的锅炉按运行周期年内所有批次燃料低位发热量的平均值选取。

3. 经验公式估算法不适用于使用型煤、水煤浆、煤矸石、石油焦、油页岩、发生炉煤气、沼气、黄磷尾气、生物质气等燃料的基准烟气量计算。

固体 / 液体燃料锅炉的废气污染物（颗粒物、二氧化硫、氮氧化物）年许可排放量按式（2-1）计算：

$$E_{年许可}=\sum_{i=1}^{n}C_i\times V_i\times R_i\times\delta_i\times10^{-6}\qquad(2\text{-}1)$$

气体燃料锅炉的废气污染物（氮氧化物）年许可排放量按式（2-2）计算：

$$E_{年许可}=\sum_{i=1}^{n}C_i\times V_i\times R_i\times10^{-5}\qquad(2\text{-}2)$$

式中　$E_{年许可}$——锅炉排污单位污染物年许可排放量，t；

C_i——第 i 个主要排放口污染物排放标准浓度限值，mg/m^3；

V_i——第 i 个主要排放口基准烟气量，Nm^3/kg 或 Nm^3/m^3；

R_i——第 i 个主要排放口所对应的锅炉前三年年平均燃料使用量（未投运或投运不满一年的锅炉按照设计年燃料使用量进行选取，投运满一年但未满三年的锅炉按运行周期年平均燃料使用量选取，当前三年或周期年年平均燃料使用量超过设计燃料使用量时，按设计燃料使用量选取），t 或万 m^3；

δ_i——第 i 个主要排放口所对应的大气污染物许可排放量调整系数，按表 2-23 取值。

表 2-23　　许可排放量调整系数取值表

锅炉排污单位执行标准		二氧化硫	氮氧化物	颗粒物
《锅炉大气污染物排放标准》（GB 13271—2014）		0.8	1	1
地方标准	标准限值＞0.8 倍 GB 13271 特别排放限值	0.8	1	1
	标准限值≤0.8 倍 GB 13271 特别排放限值	1	1	1

该煤矿企业工业场地配有 2 台燃煤锅炉，单台容量为 20t/h，燃煤低位发热量为 27.27MJ/kg，干燥无灰基挥发分为 35.39%。对照烟气量经验公式可得基准排气量为 $0.411 \times 27.27+0.918 = 12.125$（$Nm^3/kg$）。

该公司锅炉排放限值执行地方标准要求，三项污染物排放限值分别为颗粒物 $30mg/m^3$、二氧化硫 $100mg/m^3$、氮氧化物 $200mg/m^3$。工业场地 2 台锅炉年平均燃料总使用量为 14400t/a，将上述数据代入式（2-1），计算得年许可排放量见表 2-24。

表 2-24　　外排口年许可排放量计算表

外排口编号	外排口名称	污染物标准浓度限值（mg/m^3）		基准烟气量（Nm^3/kg）	年平均燃料使用量（t）	大气污染物许可排放量调整系数	计算年许可排放量（t）
DA001	工业场地锅炉烟囱	烟尘	30	12.125	14400	1	5.238
		SO_2	100	12.125	14400	0.8	13.968
		NO_x	200	12.125	14400	1	34.92

4. 全厂有组织排放总计

全厂有组织排放总计即为全厂主要排放口与一般排放口总量之和，点击“计算”按钮可以自动计算加和。

2.2.2.8　大气污染物无组织排放信息

1. 本单元填报说明

煤炭开采排污单位的主要无组织排放节点：井工矿主要在输煤栈桥、输煤转载点、成品煤运输、选煤厂筛分破碎系统、原煤仓及产品仓储煤系统、装车站、矸石仓、煤场、排矸场等环节易产生大量粉尘；露天矿主要在穿孔、爆破和二次破碎、铲装、汽车运输和卸载、装载机平整工作面和排土场、道路运输等生产过程产生大量粉尘。

存在锅炉设备且执行《锅炉大气污染物排放标准》（GB 13271—2014）的排污单位，无组织排放节点主要包括燃料贮存、输送及制备系统。

煤炭开采排污单位无组织排放的污染物主要为二氧化硫及颗粒物，应执行《煤炭工业污染物排放标准》（GB 20426—2006）中表 5 的相关规定，即煤炭工业所属装卸场所颗粒物无组织排放限值为 1mg/m^3，煤炭贮存场所、煤矸石堆置场颗粒物无组织排放限值为 1mg/m^3，二氧化硫无组织排放限值为 0.4mg/m^3。

2. 无组织排放信息表

（1）第一级子页面。进入第一级子页面，点击“添加”按钮进入第二级子页面。

（2）第二级子页面。

行业类别：点击“选择”，搜索主行业（B061/B062/B069）。存在锅炉设备且执行《锅炉大气污染物排放标准》（GB 13271—2014）的排污单位，填报本页面时还应选择行业“热力生产和供应（D443）”，填报锅炉系统产生的无组织排放内容。

生产设施编号 / 无组织排放编号：如图 2-73 所示，点击“选择”（依据无组织废气产生的多个环节，本页面需多次点击选择），弹出图 2-74 的第三级子页面。

对照废气产排污节点、污染物及污染治理设施信息表，选择无组织排放编号，下拉选项中若无对应设施编号，可在左下侧文本框中填写企业内部编号。生产设施编号 / 无组织排放编号应为企业内部编号，若无内部生产设施编号，则根据《排污单位编码规则》（HJ 608—2017）规定的编号规则填写。依据《排污单位编码规则》（HJ 608—2017）中生产设施编码的相关要求，生产设施代码由生产设施标识码和顺序码共 6 位字母和数字组成，如 MF0001 ～ MF9999。注意生产设施编号不能重复。

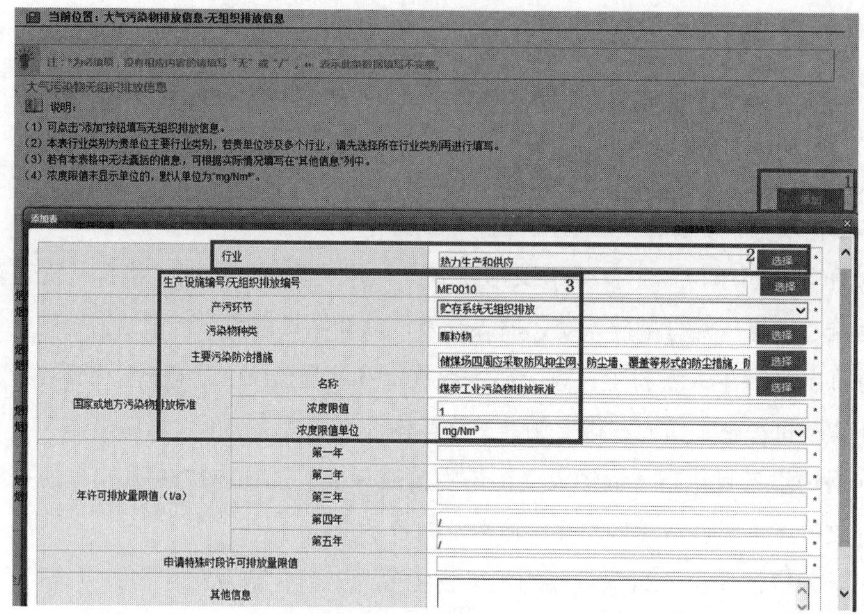

图 2-73　无组织排放填报

选择无组织排放编号

无组织排放编号：　查询　确定　双击数据可选中

选择	序号	生产内部设施编号/无组织排放编号	国家许可设施编号/无组织排放编号
○	1	MF0207	MF0100
○	2	MF0210	MF0103
○	3	MF0241	MF0134
○	4	MF0246	MF0139
○	5	MF0234	MF0127
○	61	MF0246	MF0139
○	62	排矸场	MF0155
○	63	厂界	厂界
○	64	储油罐周边	储油罐周边
○	65	氨罐区周边	氨罐区周边
○	66		若无对应设施编号，请在左侧文本框中填写企业内部编号

图 2-74　第三级子页面

产污环节：点击右侧下拉箭头，根据实际情况选择，如贮存系统无组织排放，装卸、贮存、输送系统无组织排放，制备系统无组织排放等。下拉选项中若无对应选项，可选择“其他”后在下一栏文本框中填写相应的内容。

污染物种类：根据所弹出的选项选择，如二氧化硫、颗粒物、氨、非甲烷总烃等，如图 2-75 所示。

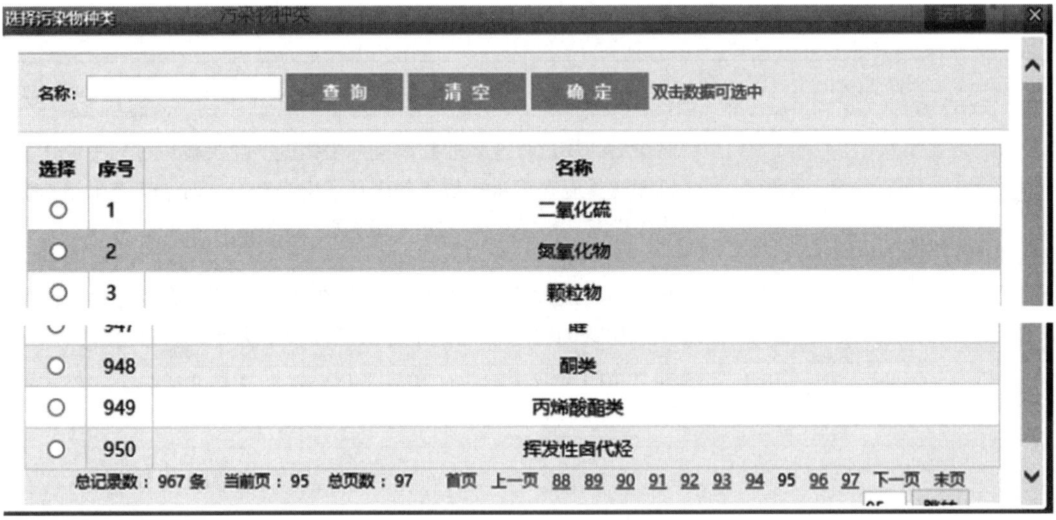

选择污染物种类

名称：　查 询　清 空　确 定　双击数据可选中

选择	序号	名称
○	1	二氧化硫
○	2	氮氧化物
○	3	颗粒物
○	948	酮类
○	949	丙烯酸酯类
○	950	挥发性卤代烃

总记录数：967 条　当前页：95　总页数：97　首页　上一页　88　89　90　91　92　93　94　95　96　97　下一页　末页

图 2-75　污染物种类选择

主要污染防治措施。根据本企业情况填写。

对于露天煤矿应采用喷淋、洒水、苫盖等抑尘措施；产品仓、原煤仓及矸石仓上设置布袋除尘器或其他粉尘收集处理设施；输煤栈桥、输煤转运站采用封闭措施并配置袋式除尘器。对原煤或物料破碎、磨粉产生的粉尘要进行有效收集。锅炉排污单位无组织排放控制措施如表 2-25 所示。

表 2-25　锅炉系统无组织排放控制措施

生产工艺		控制措施
贮存系统	一般地区	（1）储煤场四周至少应采取防风抑尘网、防尘墙、覆盖等形式的防尘措施，防风抑尘网高度不低于堆存物料高度的 1.1 倍。 （2）储罐区应合理地选择储罐类型。 （3）灰场、渣场应及时覆盖并定期洒水。设有灰仓的应采用密闭措施，卸灰管道出口应有防尘措施。设有渣库的应采用挡尘卷帘、围挡等形式的防尘措施。 （4）无独立包装脱硫剂粉应使用罐车运输、密闭储存
	重点地区	（1）储煤场应采用半封闭或全封闭形式。粉煤灰应采用密闭的灰仓储存，卸灰管道出口应有防尘措施。 （2）储罐区应合理地选择储罐类型；应采取储罐表面喷涂浅色涂层，高温天气采用水喷淋，采用地埋式储罐等措施降低储罐温度；应采用氮气作为保护介质。储罐呼吸口应设置呼吸气收集装置。 （3）灰场、渣场应及时覆盖并定期洒水。设有灰仓的应采用密闭措施，卸灰管道出口应有防尘措施。设有渣库的应采用挡尘卷帘、围挡等形式的防尘措施。 （4）无独立包装脱硫剂粉应使用罐车运输，密闭储存

续表

生产工艺		控制措施
输送系统	一般地区	储煤场卸煤过程应采取喷淋等抑尘措施。煤炭输运过程中使用皮带机输送的应在输煤栈桥等封闭环境中进行，并对落煤点采用喷淋等防尘措施。粉煤灰应使用气力输送、罐车运输等方式
	重点地区	储煤场卸煤过程应采取喷淋等抑尘措施。煤炭输运过程中使用皮带机输送的应在输煤栈桥等封闭环境中进行，并对落煤点采用喷淋或密闭等防尘措施。煤仓进料口应设置集气罩。粉煤灰运输应使用专用罐车
制备系统	一般地区	（1）由于工艺要求设置煤炭筛分、破碎工艺的，筛分和破碎应在封闭厂房中进行。 （2）石灰石制粉应在封闭厂房中进行
	重点地区	（1）由于工艺要求设置煤炭筛分、破碎工艺的，筛分和破碎应在封闭厂房中进行。筛分过程应设置集气罩，并配置除尘设施。破碎过程应对破碎机进、出料口进行密闭处理；或设置集气罩，并配置除尘设施。 （2）石灰石制粉应在封闭厂房中进行
厂区环境	一般地区	厂区裸露地面应采用绿化等抑尘措施，道路应进行硬化并定期清扫、洒水，物料进出口设置车辆冲洗设施
	重点地区	

国家或地方污染物排放标准。煤矿企业选择《煤炭工业污染物排放标准》（GB 20426—2006），地方有更高要求的，从其规定。

年许可排放量限值。根据《排污许可证申请与核发技术规范　总则》（HJ 942—2018）关于许可排放限值的规定，一般排放口和无组织废气不许可排放量，故本项暂不填写。

3. 全厂无组织排放总计

全厂无组织排放总计为系统根据产污环节填写内容加和计算，点击“计算”按钮可以自动计算加和。由于无组织不许可排放量，本页面无组织总计不填。

2.2.2.9　企业大气排放总许可量

如图 2-76 所示，进入本页面，系统自动计算“全厂有组织排放总计”与“全厂无组织排放总计”之和，根据全厂总量控制指标数据对“全厂合计”值进行核对与修改。

当前位置：大气污染物排放信息-企业大气排放总许可量

注：*为必填项，没有相应内容的请填写“无”或“/”。« 表示此条数据填写不完整。

4、企业大气排放总许可量

说明：

（1）“全厂合计”指的是，“全厂有组织排放总计”与“全厂无组织排放总计”之和数据、全厂总量控制指标数据两者取严。

（2）系统自动计算“全厂有组织排放总计”与“全厂无组织排放总计”之和，请根据贵单位全厂总量控制指标数据对“全厂合计”值进行核对与修改。

是否需要按月细化：是 *　　合规检查

污染物种类	全厂有组织排放总计（t/a）					全厂无组织排放总计（t/a）					全厂合计（t/a）				
	第一年	第二年	第三年	第四年	第五年	第一年	第二年	第三年	第四年	第五年	第一年	第二年	第三年	第四年	第五年
颗粒物	2	2	2	2	2	/	/	/	/	/	2	2	2	2	2
SO_2	17.56	17.56	17.56	17.56	17.56	/	/	/	/	/	17.56	17.56	17.56	17.56	17.56
NO_x	12	12	12	12	12	/	/	/	/	/	12	12	12	12	12
VOCs	/	/	/	/	/	/	/	/	/	/	/	/	/	/	/

备注信息（说明：若有表格中无法囊括的信息或其他需要备注的信息，可根据实际情况填写在以下文本框中。）

申请月许可排放量限值：

污染物种类	年份	申请月许可排放量限值（t/m）												合计	操作
		第一个月	第二个月	第三个月	第四个月	第五个月	第六个月	第七个月	第八个月	第九个月	第十个月	第十一个月	第十二个月		
颗粒物															编辑
SO_2															编辑
NO_x															编辑
VOCs															编辑

图 2-76　大气总许可总量

其中，“全厂合计”指的是，“全厂有组织排放总计”与“全厂无组织排放总计”之和数据、全厂总量控制指标数据两者取严。

2.2.2.10　水污染物排放口

1. 本单元填报说明

对于水污染物，以排放口为单位确定主要排放口许可排放浓度和排放量，一般排放口仅许可排放浓度。单独排入城镇集中污水处理设施的生活污水仅说明排放去向。

煤炭开采企业纳入排污许可管理的废水类别包括矿井水（酸性、非酸性）、矿坑水（酸性、非酸性）、疏干水、选煤废水、污染雨水、生活污水、生产废水（脱硫废水、锅炉排污水、软化再生废水、循环冷却水排污水）、初期雨水等，单独排入城镇集中污水处理设施的生活污水仅说明去向。根据《煤炭工业污染物排放标准》（GB 20426—2006）及企业实际排放情况明确水污染因子，包括化学需氧量、氨氮、pH 值、总悬浮物、石油类、TDS、总磷、氟化物等。地方有其他要求的，从其规定。

2. 废水直接排放口信息

在废水产排污节点、污染物及污染治理设施信息表填报时，废水排放方式选择直接排放的，图 2-77 所示页面将显示排放口编号、排放口名称、排水去向、排放规律等相关信息，点击“编辑”按钮进入第二级子页面，如图 2-78 所示，补充相关信息。

排放口编号及名称：根据废水产排污节点、污染物及污染治理设施信息表中排放口编号及名称填报情况自动生成。

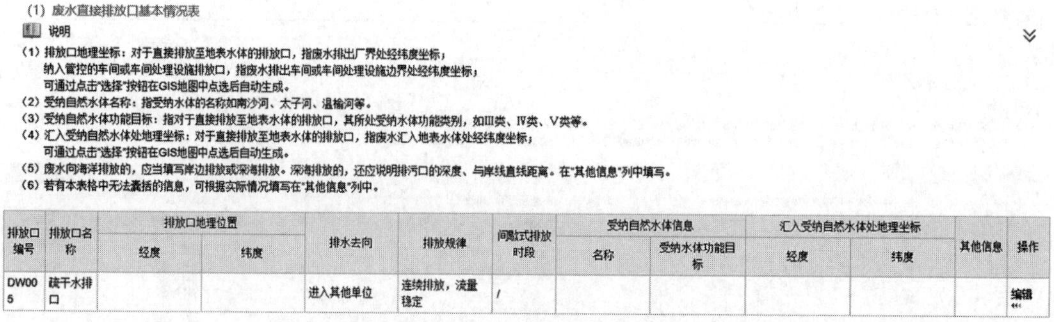

(1) 废水直接排放口基本情况表

说明

(1) 排放口地理坐标：对于直接排放至地表水体的排放口，指废水排出厂界处经纬度坐标；
纳入管控的车间或车间处理设施排放口，指废水排出车间或车间处理设施边界处经纬度坐标；
可通过点击"选择"按钮在GIS地图中点选后自动生成。
(2) 受纳自然水体名称：指受纳水体的名称如南沙河、太子河、温榆河等。
(3) 受纳自然水体功能目标：指对于直接排放至地表水体的排放口，其所处受纳水体功能类别，如Ⅲ类、Ⅳ类、Ⅴ类等。
(4) 汇入受纳自然水体处地理坐标：对于直接排放至地表水体的排放口，指废水汇入地表水体处经纬度坐标；
可通过点击"选择"按钮在GIS地图中点选后自动生成。
(5) 废水向海洋排放的，应当填写岸边排放或深海排放。深海排放的，还应说明排污口的深度、与岸线直线距离。在"其他信息"列中填写。
(6) 若有本表格中无法囊括的信息，可根据实际情况填写在"其他信息"列中。

排放口编号	排放口名称	排放口地理位置		排水去向	排放规律	间歇式排放时段	受纳自然水体信息		汇入受纳自然水体处地理坐标		其他信息	操作
		经度	纬度				名称	受纳水体功能目标	经度	纬度		
DW005	疏干水排口			进入其他单位	连续排放，流量稳定	/						编辑

图 2-77　废水直接排放口信息

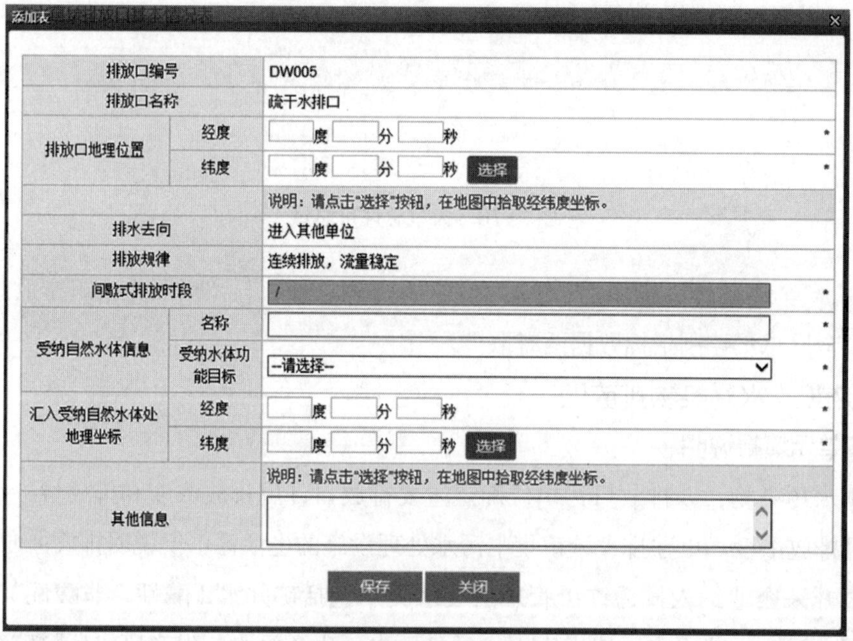

添加表

排放口编号		DW005
排放口名称		疏干水排口
排放口地理位置	经度	度 分 秒 *
	纬度	度 分 秒 选择 *
		说明：请点击"选择"按钮，在地图中拾取经纬度坐标。
排水去向		进入其他单位
排放规律		连续排放，流量稳定
间歇式排放时段		/ *
受纳自然水体信息	名称	*
	受纳水体功能目标	--请选择-- *
汇入受纳自然水体处地理坐标	经度	度 分 秒 *
	纬度	度 分 秒 选择 *
		说明：请点击"选择"按钮，在地图中拾取经纬度坐标。
其他信息		

保存　关闭

图 2-78　第二级子页面

排放口地理位置：对于直接排放至地表水体的排放口，指废水排出厂界处经纬度坐标；对于纳入管控的车间或车间处理设施排放口，指废水排出车间或车间处理设施边界处经纬度坐标。可手工填写经纬度，也可通过点击"选择"按钮在GIS地图中点选后自动生成。

排水去向、排放规律：根据废水产排污节点、污染物及污染治理设施信息表中的排放去向、排放规律填报情况自动生成。

受纳自然水体名称：指受纳水体的名称，如南沙河、太子河、温榆河等。

受纳自然水体功能目标：指对于直接排放至地表水体的排放口，其所处受纳水体功能类别，如Ⅲ类、Ⅳ类、Ⅴ类等（具体属于几类水体请与当地生态环境主管部门

确认)。

汇入受纳自然水体处地理坐标：对于直接排放至地表水体的排放口，指废水汇入地表水体处经纬度坐标；可手工填写经纬度，也可通过点击“选择”按钮在 GIS 地图中点选后自动生成。

废水向海洋排放的，应当填写岸边排放或深海排放；深海排放的，还应说明排污口的深度、与岸线直线距离。并在“其他信息”列中填写。

若有表格中无法囊括的信息，也可根据实际情况填写在“其他信息”列中。

3. 入河排污口信息

对环评批复中允许设置入河排污口的排污单位，首先在“废水直接排放口信息”填报时按照环评批复文件完成受纳自然水体的名称、功能目标及地理坐标的填报后，此页面方能弹出排放口编号、名称、入河排污口信息及操作栏。点击操作栏“编辑”按钮，补充入河排污口名称、编号及批复文号等信息。批复文件需在附件中上传扫描件。

4. 雨水排放口基本情况表

对于企业厂区雨水排放口，填报信息与“废水直接排放口”一致，此处不再详细介绍。

5. 废水间接排放口基本情况表

煤矿企业间接排放口主要指矿井水排放口、脱硫废水车间排放口等。在“废水产排污节点、污染物及污染治理设施信息”填报时，若废水排放方式选择间接排放的，图 2-79 所示页面将显示排放口编号、排放口名称、排放去向、排放规律等相关信息，点击“编辑”按钮进入第二级子页面，如图 2-80 所示，补充相关信息。

(4) 废水间接排放口基本情况表

说明：

(1) 排放口地理坐标：对于排至厂外城镇或工业污水集中处理设施的排放口，指废水排出厂界处经纬度坐标；
对纳入管控的车间或者生产设施排放口，指废水排出车间或者生产设施边界处经纬度坐标。可通过点击"选择"按钮在GIS地图中点选后自动生成。

(2) 受纳污水处理厂名称：指厂外城镇或工业污水集中处理设施名称，如酒仙桥生活污水处理厂、宏兴化工园区污水处理厂等。

(3) 排水协议规定的浓度限值：指排污单位与受纳污水处理厂等协商的污染物排放浓度限值要求。属于选填项，没有可以填写“/”。

(4) 点击受纳污水处理厂名称后的"增加"按钮，可设置污水处理厂排放的污染物种类及其浓度限值。

排放口编号	排放口名称	排放口地理坐标		排放去向	排放规律	间歇排放时段	受纳污水处理厂信息				操作
		经度	纬度				名称	污染物种类	排水协议规定的浓度限值(mg/L)（如有）	国家或地方污染物排放标准浓度限值	
DW003	矿井水处理站出口			进入其他单位	连续排放，流量稳定	/					编辑
DW006	脱硫废水排口			进入其他单位	间断排放，排放期间流量稳定						编辑

图 2-79　废水间接排放口信息

排放口编号及名称：根据“废水产排污节点、污染物及污染治理设施信息”填报情况，排放口编号及排放口名称自动生成。

排放口地理坐标：对于排至厂外城镇或工业污水集中处理设施的排放口，指废水排出厂界处经纬度坐标。对于纳入管控的车间或者生产设施排放口，指废水排出车间或者生产设施边界处经纬度坐标。可手工填写经纬度，也可通过点击“选择”按钮在GIS地图中点选后自动生成。

添加表

排放口编号		DW003
排放口名称		矿井水处理站出口
排放口地理坐标	经度	度 分 秒
	纬度	度 分 秒 选择
		说明：请点击“选择”按钮，在地图中拾取经纬度坐标。
排水去向		进入其他单位
排放规律		连续排放，流量稳定
间歇排放时段		/
受纳污水处理厂名称		

说明：请点击“添加”按钮，填写污水处理厂排放的污染物种类及其浓度限值。添加

污染物种类	排水协议规定的浓度限值（如有）	国家或地方污染物排放标准浓度限值	浓度限值单位	删除

保存 关闭

图 2-80 第二级子页面

排水去向、排放规律：根据“废水产排污节点、污染物及污染治理设施信息”填报情况，排放去向、排放规律将自动生成。

受纳污水处理厂名称：指厂外城镇或工业污水集中处理设施名称。点击受纳污水处理厂名称后的“添加”按钮，可设置污水处理厂排放的污染物种类及其浓度限值。

排水协议规定的浓度限值：指排污单位与受纳污水处理厂等协商的污染物排放浓度限值要求。属于选填项，没有可填写“/”。

6. 废水污染物排放执行标准表

本页面根据上述所有废水排放口填报情况，自动生成所有排放口的编号、名称及其对应的污染物种类，点击“编辑”按钮完善相关信息。

国家或地方污染物排放标准：指对应排放口须执行的国家或地方污染物排放标准的名称及浓度限值。煤炭行业大部分选择《煤炭工业污染物排放标准》（GB 20426—2006），其余可参照环评及批复要求。

排水协议规定的浓度限值：指排污单位与受纳污水处理厂等协商的污染物排放浓度限值要求。属于选填项，没有可以填写“/”。浓度限值未显示单位的，默认单位为mg/L。

环境影响评价批复要求：新增污染源必填，默认单位为mg/L。

2.2.2.11　水污染物申请排放信息

1. 本单元填报说明

依据《排污许可证申请与核发技术规范　水处理通用工序》(HJ 1120—2020)第 4.1.5 条中关于排放口类型的相关规定，排放口分为主要排放口和一般排放口，其中重点管理排污单位废水外排口为主要排放口，其余排污单位废水外排口为一般排放口。

依据《排污许可证申请与核发技术规范　总则》(HJ 942—2018)第 5.2 条许可排放限值的相关规定，对于水污染物，以排放口为单位确定主要排放口许可排放浓度和排放量，一般排放口仅许可排放浓度。单独排入城镇集中污水处理设施的生活污水仅说明排放去向。

2. 主要排放口

依据上述说明，煤矿企业废水的排放口均为一般排放口，故无须填报此页面，地方有其他要求的，从其规定。

3. 一般排放口

煤矿企业矿井水、疏干水、选煤废水、污染雨水、生活污水、生产废水、初期雨水产生过程中执行《煤炭工业污染物排放标准》(GB 20426—2006)的相关规定，环评及批复文件或地方另有规定的，从严执行。

本页面按照污染物种类，以此点击“编辑”按钮，申请该种污染物排放浓度限值。

4. 全厂水污染物排放口总计

煤矿企业暂无水污染物主要排放口，且一般排放口不许可排放量，故无年许可总量。本页面不需提供申请水污染物年排放量限值计算过程及特殊时段许可排放量限值计算过程，可直接填“无”。

2.2.2.12　固体废物管理信息

1. 本页面填报说明

依据《排污许可证申请与核发技术规范　工业固体废物（试行）》(HJ 1200—2021)。工业固体废物分为一般工业固体废物和危险废物。煤矿企业的一般工业固体废物主要有煤矸石、炉渣、粉煤灰、污泥、脱硫石膏 / 脱硫渣等，危险废物主要有废矿物油、废油漆、废油桶、废油漆桶、废水在线监测废液、废铅蓄电池等。两类固体废物信息均在此页面汇总。

基础信息包括固体废物的名称、代码、类别、物理性状、产生环节、去向等信息。点击“添加”按钮，进入下级页面填写一般工业固体废物的基本信息。

2. 一般工业固体废物排放信息

一般工业固体废物按照生态环境部制定的《一般工业固体废物环境管理台账制定

指南（试行）》填报一般工业固体废物的名称、代码等信息。进入第一级、第二级子页面均点击“添加”按钮，弹出第三级子页面，固体废物类别选择一般工业固体废物，如图 2-81 所示。

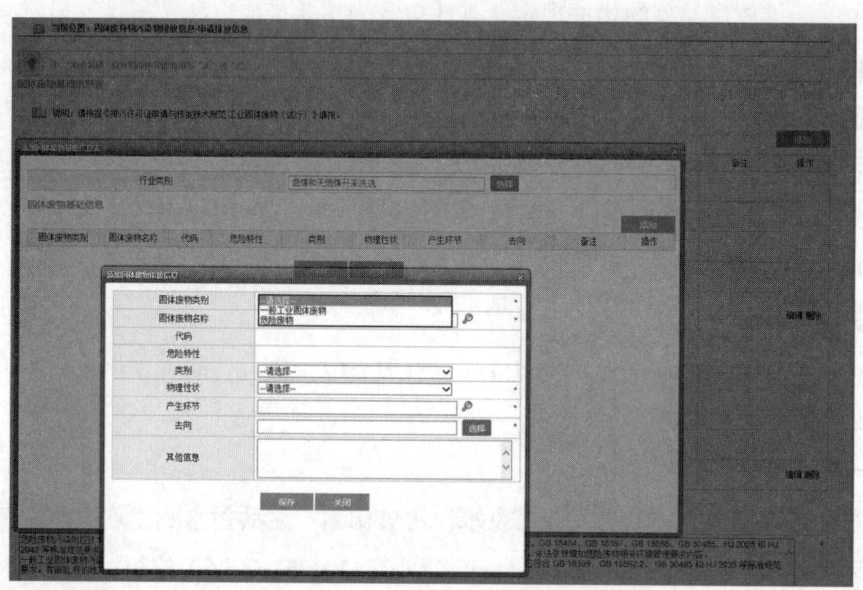

图 2-81　一般工业固体废物信息

固体废物类别：在下拉菜单中选择“一般工业固体废物”和“危险废物”。

固体废物名称：点击“放大镜”，在弹出的窗口中选择固体废物名称，其代码和危险特性将自动生成。

工业固体废物类别：选择第Ⅰ类工业固体废物或第Ⅱ类工业固体废物。第Ⅰ类工业固体废物为按照《固体废物　浸出毒性浸出方法　水平振荡法》（HJ 557—2010）规定方法获得的浸出液中任何一种特征污染物浓度均未超过《污水综合排放标准》（GB 8978—1996）最高允许浓度（第Ⅱ类污染物最高允许排放浓度按照一级标准执行），且 pH 值在 6 ～ 9 范围之内的一般工业固体废物；第Ⅱ类一般工业固体废物为按照《固体废物　浸出毒性浸出方法　水平振荡法》（HJ 557—2010）规定方法获得的浸出液中有一种或一种以上的特征污染物浓度超过《污水综合排放标准》（GB 8978—1996）最高允许浓度（第Ⅱ类污染物最高允许排放浓度按照一级标准执行），或 pH 值在 6 ～ 9 范围之外的一般工业固体废物。

物理性状：为一般工业固体废物在常温、常压下的物理状态，包括固态（固态废物，S）、半固态（泥态废物，SS）、液态（高浓度液态废物，L）、气态（置于容器中的气态废物，G）等。

产生环节：指产生该种固体废物的设施、工序、工段或车间名称等，可点击右侧“放大镜”选择，可多选。若有排污单位接收外单位一般工业固体废物的，填报“外来”。

煤矿企业的一般工业固体废物产生环节：煤矸石——洗煤厂产生；炉渣、粉煤灰、脱硫石膏 / 脱硫渣——锅炉燃烧；污泥——水处理厂产生。

危险废物产生环节：使用后废弃的废矿物油、废油漆及沾染有相应废液的废弃包装物；废水在线监测废液——在线监测房产生；废铅蓄电池——各种车辆使用过程中产生。

去向：可以进行多项选择，包括自行贮存 / 利用 / 处置、委托贮存 / 利用 / 处置等，如图 2-82 所示。此项填报时应选择该类工业固体废物在排污单位内部涉及的全过程去向，企业工业固体废物在厂区内贮存后委外处置的，工业固体废物“去向”同时选择“自行贮存”和“委托处置”。

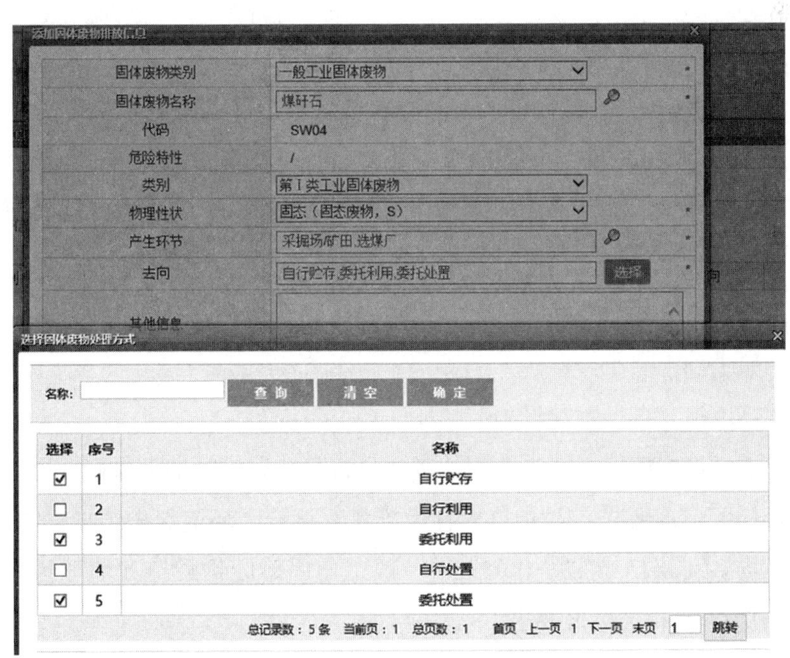

图 2-82　一般工业固体废物去向选项

3. 危险废物排放信息

煤矿企业涉及的所有一般工业固体废物填报完成后，在第三级子页面，固体废物类别选择危险废物，开始填报危险废物。

危险废物的名称、代码、危险特性、物理性状、产生环节及去向等信息，填报操作参考一般工业固体废物基础信息，此章节不再详细介绍。企业危险废物产生种类应根据环评内容逐一填报，若投产后有新增固体废物，可按要求鉴别后，根据鉴别结果变更填报工业固体废物内容。

危险废物依据《国家危险废物名录（2021年版）》（生态环境部、国家发展和改革委员会、公安部、交通运输部、国家卫生健康委员会令第15号）、《危险废物鉴别技术规范》（HJ 298—2019）和《危险废物鉴别标准　通则》（GB 5085.7—2019）判定，填报危险废物名称、代码、危险特性等信息。

物理性状：为危险废物在常温、常压下的物理状态，包括固态（固态废物，S）、半固态（泥态废物，SS）、液态（高浓度液态废物，L）、气态（置于容器中的气态废物，G）等。

产生环节：指产生该种危险废物的设施、工序、工段或车间名称等。工业固体废物治理排污单位接收外单位危险废物的，填报“外来”。

去向：包括自行贮存/利用/处置、委托贮存/利用/处置等。企业危险废物在厂区内贮存后委外处置的，危险废物“去向”同时选择“自行贮存”和“委托处置”。

4. 自行贮存/利用/处置设施信息

（1）一般工业固体废物自行贮存/利用/处置设施信息。

设施名称：按排污单位对该贮存设施的内部管理名称填写。

设施编号：应填报一般工业固体废物自行贮存设施的内部编号，若无内部设施编号，应按照《排污单位编码规则》（HJ 608—2017）编写：由污染治理设施标识码T、环境要素标识码（A表示气，W表示水，N表示噪声，S表示固体废物）和顺序码共5位字母和数字组成，如TS001～TS999。

设施类型：填报“自行贮存设施”。

位置地理坐标：应填报一般工业固体废物自行贮存设施的地理坐标。

是否符合相关标准要求：是指该贮存设施是否符合《环境保护图形标志　固体废物贮存（处置）场》（GB 15562.2—1995）、《一般工业固体废物贮存和填埋污染控制标准》（GB 18599—2020）等相关标准要求。

贮存一般工业固体废物能力和面积：根据贮存设施实际情况填报。贮存能力为贮存设施可贮存一般工业固体废物的最大量，单位为t、L、3、个；面积为贮存设施达到贮存能力时一般工业固体废物堆存所占面积，单位为m^2。

自行利用/处置方式：作为燃料（直接燃烧除外）或以其他方式产生能量、溶剂回收/再生（如蒸馏、萃取等）、再循环再利用不用作溶剂的有机物、再循环/再利用金属和金属化合物、再循环/再利用其他无机物、再生酸或碱、回收污染减除剂的组分、回收催化剂组分、废油再提炼或其他废油的再利用、生产建筑材料、清洗包装容器、水泥窑协同处置、填埋、物理化学处理（如蒸发、干燥、中和、沉淀等，不包括填埋或焚烧

前的预处理)、焚烧、其他。

自行贮存 / 利用 / 处置一般工业固体废物能力。根据设施实际情况填报。自行贮存 / 利用 / 处置能力为设施可贮存 / 利用 / 处置一般工业固体废物的最大量，单位为 t/a、m^3/a 等。

自行贮存 / 利用 / 处置一般工业固体废物的名称、代码、类别、物理性状、产生环节按照 2.2.2.12 部分一般工业固体废物排放信息执行，如图 2-83 和图 2-84 所示。

半固态一般工业固体废物可备注含水率、含油率等指标。

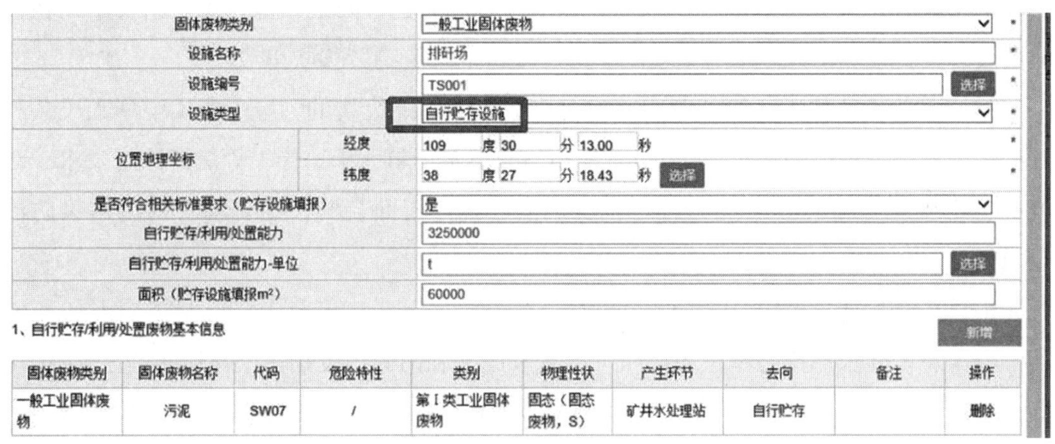

固体废物类别		一般工业固体废物
设施名称		排矸场
设施编号		TS001 选择
设施类型		自行贮存设施
位置地理坐标	经度	109 度 30 分 13.00 秒
	纬度	38 度 27 分 18.43 秒 选择
是否符合相关标准要求（贮存设施填报）		是
自行贮存/利用/处置能力		3250000
自行贮存/利用/处置能力-单位		t 选择
面积（贮存设施填报m²）		60000

1、自行贮存/利用/处置废物基本信息 新增

固体废物类别	固体废物名称	代码	危险特性	类别	物理性状	产生环节	去向	备注	操作
一般工业固体废物	污泥	SW07	/	第Ⅰ类工业固体废物	固态（固态废物，S）	矿井水处理站	自行贮存		删除

图 2-83 贮存信息

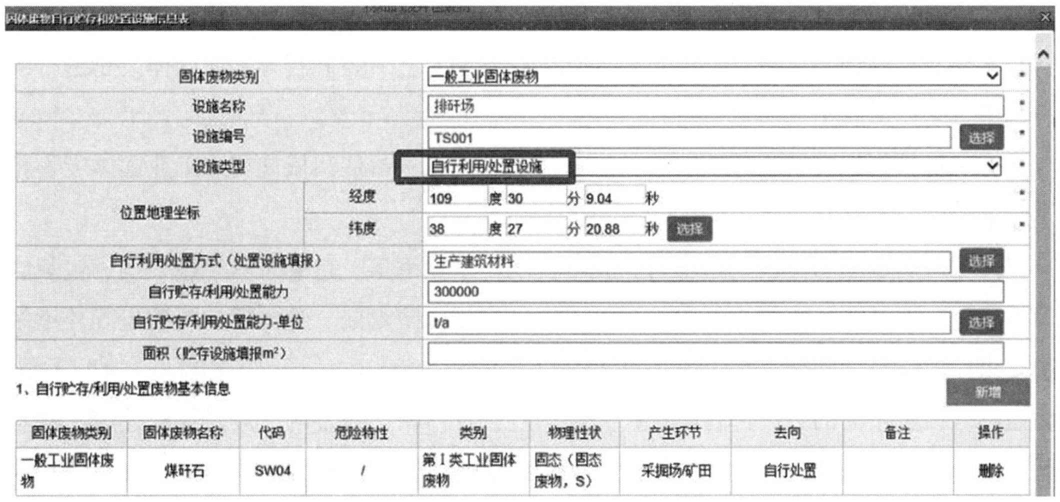

固体废物自行贮存和处置设施信息表

固体废物类别		一般工业固体废物
设施名称		排矸场
设施编号		TS001 选择
设施类型		自行利用/处置设施
位置地理坐标	经度	109 度 30 分 9.04 秒
	纬度	38 度 27 分 20.88 秒 选择
自行利用/处置方式（处置设施填报）		生产建筑材料 选择
自行贮存/利用/处置能力		300000
自行贮存/利用/处置能力-单位		t/a 选择
面积（贮存设施填报m²）		

1、自行贮存/利用/处置废物基本信息 新增

固体废物类别	固体废物名称	代码	危险特性	类别	物理性状	产生环节	去向	备注	操作
一般工业固体废物	煤矸石	SW04	/	第Ⅰ类工业固体废物	固态（固态废物，S）	采掘场/矿田	自行处置		删除

图 2-84 利用 / 处置信息

（2）危险废物自行贮存 / 利用 / 处置设施信息。该页面的主要填报信息：危险废物自行贮存 / 利用 / 处置设施信息（包括设施名称、编号、类型、位置），是否符合贮存相关

标准要求，自行贮存 / 利用 / 处置一般工业固体废物能力，自行贮存面积，自行利用 / 处置方式，自行贮存 / 利用 / 处置一般工业固体废物的名称、代码、类别、物理性状、产生环节等信息。

该页面填报操作参考一般工业废物，此处不再详细介绍。

5. 委托贮存 / 利用 / 处置设施信息

排污单位委托他人运输、利用、处置危险废物的，应落实《中华人民共和国固体废物污染环境防治法》（中华人民共和国主席令第三十一号）等法律法规要求，对受托方的主体资格和技术能力进行核实，依法签订书面合同，在合同中约定污染防治要求；转移危险废物的，应当按照国家有关规定填写、运行危险废物转移联单等。

排污单位委托他人运输、利用、处置一般工业固体废物的，应落实《中华人民共和国固体废物污染环境防治法》（中华人民共和国主席令第三十一号）等法律法规要求，对受托方的主体资格和技术能力进行核实，依法签订书面合同，在合同中约定污染防治要求。

6. 污染防控技术要求

（1）总体要求。排污单位应按照《中华人民共和国固体废物污染环境防治法》（中华人民共和国主席令第三十一号）等相关法律法规要求，对工业固体废物采用防扬散、防流失、防渗漏或者其他防止污染环境的措施，不得擅自倾倒、堆放、丢弃、遗撒工业固体废物。

污染防控技术应符合排污单位适用的污染物排放标准、污染控制标准、污染防治可行技术等相关标准和管理文件要求，鼓励采取先进工艺对煤矸石等工业固体废物进行综合利用。

有审批权的地方生态环境主管部门可根据管理需求，依法依规增加工业固体废物相关污染防控技术要求。

（2）一般工业固体废物污染防控技术要求。采用库房、包装工具（罐、桶、包装袋等）贮存一般工业固体废物的，贮存过程应满足相应防渗漏、防雨淋、防扬尘等环境保护要求；危险废物和生活垃圾不得进入一般工业固体废物贮存场；不相容的一般工业固体废物应设置不同的分区进行贮存；贮存场应设置清晰、完整的一般工业固体废物标志牌等。排污单位生产运营期间一般工业固体废物自行贮存 / 利用 / 处置设施的环境管理和相关设施运行维护要求还应符合《环境保护图形标志　固体废物贮存（处置）场》（GB 15562.2—1995）和《一般工业固体废物贮存和填埋污染控制标准》（GB 18599—2020）等相关标准规范要求。

（3）危险废物污染防控技术要求。包装容器应达到相应的强度要求并完好无损，禁

止混合贮存性质不相容且未经安全性处置的危险废物；危险废物容器和包装物，以及危险废物贮存设施、场所应按规定设置危险废物识别标志；仓库式贮存设施应分开存放不相容危险废物，按危险废物的种类和特性进行分区贮存，采用防腐、防渗地面和裙脚，设置防止泄漏物质扩散至外环境的拦截、导流、收集设施；贮存堆场要防风、防雨、防晒。排污单位生产运营期间贮存危险废物不得超过一年，危险废物自行贮存设施的环境管理和相关设施运行维护还应符合《环境保护图形标志　固体废物贮存（处置）场》（GB 15562.2—1995）修改单、《危险废物识别标志设置技术规范》（HJ 1276—2022）和《危险废物贮存污染控制标准》（GB 18597—2023）等相关标准规范要求。

2.2.2.13　自行监测要求

1. 本单元填报说明

（1）填报依据：《排污单位自行监测技术指南　总则》（HJ 819—2017）、《排污单位自行监测技术指南　火力发电及锅炉》（HJ 820—2017）、《排污许可证申请与核发技术规范　水处理通用工序》（HJ 1120—2020）、《排污许可证申请与核发技术规范　锅炉》（HJ 953—2018）、《地下水环境监测技术规范》（HJ 164—2020）、《矿区地下水监测规范》（DZ/T 0388—2021），参照行业技术规范要求及企业环评、验收文件，取严执行。

（2）监测方案：按照上述填报的所有产排污环节、排放口、污染物、许可排放限值、监测指标、环评批复等相关要求及潜在的环境影响，制定监测方案并按方案开展自行监测工作。自行监测方案中应明确排污单位的基本情况、监测点位及示意图、监测指标、执行排放标准及其限值、监测频次、采样和样品保存方法、监测分析方法和仪器、质量保证与质量控制、自行监测信息公开等。对于采用自动监测的，应填报采用自动监测的污染物指标、自动监测系统联网情况、自动监测系统的运行维护情况等；对于采用手工监测的，应填报开展手工监测的污染物排放口和监测点位、监测方法、监测频次。

（3）监测内容：污染物排放监测包括废气污染物（以有组织或无组织形式排入环境）、废水污染物（直接排入环境或排入公共污水处理系统）、噪声污染物；周边环境质量影响监测包括周边环境空气、地表水、地下水、土壤等。

根据煤炭开采排污单位的特点，应开展井田范围内的地表水监测、采掘工作面的地下水监测、排矸场区域的地下水及土壤监测等工作，地下水监测内容包括水位、水温、水量、水质［常规指标及特殊指标：常规指标包括《地下水质量标准》（GB/T 14848—2017）中规定的常规指标，并增加钾、钙、镁、碳酸根、重碳酸根等共 44 项；特殊指标应依据矿山开发过程中开采矿物的组分，或开采、就地选矿过程中可能引入的组分来确定，各矿山的特殊指标为必测项］；地表水依据《地表水环境质量监测技术规范》（HJ 91.2—2022）开展检测工作；土壤检测按照《土壤环境监测技术规范》（HJ/T 166—2004）

开展相关土壤检测工作；环境影响评价文件及批复，以及其他环境管理政策有明确要求的，按要求执行。

（4）有组织废气监测点位、指标及最低监测频次：净烟气与原烟气混合排放的，应在锅炉排气筒或烟气汇合后的混合烟道上设置监测点位；净烟气直接排放的，应在净烟气烟道上设置监测点位，有旁路的旁路烟道也应该设置监测点位，废气监测指标及频次见表 2-9。

（5）无组织废气监测点位、指标及最低监测频次：煤炭开采行业（尤其是露天开采行业）是无组织废气排放较重的污染源行业，应设置无组织排放监测点位。二氧化硫、氮氧化物、颗粒物和氟化物的监测点设置在无组织排放源下风向 2 ～ 50m 范围内的浓度最高点，相对应的参照点设在排放源上风向 2 ～ 50m 范围内；其余物质的监控点设置在单位厂界外 10m 范围内的浓度最高点。监测点最多可设 4 个，参照点只设 1 个。设置有临时排矸场的，必须监测其二氧化硫浓度值。无组织废气每季度至少开展一次监测。

（6）废水监测点位、指标及最低监测频次：废水自行监测点位主要包括企业废水总排放口、脱硫废水排放口、直流冷却水排放口、生活污水排放口和雨水排放口，监测指标和最低监测频次依据《排污单位自行监测技术指南　火力发电及锅炉》（HJ 820—2017）和《排污许可证申请与核发技术规范　水处理通用工序》（HJ 1120—2020）相关要求。具体见表 2-26 和表 2-10。

表 2-26　　废水自行监测频次相关要求

监测点位	监测指标	最低监测频次	
		直接排放	间接排放
废水外排口	流量	自动监测	
	pH 值	自动监测（月）②	
	化学需氧量、氨氮	自动监测（月）③	
	总悬浮物、总汞、总镉、总铬、总铅、总砷、石油类、总铁、总锰①、六价铬、总锌、氟化物、溶解性总固体	月	
生活污水排放口	流量、化学需氧量、氨氮	月	—
	其他污染物	半年	—
雨水排放口	化学需氧量、悬浮物	季度	

注　1. 设区的市级及以上生态环境主管部门明确要求安装自动监测设备的污染物指标，须采取自动监测。

2. 雨水排放口每季度第一次排水期间开展监测。

① 选煤废水和酸性采煤废水需监测总锰。
② 酸性废水 pH 值自动监测，其余按月监测。
③ 重点管理排污单位化学需氧量、氨氮自动监测，其余按月监测。

（7）锅炉排污单位在表 2–26、表 2–9 和表 2–10 中未涉及的其他有组织废气排放口及雨水排放口，应按照表 2–27 要求开展自行监测。

表 2–27　其他排放口自行监测频次

监测点位	监测指标	监测频次
燃料料仓、脱硫剂料仓、粉煤灰库、脱硫副产物库房等贮存系统生产设施废气排放口	颗粒物	年①
碎煤机、筛分机、石灰石制粉设备等制备系统生产设施废气排放口	颗粒物	年①
中转站、输煤栈道等输送系统生产设施废气排放口	颗粒物	年①
雨水排放口	化学需氧量	日②

① 排污单位应合理安排监测计划，保证每个季度相同种类治理设施的监测点位数量基本平均分布；仅在采暖季运行的供暖锅炉需在采暖期间进行监测。
② 排放口有流动水排放时开展监测，排放期间按日监测。

2. 自行监测要求填报页面

本页面中，企业需填写企业所有排放口的自行监测情况，包括废气有组织 / 无组织排放口、废水排放口、雨水排放口，所有信息填报完成后自动汇总展示。企业需根据排污许可自行监测相关标准要求，确定每个排放口的监测项目、监测点位、监测指标、监测频次、监测方法和仪器、采样方法、监测质量控制、自动监测系统联网、自动监测系统的运行维护及监测结果公开情况等，并建立台账记录报告。

对于无自动监测的大气污染物和水污染物指标，企业应当按照自行监测数据记录总结说明企业开展手工监测的情况。地方生态环境主管部门有更严格的监测要求的，从其规定。

手工监测采样方法及个数。指污染物采样方法，如对于废水污染物，“混合采样（3 个、4 个或 5 个混合）”“瞬时采样（3 个、4 个或 5 个瞬时样）”；对于废气污染物，“连续采样”“非连续采样（3 个或多个）”。

手工监测频次。指一段时期内的监测次数要求，如 1 次 / 周、1 次 / 月等，对于规范要求填报自动监测设施的，在手工监测内容中填报自动在线监测出现故障时的手工频次。

手工测定方法。指污染物浓度测定方法，如“测定化学需氧量的重铬酸钾法”“测定氨氮的水杨酸分光光度法”等。

若有表格中无法囊括的信息，可根据实际情况填写在“其他信息”列中。注意不要遗漏雨水监测要求，部分企业有土壤和地下水监测要求。

3. 监测质量保证与质量控制要求

排污单位应建立并实施质量保证与控制措施方案，以提升自行监测数据的质量。

（1）建立质量体系。排污单位应根据本单位自行监测的工作需求，设置监测机构，梳理监测方案制定、样品采集、样品分析、监测结果报出、样品留存、相关记录的保存等监测的各个环节中，为保证监测工作质量制定的工作流程、管理措施与监督措施，建立自行监测质量体系。

质量体系应包括对以下内容的具体描述：监测机构、人员、出具监测数据所需仪器设备、监测辅助设施和实验室环境、监测方法技术能力验证、监测活动质量控制与质量保证等。

委托其他有资质的监测机构代其开展自行监测的，排污单位不用建立监测质量体系，但应对监测机构的资质进行确认。

（2）监测机构。监测机构应具有与监测任务相适应的技术人员、仪器设备和实验室环境，明确监测人员和管理人员的职责、权限和相互关系，有适当的措施和程序保证监测结果准确可靠。

（3）监测人员。应配备数量充足、技术水平满足工作要求的技术人员，规范监测人员录用、培训教育和能力确认 / 考核等活动，建立人员档案，并对监测人员实施监督和管理，规避人员因素对监测数据正确性和可靠性的影响。

（4）监测设施和环境。根据仪器使用说明书、监测方法和规范等的要求，配备必要的如除湿机、空调、干湿度温度计等辅助设施，以使监测工作场所条件得到有效控制。

（5）监测仪器设备和实验试剂。应配备数量充足、技术指标符合相关监测方法要求的各类监测仪器设备、标准物质和实验试剂。

监测仪器性能应符合相应方法标准或技术规范要求，根据仪器性能实施自校准或者检定 / 校准、运行和维护、定期检查。

标准物质、试剂、耗材的购买和使用情况应建立台账予以记录。

（6）监测方法技术能力验证。应组织监测人员按照其所承担监测指标的方法步骤开展实验活动，测试方法的检出浓度、校准（工作）曲线的相关性、精密度和准确度等指标，实验结果满足方法相应的规定以后，方可确认该人员实际操作技能满足工作需求，能够承担测试工作。

（7）监测质量控制。编制监测工作质量控制计划，选择与监测活动类型和工作量相适应的质控方法，包括使用标准物质、采用空白试验、平行样测定、加标回收率测定等，

定期进行质控数据分析。

（8）监测质量保证。按照监测方法和技术规范的要求开展监测活动，若存在相关标准规定不明确但又影响监测数据质量的活动，可编写作业指导书予以明确。

编制工作流程等相关技术规定，规定任务下达和实施，分析用仪器设备购买、验收、维护和维修，监测结果的审核签发、监测结果录入发布等工作的责任人和完成时限，确保监测各环节无缝衔接。

设计记录表格，对监测过程的关键信息予以记录并存档。

定期对自行监测工作开展的时效性、自行监测数据的代表性和准确性、管理部门检查结论和公众对自行监测数据的反馈等情况进行评估，识别自行监测存在的问题，及时采取纠正措施。管理部门执法监测与排污单位自行监测数据不一致的，以管理部门执法监测结果为准，作为判断污染物排放是否达标、自动监测设施是否正常运行的依据。

4. 监测数据记录、整理、存档要求

监测记录包括手工监测及自动监测数据记录，电子台账和纸质台账应同步保存、备案，至少保存 5 年。

（1）手工监测记录。

1）采样记录：采样日期、采样时间、采样点位、混合取样的样品数量、采样器名称、采样人姓名等。

2）样品保存和交接：样品保存方式、样品传输交接记录。

3）样品分析记录：分析日期、样品处理方式、分析方法、质控措施、分析结果、分析人姓名等。

4）质控记录：质控结果报告单。

（2）自动监测数据记录。

包括自动监测系统运行状况、系统辅助设备运行状况、系统校准、校验工作等；仪器说明书及相关标准规范中规定的其他检查项目；校准、维护保养、维修记录等。

5. 监测点位示意图

可上传文件格式应为图片格式，包括 jpg、jpeg、gif、bmp、png，附件大小不能超过 5MB，图片分辨率不能低于 72dpi，可上传多张图片。

2.2.2.14　环境管理台账记录要求

1. 填报页面

如图 2-85 所示，此页面可点击右侧的“填报模板下载”按钮，下载环境管理台账记录要求模板，并在此基础上补充相关行业排污许可证申请与核发技术规范规定的内容；也可以点击“添加默认数据”按钮，系统将自动代入台账记录要求信息，可在此基础上修改和编辑。

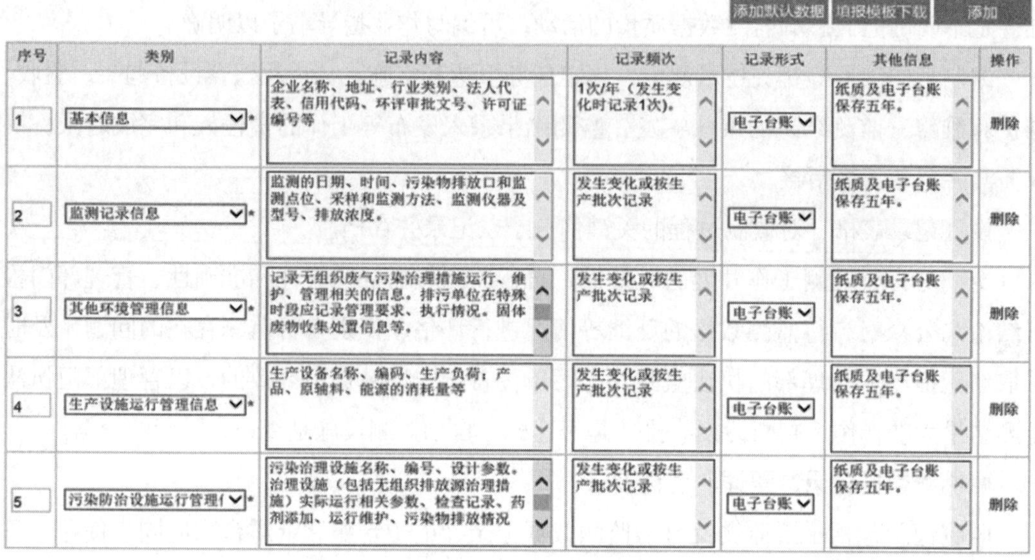
添加默认数据 填报模板下载 添加

序号	类别	记录内容	记录频次	记录形式	其他信息	操作
1	基本信息	企业名称、地址、行业类别、法人代表、信用代码、环评审批文号、许可证编号等	1次/年（发生变化时记录1次）。	电子台账	纸质及电子台账保存五年。	删除
2	监测记录信息	监测的日期、时间、污染物排放口和监测点位、采样和监测方法、监测仪器及型号、排放浓度。	发生变化或按生产批次记录	电子台账	纸质及电子台账保存五年。	删除
3	其他环境管理信息	记录无组织废气污染治理措施运行、维护、管理相关的信息。排污单位在特殊时段应记录管理要求、执行情况。固体废物收集处置信息等。	发生变化或按生产批次记录	电子台账	纸质及电子台账保存五年。	删除
4	生产设施运行管理信息	生产设备名称、编码、生产负荷；产品、原辅料、能源的消耗量等	发生变化或按生产批次记录	电子台账	纸质及电子台账保存五年。	删除
5	污染防治设施运行管理(	污染治理设施名称、编号、设计参数。治理设施（包括无组织排放源治理措施）实际运行相关参数、检查记录、药剂添加、运行维护、污染物排放情况	发生变化或按生产批次记录	电子台账	纸质及电子台账保存五年。	删除

图 2-85　环境台账填报页面

2. 台账记录管理填报要求

煤炭开采排污单位应按照“规范、真实、全面、细致”的原则，依据本技术规范要求，在排污许可证管理信息平台申报系统进行填报；有核发权的地方环境保护主管部门补充制定相关技术规范中要求增加的，在本技术规范基础上进行补充；企业还可根据自行监测管理的要求补充填报其他必要内容。企业应建立环境管理台账制度，设置专职人员进行台账的记录、整理、维护和管理，并对台账记录结果的真实性、准确性、完整性负责。

排污许可证台账应按生产设施进行填报，内容主要包括基本信息、污染治理措施运行管理信息、监测记录信息、其他环境管理信息等内容，记录频次和记录内容要满足排污许可证的各项环境管理要求。

（1）基本信息。

1）排污单位名称、注册地址、行业类别、生产经营场所地址、组织机构代码、统一社会信用代码、法定代表人、技术负责人、生产工艺、产品名称、生产规模、环保投资情况、环评及批复情况、竣工环保验收情况、排污许可证编号等。

2）生产设施（设备）名称、编码、设施规格型号、相关参数（包括参数名称、设计值、单位）、设计生产能力等。

3）治理设施名称、编码、设施规格型号、相关参数（包括参数名称、设计值、单

位）等。

（2）检测记录信息。

1）手工监测记录信息：包括手工监测日期、采样及测定方法、监测结果等。

2）自动监测运维记录：包括自动监测辅助设备运行状况、系统校准、校验记录、定期比对监测记录、维护保养记录、是否故障、故障维修记录、巡查日期等。

（3）其他环境管理信息。

1）落实废气、废水运行管理要求的落实情况，雨水外排情况等。

2）如出现故障时，应记录故障时间、处理措施、污染物排放情况等。

3）当生产设施开停工、检维修时，应记录起止时间、情况描述、应对措施及污染物排放浓度等。

（4）生产设施运行管理信息。

1）运行状态：开始时间、结束时间。

2）燃料使用情况：燃料名称、用量。

3）生产负荷：主要产品产量与设计生产能力之比。

4）主要产品名称和产量。

5）燃料信息：名称、燃料分析数据。

6）非正常工况：起止时间、产品产量、燃料消耗量、事件原因、应对措施、是否报告。

7）巡查记录，检修记录等。

（5）污染防治设施运行管理信息应按照设施类别分别记录设施的实际运行相关参数和维护记录。

1）有组织废气治理设施记录设施运行时间、运行参数等，包括脱硫、脱硝、除尘设备的工艺、投运时间等基本情况。

2）无组织废气排放控制记录措施执行情况，包括原辅料储库、原煤及煤矸石堆场、原煤筛分、转运、转载点、物料运输系统等无组织废气污染治理措施相应的运行、维护、管理相关的信息记录，如洒水、喷雾、地面维护、保养、检查等运行情况。

3）废水处理设施记录每日进水水量、出水水量、药剂名称及使用量、投放频次、电耗、污泥生产量等。

4）污染治理设施运维记录，包括设施是否正常运行、故障原因、维护过程、检查人、检查日期及班次。

2.2.2.15 补充登记信息

包括主要产品信息、燃料使用信息、涉 VOCs 辅料使用信息、废气排放信息、废水排放信息、工业固体废物排放信息、其他需要说明的信息，可在此部分进行补充填报。

2.2.2.16 地方生态环境主管部门依法增加内容

煤矿企业厂界噪声相关信息在此页面填写，主要依据为《工业企业厂界环境噪声排放标准》（GB 12348—2008）及企业环评、验收文件要求，取严执行。此页面需填写的主要内容是昼间 / 夜间时段、噪声限值、执行排放标准，备注中明确自行监测要求。环评或者地方环境主管部门有频发噪声、偶发噪声相关要求的企业，需在此页面载明相关要求。

注意：

（1）夜间频发噪声的最大声级超过限值的幅度不得高于 10dB（A）。

（2）夜间偶发噪声的最大声级超过限值的幅度不得高于 15dB（A）。

（3）工业企业若位于未划分声环境功能区的区域，当厂界外有噪声敏感建筑物时，由当地县级以上人民政府参照《声环境质量标准》（GB 3096—2008）和《声环境功能区划分技术规范》（GB/T 15190—2014）的规定确定厂界外区域的声环境质量要求，并执行相应的厂界环境噪声排放限值。

（4）当厂界与噪声敏感建筑物距离小于 1m 时，厂界环境噪声应在噪声敏感建筑物的室内测量，并将《声环境质量标准》（GB 3096—2008）相应的限值减 10dB（A）作为评价依据。

2.2.2.17 相关附件

此页面，企业需要点击右侧“点击上传”，上传表 2–28 中的文件。

表 2–28 需上传的相关附件

序号	文件名称	备注
1	守法承诺书（须法人签字）	必须项。模板见许可证申报网站首页底部
2	符合建设项目环境影响评价程序的相关文件或证明材料	必须上传：项目相关的环评文件、环评批复、备案文件（如有）。 建议上传：验收报告、验收批复等相关材料
3	排污许可证申领信息公开情况说明表	简化管理企业不需要上传
4	通过排污权交易获取排污权指标的证明材料	若有排污权交易情况需上传
5	城镇污水集中处理设施应提供纳污范围、管网布置、排放去向等材料	属于城镇污水集中处理设施的必须上传
6	排污口和监测孔规范化设置情况说明材料	上传排污口、监测孔已规范化设置的证明材料

续表

序号	文件名称	备注
7	达标证明材料（说明：包括环评、监测数据证明、工程数据证明等）	按要求上传相关能证明达标排放的材料
8	生产工艺流程图	建议包括主要生产设施（设备）、主要原辅料的流向、产排污节点，生产工艺流程等内容
9	生产厂区总平面布置图	应包括主要工序、厂房、设备位置关系，注明厂区雨水、污水收集和运输走向等内容
10	监测点位示意图	应包括上述自行监测要求中的所有监测点
11	申请年排放量限值计算过程	对于需要核定许可排放量的排污单位，属于必填项
12	自行监测相关材料	应上传符合技术规范或指南的监测方案，即监测指标、监测频次等内容应符合行业技术规范或行业自行监测技术指南的要求
13	地方规定排污许可证申请表文件	—
14	其他	上传固体废物处置合同、其他需要说明的材料等；对于限期整改类的企业，需上传整改承诺和整改方案，相关模板可咨询所在市区（县）生态环境主管部门

2.2.2.18　提交申请

1. 守法承诺确认

“我单位已了解《排污许可管理办法（试行）》及其他相关文件规定，知晓本单位的责任、权利和义务。我单位不位于法律法规规定禁止建设区域内，不存在依法明令淘汰或者立即淘汰的落后生产工艺装备、落后产品，对所提交排污许可证申请材料的完整性、真实性和合法性承担法律责任。我单位将严格按照排污许可证的规定排放污染物、规范运行管理、运行维护污染防治设施、开展自行监测、进行台账记录并按时提交执行报告、及时公开环境信息。在排污许可证有效期内，国家和地方污染物排放标准、总量控制要求或者地方人民政府依法制定的限期达标规划、重污染天气应急预案发生变化时，我单位将积极采取有效措施满足要求，并及时申请变更排污许可证。一旦发现排放行为与排污许可证规定不符，将立即采取措施改正并报告生态环境主管部门。我单位将自觉接受生态环境主管部门监管和社会公众监督，如有违法违规行为，将积极配合调查，并依法接受处罚。

特此承诺。”

2. 提交信息

完成所有信息填报后，点击“生成排污许可证申请表.doc”可排队生成排污许可证申请表文档，稍后刷新页面可出现“下载排污许可证申请表.doc”按钮，点击下载检查无误后，选择提交审批级别，点击“提交”按钮完成申报。

2.3 污水处理企业排污许可证申报指南

2.3.1 排污许可证申请依据及适用范围

1. 申请依据

（1）《排污许可证申请与核发技术规范　总则》（HJ 942—2018）。

（2）《排污许可证申请与核发技术规范　水处理（试行）》（HJ 978—2018）。

（3）《污水综合排放标准》（GB 8978—1996）。

（4）《恶臭污染物排放标准》（GB 14554—1993）。

（5）《城镇污水处理厂污染物排放标准》（GB 18918—2002）。

（6）《排污单位自行监测技术指南　总则》（HJ 819—2017）。

（7）《排污单位自行监测技术指南　水处理》（HJ 1083—2020）。

（8）《排污单位编码规则》（HJ 608—2017）。

（9）《固定污染源排污许可分类管理名录（2019 年版）》（生态环境部令第 11 号）。

（10）《一般工业固体废物环境管理台账制定指南（试行）》。

（11）《国家危险废物名录（2021 年版）》（生态环境部、国家发展和改革委员会、公安部、交通运输部、国家卫生健康委员会令第 15 号）。

2. 适用范围

污水处理行业排污许可证适用范围为执行《城镇污水处理厂污染物排放标准》（GB 18918—2002）的城镇污水处理企业。

2.3.2 排污许可平台申请表填报

企业需填报的排污许可证申请表由 18 个板块组成，其中：

第 1 板块为排污单位基本信息，由于内容较多，以表格形式呈现填报指导；

第 2 ～ 5 板块为排污单位登记信息；

第 6 ～ 9 板块为大气污染物排放信息；

第 10、11 板块为水污染物排放信息；

第 12 板块为固体废物管理信息，此板块为 2020 年新增板块；

第 13、14 板块为环境管理要求；

第 15 板块为补充登记信息；

第 16 板块为地方生态环境主管部门依法增加的内容；

第 17 板块为相关附件；

第 18 板块为提交申请页面，需 1 ～ 17 板块准确填报完成后，方可进入提交页面，同时该页面可下载填报完成的“排污许可证申请表”。

2.3.2.1　排污单位基本信息

排污单位基本信息表如图 2–86 所示。

是否需改正：	○是　◉否	符合《关于固定污染源排污限期整改有关事项的通知》要求的“不能达标排放”、“手续不全”、“其他”情形的，应勾选“是”；确实不存在三种整改情形的，应勾选“否”。
排污许可证管理类别：	○简化管理　◉重点管理	排污单位属于《固定污染源排污许可分类管理名录》中排污许可重点管理的，应选择“重点”，简化管理的选择“简化”。
单位名称：	天津市[illegible]污水处理有限公司 *	
运营商名称：	中电水务（天津）有限公司	
污水处理厂名称：	天津中电武清电子商务产业园污水处理厂	
注册地址：	天津市武清区京津电子商务产业园综合办公楼1035室 *	
生产经营场所地址：	张黄口京津电子商务产业园开发区[illegible]北侧 *	
邮政编码：	301702 *	生产经营场所地址所在地邮政编码。
行业类别：	污水处理及其再生利用	
其他行业类别：		
是否投产：	◉是　○否	2015年1月1日起，正在建设过程中，或已建成但尚未投产的，选“否”；已经建成投产并产生排污行为的，选“是”。
投产日期：	2012-07-25	指已投运的排污单位正式投产运行的时间，对于分期投运的排污单位，以先期投运时间为准。
生产经营场所中心经度：	117 度 9 分 38.99 秒	生产经营场所中心经纬度坐标，请点击“选择”按钮，在地图页面拾取坐标。
生产经营场所中心纬度：	39 度 31 分 30.94 秒	[illegible]
组织机构代码：		
统一社会信用代码：	91120222341031243G	
法定代表人（主要负责人）：	王[illegible] *	
技术负责人：	陈[illegible] *	
固定电话：	022-82203269 *	
移动电话：	18102040688 *	
所在地是否属于大气重点控制区：	◉是　○否	重点控制区域
所在地是否属于总磷控制区：	○是　◉否	指《国务院关于印发“十三五”生态环境保护规划的通知》（国发〔2016〕65号）以及生态环境部相关文件中确定的需要对总磷进行总量控制的区域。
所在地是否属于总氮控制区：	◉是　○否	指《国务院关于印发“十三五”生态环境保护规划的通知》（国发〔2016〕65号）以及生态环境部相关文件中确定的需要对总氮进行总量控制的区域。
所在地是否属于重金属污染物特别排放限值实施区域：	◉是　○否	特排区域清单
是否位于工业园区：	◉是　○否	是指各级人民政府设立的工业园区、工业集聚区等。
所属工业园区名称：	京津电子商务产业园	根据《中国开发区审核公告目录》填报，不包含在目录内的，可选择“其他”手动填写名称。
所属工业园区编码：		根据《中国开发区审核公告目录》填报，没有编码的可不填。
污水处理厂类型：	○城镇污水处理厂　○其他生活污水处理厂　◉工业废水集中处理厂	按照《排污许可证申请与核发技术规范 水处理》术语和定义填写。
是否属于工业园区配套污水处理设施：	◉是　○否	
是否有环评审批文件：	◉是　○否	指环境影响评价报告书、报告表的审批文件号，或者是环境影响评价登记表的备案编号。
环境影响评价审批文件文号或备案编号：	津武审污表[2020]258号，津武审批投资备[2018]1072 号 *	若有不止一个文号，请添加文号。
是否有地方政府对违规项目的认定或备案文件：	○是　◉否	对于按照《国务院关于化解产能严重过剩矛盾的指导意见》（国发〔2013〕41号）和《国务院办公厅关于加强环境监管执法的通知》（国办发〔2014〕56号）要求，经地方政府依法处理、整顿规范并符合要求的项目，须列出证明符合要求的相关文件名和文号。
是否有主要污染物总量分配计划文件：	○是　◉否	对于有主要污染物总量控制指标计划的排污单位，须列出相关文件文号（或其他能够证明排污单位污染物排放总量控制指标的文件和法律文书），并列出上一年主要污染物总量指标。

废气废水污染物控制指标

说明：请填写贵单位污染物控制指标，无需填写默认指标。

大气污染物控制指标：	臭气浓度,氨（氨气）,硫化氢	默认大气污染物控制指标为二氧化硫、氮氧化物、颗粒物和挥发性有机物，其中颗粒物包括颗粒物、可吸入颗粒物、烟尘和粉尘4种。
水污染物控制指标：	总氮（以N计）,总磷（以P计）,pH值,色度,水温,悬浮物,五日生化需氧量,粪大肠菌群,动植物油,阴离子表面活性剂,石油类,总汞,总镉,总铬,总铅,六价铬,烷基汞,总砷	默认水污染物控制指标为化学需氧量和氨氮。

暂存　下一步

图 2–86　排污单位基本信息表

* 为必填项，没有相应内容的请填写“无”或“/”。

是否需改正（必填项）：符合《关于固定污染源排污限期整改有关事项的通知》（环环评〔2020〕19 号）要求的“不能达标排放”“手续不全”“其他”情形的，应勾选

“是”；确实不存在三种整改情形的，应勾选“否”。

排污许可证管理类别（必填项）：排污单位属于排污许可重点管理的，应选择“重点管理”，简化管理的选择“简化管理”。依据《固定污染源排污许可分类管理名录（2019年版）》（生态环境部令第11号），工业废水集中处理场所，日处理能力2万t及以上的城乡污水集中处理场所执行“重点管理”，日处理能力500t及以上、2万t以下的城乡污水集中处理场所执行“简化管理”，日处理能力500t以下的城乡污水集中处理场所执行“登记管理”。

单位名称（必填项）：与企业营业执照保持一致。

注册地址（必填项）：与企业营业执照保持一致。

生产经营场所地址（必填项）：与企业营业执照保持一致。

邮政编码（必填项）：生产经营场所所在地邮政编码。

行业类别（下拉页面中选择）：多行业共存时仅按照环评填写主要行业类别，其他行业均填入下行。污水处理企业选“污水处理及其再生利用”。

其他行业类别：没有则不填。

是否投产（必填项）：正在建设过程中或已建成但尚未投产的，选“否”；已经建成投产并产生排污行为的（一般为整改或重新申报项目），选“是”。

投产日期：指已投运的排污单位正式投运的时间，对于分期投运的排污单位，以先期投运时间为准。

生产经营场所中心经度（必填项）：生产经营场所中心经纬度坐标，请点击“选择”按钮，在地图页面拾取坐标。可参考“经纬度选择说明”。

生产经营场所中心纬度（必填项）：选取方法同上。

组织机构代码：与企业营业执照保持一致。

统一社会信用代码：与企业营业执照保持一致。

法定代表人（必填项）：与企业营业执照保持一致，与后续法人签字文件须一致。

技术负责人（必填项）：企业环保工作分管领导或专职环保管理人员。

固定电话（必填项）。

移动电话（必填项）。

所在地是否属于大气重点控制区（必填项）：点击申请页面右侧“重点控制区域”“特排水区域清单”，根据本单位所在区域对照选择“是”或“否”。“重点区域”判定依据《关于执行大气污染物特别排放限值的公告》（环境保护部公告2013年第14号）、《关于京津冀大气污染传输通道城市执行大气污染物特别排放限值的公告》（环境保护部公告2018年第9号）、《关于执行大气污染物特别排放限值有关问题的复函》（环办大气

函〔2016〕1087 号）。

所在地是否属于总磷控制区（必填项）：指《国务院关于印发“十三五”生态环境保护规划的通知》（国发〔2016〕65 号），以及生态环境部相关文件中确定的需要对总磷进行总量控制的区域。

所在地是否属于总氮控制区（必填项）：指《国务院关于印发“十三五”生态环境保护规划的通知》（国发〔2016〕65 号），以及生态环境部相关文件中确定的需要对总氮进行总量控制的区域。

所在地是否属于重金属污染物特别排放限值实施区域（必填项）：重金属污染物特别排放限值实施区域包括河北省、北京市、天津市。

是否位于工业园区（必填项）：指各级人民政府设立的工业园区、工业集聚区等。

所属工业园区名称（必填项）：根据《中国开发区审核公告目录》（发展改革委公告 2018 年第 4 号）填报，不包含在目录内的，可选择“其他”手动填写名称。

所属工业园区编码（必填项）：根据《中国开发区审核公告目录》（发展改革委公告 2018 年第 4 号）填报，没有编码的可不填。

是否有环评审批文件（必填项）：指环境影响评价报告书、报告表的审批文件号，或者是环境影响评价登记表的备案编号。

环境影响评价审批文件文号或备案编号（必填项）：若有不止一个文号，请添加文号。包含基建、改造的所有环评。

是否有地方政府对违规项目的认定或备案文件（必填项）：对于按照《国务院关于化解产能严重过剩矛盾的指导意见》（国发〔2013〕41 号）和《国务院办公厅关于加强环境监管执法的通知》（国办发〔2014〕56 号）要求，经地方政府依法处理、整顿规范并符合要求的项目，须列出证明符合要求的相关文件名和文号。

认定或备案文件文号（必填项）：若有不止一个文号，请添加文号。

是否有主要污染物总量分配计划文件（必填项）：对于有主要污染物总量控制指标计划的排污单位，须列出相关文件文号（或其他能够证明排污单位污染物排放总量控制指标的文件和法律文书），并列出上一年主要污染物总量指标。

大气污染物控制指标：污水处理企业大气污染物控制指标包括臭气浓度、氨（氨气）、硫化氢等。

水污染物控制指标：污水处理企业水污染物控制指标为总氮（以 N 计）、总磷（以 P 计）、氨氮、pH 值、色度、水温、悬浮物、五日生化需氧量、粪大肠菌群、动植物油、阴离子表面活性剂、石油类、总汞、总镉、总铬、总铅、六价铬、烷基汞，总砷。

点击“暂存”，进入下一级页面。

2.3.2.2 排污单位登记情况——水处理行业生产线信息

本单元填报说明：

（1）排污单位生产线基本情况表包括污水处理生产线和固体废物处理生产线。

（2）生产线为排污单位内部一组相对独立的污水或固体废物处理线。应填报各生产线名称及编号，若无内部生产线编号，则采用“SCX＋三位流水号数字”（如SCX001）进行编号并填报。

（3）污水处理生产线的处理能力为各生产线设计污水处理能力，不包括远期设计或预留规模，计量单位为 m^3/d。

（4）固体废物处理生产线处理能力为各生产线设计固体废物处理能力，不包括远期设计或预留规模，计量单位为 t/a。

（5）设计年运行时间：按照环境影响评价文件及审批、审核意见，或地方政府对违规项目的认定或备案文件中的年生产时间填报。

（6）各生产线分别填报厂外进水设施和污水处理设施名称，如图 2-87 所示。

2、水处理行业生产线信息

行业类别	生产线类别	生产线名称或编号	设计处理能力	年运行时间（h）	厂外进水类别	其他信息	工艺单元	污染治理设施名称	污染治理设施编号	是否可行技术	是否涉及商业秘密	污染治理设施其他信息
污水处理及其再生利用	废水处理工程	改良AAO工艺	5000m3/d	8760	厂外生活污水，厂外工业废水		预处理	格栅	TW002	是	否	
								水解酸化池	TW003	是	否	
							生化处理	厌氧缺氧好氧池（A2/O）	TW001	是	否	
								二沉池	TW004	是	否	
							深度处理及回用	曝气生物滤池（BAF）	TW005	是	否	
								消毒设施	TW006	是	否	
污水处理及其再生利用	固废处理工程	脱水机房	720t/a	8760	/		/	压滤机	TS001	是	否	

图 2-87 水处理行业生产线信息填报示例

1）厂外进水设施：进水泵站。

2）预处理：调节池、格栅、沉砂池、初沉池、厌氧处理设施、气浮设施、水解酸化池、混凝沉淀池等。

3）生化处理：缺氧好氧池（A/O）、厌氧缺氧好氧池（A2/O）、好氧池、序批式活性污泥池（SBR）、氧化沟、曝气生物滤池（BAF）、生物接触氧化池（MBBR）、膜生物反应器（MBBR）、二沉池等。

4）深度处理：混凝沉淀池、介质过滤池/器、高密度沉淀池、反硝化滤池、高级氧化设施、曝气生物滤池、消毒设施、微滤、超滤、纳滤、反渗透、电渗析、离子交换等。

各污水处理设施参数填报内容参见《排污许可证申请与核发技术规范 水处理（试

行)》(HJ 978—2018)附录，按设计值进行填报，其中设施名称、设施编号、设计水质、设计参数、药剂使用情况为必填项，其余为选填项。

处理设施编号可填报排污单位内部编号或根据《排污单位编码规则》(HJ 608—2017)进行编号并填报。

2.3.2.3　排污单位登记信息——污水厂进水信息

1. 本单元填报说明

(1)进水类别：分为厂外进水和厂区内产生废水。厂外进水类别包括生活污水、工业废水、雨水等。厂区内废水包括污泥脱水间废水、反冲洗废水、膜清洗废水等。

(2)进水信息：接纳厂外生活污水的水处理排污单位，需填报生活污水进水信息，包括收水四至范围、服务人口数量(万人)、服务范围所属行政区域、进水水量(近三年平均日处理量，单位为 m^3/d)、管网属性、管网所有权单位。

(3)接纳厂外工业废水的水处理排污单位，需填报工业废水排污单位名称、排放口编号、排污许可证编号(若工业废水的排污单位已取得排污许可证)、统一社会信用代码、组织机构代码、所属行业、所在地、协议进水水量(m^3/d)及进水水质与行业排放标准浓度限值(mg/L)、管网属性(分流 / 合流)、管网所有权单位、接入管网坐标。

(4)若工业废水排入城镇污水收集系统，可选择填报进入城镇污水收集系统的经纬度坐标(通常为检查井位置)。

2. 生活污水进水信息子页面

生活污水进水信息子页面如图 2-88 所示。

生活污水进水信息

说明：

(1)服务人口数量为上一年实际人口数；

(2)进水水量为近三年平均日处理量。

收水四至范围				服务人口数量(万人)	服务范围所属行政区域	进水水量(m^3/d)	管网属性	管网所有权单位	备注
东至	西至	南至	北至						
南大公路支线	规划主干道和永唐秦输气管线	津围公路和永唐秦输气管线	杨崔公路	1.4	天津市天津地毯产业园起步区	5000	生活污水与工业废水合流	政府	生活污水与工业废水总进水量为5……

图 2-88　生活污水进水信息

服务人口数量：上一年实际人口数。

进水水量：近三年平均日处理量。

3. 工业废水进水信息子页面

工业废水进水信息子页面如图 2-89 所示。

工业废水进水信息

说明：导入或填写完工业废水进水信息后，可点击"计算"按钮，计算进水量及污染物排放量。请确保数据填写完整准确后再计算，否则计算值可能存在差异。

进水量合计（m³/d）	388.970000		
CODcr年排放量合计（t/a）	5.678962	氨氮年排放量合计（t/a）	0.780857
总氮年排放量合计（t/a）	2.129611	总磷年排放量合计（t/a）	0.047694

排污单位名称	排放口编号	排污许可证编号	统一社会信用代码	组织机构代码	所属行业	所在地	协议情况		管网属性（分流/合流）	管网所有权单位	接入管网坐标		备注
							进水水量（m³/d）	进水水质与行业排放标准浓度限值（mg/L）			经度	纬度	
	dw005		911202220885504798	911202220885504798	装卸搬运和仓储业	天津市武清区地毯产业园宏瑞道26号	62.30	化学需氧量:500,40;氨氮（NH_3-N）:35,2;总氮（以N计）:45,15;pH值:6-9,6-9;石油类:15,1;总铅:0.5,0.1;总汞:0.005,0.001;总镉:0.005,0.001;总铬:1.5,1.5;五日生化需氧量:300,10;总砷:0.3,0.1;悬浮物:260,5;粪大肠菌群数/（MPN/L）:10000,1000;六价铬:0.5,0.1;烷基汞:0,0;氨氮（NH_3-N）:35,3.5	生活污水与工业废水合流	武清区政府	117度56分24.00秒	39度18分42.84秒	
	dw010		91120000569303719H	56930371-9	工业颜料制造	56930371-9	23.98	氨氮（NH_3-N）:35,2;悬浮物:260,5;五日生化需氧量:300,10;悬浮物:260,5;总磷（以P计）:4,0.4;悬浮物:260,5;pH值:6-9,6-9;总镉:0.05,0.001;动植物油:100,1;氨氮（NH_3-N）:35,3.5;总铅:0.5,0.1;六价铬:0.5,0.1;总铬:1.5,1.5;五日生化需氧量:300,10;化学需氧量:500,40;总汞:0.005,0.001;总砷:0.3,0.1;总氮（以N计）:45,15;烷基汞:0,0;粪大肠菌群数/（MPN/L）:10000,1000;石油类:15,1;动植物油:100,15	生活污水与工业废水合流	武清区政府	117度6分20.88秒	39度18分54.00秒	

图 2-89　工业废水进水信息填报示例

（1）进水水质需填报协议中 COD、氨氮、重金属及其他特征因子浓度。协议信息与排污单位排污许可证内容相同的可不填报。

（2）接入管网坐标：如工业废水排入城镇污水收集系统，需填报进入污水收集系统的经纬度坐标。

（3）数据填报时可点击“添加”按钮一条一条添加，也可点击“模板下载”按钮，按照模板要求导入添加。

（4）系统支持单个文件导入及多个文件批量导入功能。若批量导入可一次选择多个文件。

（5）导入完成后，若存在无法导入的信息，系统会有错误文件提示，请注意查看与核对。

（6）多次导入时若排污单位名称及排放口编号与原有内容相同，系统会自动更新其他信息。若排污单位名称或排放口编号与原有内容不同，系统会新增对应内容。请注意核对相关信息。

（7）导入或填写完工业废水进水信息后，可点击“计算”按钮，计算进水量及污染物排放量。请确保数据填写完整准确后再计算，否则计算值可能存在差异。

2.3.2.4　主要原辅材料及燃料

1. 本单元填报说明

企业根据实际情况填写本企业的原料辅料信息，原辅料的种类和使用量均不得超出环评批复、环保验收、设计资料等文件所载。

2. 主页面

（1）原料及辅料信息。点击“添加”按钮，逐一添加本企业的原料辅料信息。主要原辅材料如表 2–29 所示。

表 2–29　主要原辅材料

序号	种类	名称	年最大使用量	计量单位	硫元素占比	有毒有害成分及占比（%）	其他信息
1	辅料	PAC	1500	t	0	0	混凝剂
2	辅料	PAM	10	t	0	0	絮凝剂
3	辅料	氯酸钠	2	t	0	0	生产二氧化氯消毒

种类（必填项）：指材料种类，选填“原料”或“辅料”。污水处理企业主要涉及辅料。

辅料名称：包括污水处理使用药剂，如混凝剂、絮凝剂、消毒剂等。

原料名称：污水处理企业可不填。

硫元素占比：可不填。

有毒有害成分及占比：指有毒有害物质或元素，及其在原料或辅料中的成分占比，具体参照内部填报页面说明，根据实际情况填写。

年最大使用量（必填项）：已投运排污单位的年最大使用量按近五年实际使用量的最大值填写，未投运排污单位的年最大使用量按设计使用量填写。

其他信息：若有表格中无法囊括的信息，可根据实际情况填写在“其他信息”列中。

（2）燃料信息。企业点击“添加”按钮，添加本企业的燃料信息，污水处理企业不涉及燃料信息的可不填。

（3）图表上传。生产工艺流程图。应包括工艺名称、规模等内容。

生产厂区总平面布置图。应包括主要工序、厂房、设备位置关系，注明厂区雨水、污水收集和运输走向等内容。

可上传文件格式应为图片格式，包括 jpg、jpeg、gif、bmp、png，附件大小不能超过 5MB，图片分辨率不能低于 72dpi，可上传多张图片。

2.3.2.5 产排污节点、污染物及污染治理设施

1. 本单元填报说明

该部分包括废气和废水两部分。

废气部分：应填写生产设施对应的产污节点、污染物种类、排放形式（有组织、无组织）、污染治理设施、是否为可行技术、排放口编号及类型。

废水部分：应填写废水类别、污染物种类、排放去向、污染治理设施、是否为可行技术、排放口编号、排放口设置是否规范及排放口类型。

2. 废气产排污节点、污染物及污染治理设施信息填报说明

点击“添加”按钮，进入下一级页面。所有废气产排污节点、污染物及污染治理设施信息填报完成后，均以表格形式显示在此级页面，如图 2–90 所示。

产污设施编号	产污设施名称	对应产污环节名称	污染物种类	排放形式	污染治理设施										有组织排放口编号	有组织排放口名称	排放口设置是否符合要求	排放口类型	其他信息
					污染治理设施编号	污染治理设施名称	污染治理设施工艺	治理设施参数名称	设计值	计量单位	其他污染治理设施参数信息	是否为可行技术	是否涉及商业秘密	污染治理设施其他信息					
EC001	格栅	污水处理过程中产生的恶臭气体	氨（氨气）,硫化氢,臭气浓度	有组织	TA001	恶臭气体处理	生物过滤	废气排放量	5563	m^3/h		是	否		DA001	废气排放口	是	一般排放口	
TS001	压滤机	污泥处理过程中产生的恶臭气体	氨（氨气）,硫化氢,臭气浓度	有组织	TA001	恶臭气体处理	生物过滤	废气排放量	5563	m^3/h	/	是	否	/	DA001	废气排放口	是	一般排放口	/
EC002	水解酸化池	污水处理过程中产生的恶臭气体	氨（氨气）,硫化氢,臭气浓度	有组织	TA001	恶臭气体处理	生物过滤	废气排放量	5563	m^3/h		是	否		DA001	废气排放口	是	一般排放口	

图 2–90 废气产排污节点信息填报示例

（1）产污设施名称：指产生污染物的主要生产设施。污水处理行业主要包括格栅、沉砂池、浓缩池、压滤机、螺旋输送机、暂存间等。

（2）对应产污环节名称：指生产设施对应的主要产污环节名称。主要包括“污水处理过程中产生的恶臭气体”和“污泥处理过程中产生的恶臭气体”等。

（3）污染物种类：指产生的主要污染物类型，以相应排放标准中确定的污染因子为准。如氨（氨气）、硫化氢、臭气浓度等。

（4）排放形式：指“有组织排放”或“无组织排放”。

（5）污染治理设施名称：污水处理行业废气治理设施主要包括恶臭气体处理装置等。

（6）污染治理设施编号：排污单位可填报内部污染治理设施编号或根据《排污单位编码规则》（HJ 608—2017）进行编号并填报。

（7）排放口设置是否符合要求：指排放口设置是否符合《排污口规范化整治技术要

求》等相关文件的规定。

（8）排放口类型：有组织废气分为“主要排放口”和“一般排放口”。根据《排污许可证申请与核发技术规范　水处理（试行）》（HJ 978—2018）第 5.1.2 条，污水处理企业除臭装置排气筒属于一般排放口。

3. 废水类别、污染物及污染治理设施信息填报说明

如图 2-91 所示，点击“添加”按钮，进入下一级页面。所有废水产排污节点、污染物及污染治理设施信息填报完成后，均以表格形式显示在此级页面，如图 2-92 所示。

添加

行业类别	废水类别	污染物种类	污染治理设施						排放去向	排放方式	排放规律	排放口编号	排放口名称	排放口设置是否符合要求	排放口类型	其他信息	操作
			污染治理设施编号	污染治理设施名称	污染治理设施工艺	是否为可行技术	是否涉及商业秘密	污染治理设施其他信息									
火力发电	电力生产废水	全盐量,pH值,悬浮物,化学需氧量,五日生化需氧量	TW001	工业废水处理系统	酸碱中和,气浮法,絮凝或混凝沉淀,澄清	是	否		不外排	无							编辑删除
	生活污水	pH值,悬浮物,化学需氧量,五日生化需氧量,总磷（以P计）	TW002	生活污水处理系统	生物接触氧化	是	否		不外排	无							

图 2-91　废水类别填报页面

行业类别	废水类别	污染物种类	生产线名称或编号	污染治理设施				排放去向	排放方式	排放规律	排放口编号	排放口名称	排放口设置是否符合要求	排放口类型	其他信息
				污染治理设施编号	污染治理设施名称	是否为可行技术	污染治理设施其他信息								
污水处理及其再生利用	厂外生活污水,厂外工业废水	化学需氧量,总氮（以N计）,氨氮（NH_3-N）,总磷（以P计）,pH值,色度,悬浮物,五日生化需氧量,阴离子表面活性剂,总汞,总镉,总铬,总砷,总铅,粪大肠菌群数/（MPN/L）,烷基汞,石油类,动植物油,流量,水温	改良AAO工艺	/	/	/	/	直接进入江河、湖、库等水环境	直接排放	连续排放，流量不稳定，但有规律，且不属于周期性规律	DW001	总排水口	是	主要排放口-总排口	

图 2-92　废水类别填报示例

废水类别：指产生废水的工艺、工序，或废水类型的名称。如厂外生活污水、厂外工业废水、厂内生活污水、反冲洗废水、化验废水、厂内雨水等。

污染物种类：指产生的主要污染物类型，以相应排放标准中确定的污染因子为准。如化学需氧量、阴离子表面活性剂、粪大肠菌群数 /（MPN/L）、总铬、总铅、总汞、五日生化需氧量、色度、pH 值、悬浮物、总氮（以 N 计）、总砷、总磷（以 P 计）、石油类、总镉、六价铬、烷基汞、动植物油、氨氮（NH_3–N）等。

排放去向：直接进入江河、湖、库等水环境或进入用水单位。

排放方式：直接排放。

排放规律：化学需氧量等污染物排放规律属于连续排放，流量不稳定，但有规律，且不属于周期性规律。

污染治理设施名称：指主要污水处理设施名称，如“综合污水处理站”“生活污水处理系统”等。

排放口编号：请填写内部污染治理设施编号或根据《排污单位编码规则》（HJ 608—2017）进行编号并填报，如 DW001。

排放口设置是否符合要求：指排放口设置是否符合排污口规范化整治技术、地方相关环境管理、执行的排放标准中有关排放口规范化设置的规定要求等相关文件的规定。

是否为可行技术：污水处理废水采用生化处理工艺，经格栅、生化处理、沉淀、过滤、消毒等处理即可满足《城镇污水处理厂污染物排放标准》（GB 18918—2002）相应限值要求。废水处理可行技术参照表 2–30。对于采用不属于可行技术范围的污染治理技术，应在“其他信息”栏填写提供的相关证明材料。

4. 污泥污染治理设施信息表填报说明

（1）污泥污染治理设施。包括污泥消化、污泥浓缩、污泥脱水、污泥输送等。

1）污泥消化：包括厌氧消化池、好氧消化池等，设施参数分别填报消化温度（℃）、停留时间（h）。

2）污泥浓缩：包括浓缩机、浓缩池等，设施参数分别填报功率（kW）、容积（m^3）。

3）污泥脱水：包括污泥脱水设施，如压滤机等。

（2）污泥治理设施编号和名称。污泥治理设施编号应填报排污单位内部编号或根据《排污单位编码规则》（HJ 608—2017）进行编号，要按照设施数量进行编号，如压滤机 TS001。

（3）污染治理设施工艺。污泥浓缩池（机）、污泥脱水设施（如压滤机等）。

表 2-30　污水处理企业废水处理可行技术汇总表

废水类别	执行标准	可行技术
生活污水	《城镇污水处理厂污染物排放标准》（GB 18918—2002）二级标准、一级标准的 B 标准	预处理：格栅、沉淀（沉砂、初沉）、调节； 生化处理：缺氧好氧、厌氧缺氧好氧、序批式活性污泥、氧化沟、曝气生物滤池、移动生物床反应器、膜生物反应器； 深度处理：消毒（次氯酸钠、臭氧、紫外、二氧化氯）
生活污水	执行《城镇污水处理厂污染物排放标准》（GB 18918—2002）一级标准的 A 标准或更严格标准	预处理：格栅、沉淀（沉砂、初沉）、调节； 生化处理：缺氧好氧、厌氧缺氧好氧、序批式活性污泥、接触氧化、氧化沟、移动生物床反应器、膜生物反应器； 深度处理：混凝沉淀、过滤、曝气生物滤池、微滤、超滤、消毒（次氯酸钠、臭氧、紫外、二氧化氯）
工业废水	—	预处理①：沉淀、调节、气浮、水解酸化； 生化处理：好氧、缺氧好氧、厌氧缺氧好氧、序批式活性污泥、氧化沟、移动生物床反应器、膜生物反应器； 深度处理：反硝化滤池、化学沉淀、过滤、高级氧化、曝气生物滤池、生物接触氧化、膜分离、离子交换

① 工业废水间接排放时可以只有预处理。

（4）设施参数。污泥脱水设施（如压滤机等）单台处理能力（干污泥量）、污泥处理前后含水率（%）等参数。

（5）是否为可行技术。污水处理企业污泥采用污泥浓缩、污泥脱水等处理即可满足污泥处置要求，具体上述的条件的，填“是”。

1）污泥浓缩：机械浓缩、重力浓缩；

2）污泥脱水：机械脱水。污泥脱水常用设施有带式脱水机、板框压滤机、离心脱水机等。

（6）去向。外委处置，可在“其他信息”栏备注与单位签订协议的有资质的污泥处置单位名称。

2.3.2.6　大气污染物排放口

1. 大气排放口基本情况表

排放单位基本情况填报完成后，部分表格自动生成，点击“编辑”按钮进入子页面，补充排放口信息，其中排放口地理坐标可以自动拾取。

排放口地理坐标：指排气筒所在地经纬度坐标，可通过排污许可管理信息平台中的GIS点选后自动生成经纬度。

排放口编号：可填报地方生态环境主管部门现有编号，若无编号，则根据《排污单位编码规则》（HJ 608—2017）进行编号并填报，如DA001。

污染物种类：氨（氨气）、硫化氢、臭气浓度。

排气筒高度：不得低于15m。

排气筒出口内径：对于不规则形状排气筒，填写等效内径。

排气温度：常温。

若有表格无法囊括的信息，可根据实际情况填写在“其他信息”列中。

2. 废气污染物排放执行标准信息表

排放单位基本情况填报完成后，部分表格自动生成，点击“编辑”按钮进入子页面，补充相关信息，如图2-93所示。

排放口编号	排放口名称	污染物种类	国家或地方污染物排放标准			环境影响评价批复要求	承诺更加严格排放限值	其他信息
			名称	浓度限值	速率限值（kg/h）			
DA001	废气排放口	臭气浓度	恶臭污染物排放标准DB 12/059—2018	/	1000	/	/	排放量，无纲量
DA001	废气排放口	氨（氨气）	恶臭污染物排放标准DB 12/059—2018	/	0.6	/	/	排放量，kg/h
DA001	废气排放口	硫化氢	恶臭污染物排放标准DB 12/059—2018	/	0.06	/	/	排放量，kg/h

图2-93 废水排放口信息填报示例

污染物种类：包括氨（氨气）、硫化氢、臭气浓度等。

国家或地方污染物排放标准：指对应排放口须执行的国家或地方污染物排放标准的名称、编号及浓度限值。污水处理企业大气排放口国家污染物排放标准为《城镇污水处理厂污染物排放标准》（GB 18918—2002）。地方排污许可规范性文件有具体规定或其他要求的，从其规定。

环境影响评价批复要求。新增污染源必填。

2.3.2.7 大气污染物有组织排放信息

有组织废气排放口分为主要排放口和一般排放口，污水处理企业有组织排放根据《排污许可证申请与核发技术规范 水处理（试行）》（HJ 978—2018）规定，除臭装置排气筒为一般排放口，污水处理企业不涉及主要排放口。

1. 主要排放口

污水处理企业无主要排放口，可不填。

2. 一般排放口

排放单位基本情况填报完成后，部分表格自动生成，点击“编辑”按钮进入子页面，补充相关信息。污水处理企业大气污染物有组织一般排放口排放的污染物种类包括氨（氨气）、硫化氢、臭气浓度。一般排放口不许可排放量，仅许可污染物排放浓度。

根据《城镇污水处理厂污染物排放标准》（GB 18918—2002）规定浓度限值填报。根据城镇污水处理厂所在地区的大气环境质量要求和大气污染物治理技术和设施条件，将标准分为三级。位于《环境空气质量标准》（GB 3095—2012）一类区的所有（包括现有和新建、改建、扩建）城镇污水处理厂，执行一级标准。位于《环境空气质量标准》（GB 3095—2012）二类区和三类区的城镇污水处理厂，分别执行二级标准和三级标准。地方排污许可规范性文件有具体规定或其他要求的，从其规定。

3. 全厂有组织排放总计

全厂有组织排放总计即为全厂主要排放口与一般排放口总量之和，点击“计算”按钮可以自动计算加和。

2.3.2.8　大气污染物无组织排放信息

1. 本单元填报说明

（1）城镇污水处理厂和其他生活污水处理厂厂界污染物许可排放浓度依据《城镇污水处理厂污染物排放标准》（GB 18918—2002）确定废气许可排放浓度限值。地方污染物排放标准更严格的，从其规定。

（2）厂界污染物包括氨（氨气）、硫化氢、臭气浓度。氨（氨气）、硫化氢速率限值（kg/h），臭气浓度限值无量纲，如图 2-94 所示。

行业	生产设施编号/无组织排放编号	产污环节	污染物种类	主要污染防治措施	国家或地方污染物排放标准		年许可排放量限值（t/a）					申请特殊时段许可排放量限值	其他信息
					名称	浓度限值	第一年	第二年	第三年	第四年	第五年		
污水处理及其再生利用	厂界		氨（氨气）	/	恶臭污染物排放标准DB 12/059—2018	1mg/Nm³	/	/	/	/	/	/	排放量kg/h
污水处理及其再生利用	厂界		臭气浓度	/	恶臭污染物排放标准DB 12/059—2018	20无量纲	/	/	/	/	/	/	/
污水处理及其再生利用	厂界		硫化氢	/	恶臭污染物排放标准DB 12/059—2018	0.03mg/Nm³	/	/	/	/	/	/	排放量kg/h
污水处理及其再生利用	厂区体积浓度最高处	粗格栅	甲烷	通风	城镇污水处理厂污染物排放标准GB 18918—2002	1%	/	/	/	/	/	/	/

图 2-94　无组织排放信息填报示例

（3）甲烷主要污染防治措施为通风，浓度限值根据《城镇污水处理厂污染物排放标准》（GB 18918—2002）规定浓度限值填报。

（4）根据《城镇污水处理厂污染物排放标准》（GB 18918—2002）规定浓度限值填报。根据城镇污水处理厂所在地区的大气环境质量要求和大气污染物治理技术和设施条件，将标准分为三级。位于《环境空气质量标准》（GB 3095—2012）一类区的所有（包括现有和新建、改建、扩建）城镇污水处理厂，执行一级标准。位于《环境空气质量标准》（GB 3095—2012）二类区和三类区的城镇污水处理厂，分别执行二级标准和三级标准，如表 2-31 所示。

表 2-31　厂界（防护带边缘）废气排放最高允许浓度

序号	控制项目	一级标准	二级标准	三级标准
1	氨（mg/m^3）	1.0	1.5	4.0
2	硫化氢（mg/m^3）	0.03	0.06	0.32
3	臭气浓度（无量纲）	10	20	60
4	甲烷（厂区最高体积浓度，%）	0.5	1	1

2. 全厂无组织排放总计

全厂无组织排放总计即为全厂主要排放口与一般排放口总量之和，点击“计算”按钮可以自动计算加和。

2.3.2.9　企业大气排放总许可量

污水处理企业无须申请废气许可排放量，故污水处理企业无须填报此页面，地方有其他要求的，从其规定。

2.3.2.10　水污染物排放口

1. 废水直接排放口信息

如图 2-95 所示，排放单位基本情况填报完成后，部分表格自动生成，点击“编辑”按钮进入子页面，补充相关信息。

排放口编号	排放口名称	排放口地理位置		排水去向	排放规律	间歇式排放时段	受纳自然水体信息		汇入受纳自然水体处地理坐标		其他信息
		经度	纬度				名称	受纳水体功能目标	经度	纬度	
DW001	总排水口	117度 9分 38.92秒	39度 31分 30.58秒	直接进入江河、湖、库等水环境	连续排放，流量不稳定且无规律，但不属于冲击型排放	/	柳河	Ⅳ类	117度 9分 38.95秒	39度 31分 30.58秒	/

图 2-95　废水直接排放口信息填报示例

排放口地理位置：对于直接排放至地表水体的排放口，指废水排出厂界处经纬度坐标。可手工填写经纬度，也可通过排污许可证管理信息平台中的 GIS 地图中点选后自动生成。

受纳自然水体名称：指受纳水体的名称，如南沙河、太子河、温榆河等。

受纳自然水体功能目标：指对于直接排放至地表水体的排放口，其所处受纳水体功

能类别，如Ⅲ类、Ⅳ类、Ⅴ类等。

汇入受纳自然水体处地理坐标：对于直接排放至地表水体的排放口，指废水汇入地表水体处经纬度坐标；可通过点击“选择”按钮，在 GIS 地图中点选后自动生成。

废水向海洋排放的，应当填写岸边排放或深海排放。深海排放的，还应说明排污口的深度、与岸线直线距离。在“其他信息”列中填写。

排放去向：直接进入江河、湖、库等水环境或进入用水单位。

排放规律：连续排放，流量不稳定且无规律，但不属于冲击型排放；或者间断排放，排放期间流量稳定。

2. 入河排污口信息

对直接进入河体的排污口信息，需在此表格中确认排污口批复文件名称。点击“编辑”按钮，补充相关信息。批复文件需在附件中上传扫描件。

根据排污单位执行的排放标准中有关排放口规范化设置的规定、《排污口规范化整治技术要求（试行）》（环监〔1996〕470 号）、地方相关环境管理要求，填报废水排放口设置是否符合规范化要求。

入河排污口名称：填写排入河流或其他水体名称。

3. 雨水排放口基本情况表

排放口地理位置：对于直接排放至地表水体的排放口，指雨水排出厂界处经纬度坐标；可手工填写经纬度，也可通过排污许可证管理信息平台中的 GIS 地图中点选后自动生成。

受纳自然水体名称：指受纳水体的名称，如南沙河、太子河、温榆河等。

受纳自然水体功能目标：指对于直接排放至地表水体的排放口，其所处受纳水体功能类别，如Ⅲ类、Ⅳ类、Ⅴ类等。

汇入受纳自然水体处地理坐标：对于直接排放至地表水体的排放口，指废水汇入地表水体处经纬度坐标；可通过点击“选择”按钮，在 GIS 地图中点选后自动生成。

排放去向：直接进入江河、湖、库等水环境。

排放规律：间断排放，排放期间流量不稳定且无规律，但不属于冲击型排放。

间歇式排放时段：雨水排放期间。

填报示例如图 2–96 所示。

排放口编号	排放口名称	排放口地理位置		排水去向	排放规律	间歇式排放时段	受纳自然水体信息		汇入受纳自然水体处地理坐标		其他信息
		经度	纬度				名称	受纳水体功能目标	经度	纬度	
DW002	雨水排放口	117度 9分 40.10秒	39度 31分 31.15秒	直接进入江河、湖、库等水环境	间断排放，排放期间流量不稳定且无规律，但不属于冲击型排放	雨水排放期间	直排柳河	Ⅳ类	117度 9分 38.38秒	39度 31分 30.58秒	/

图 2–96　雨水排放口信息填报示例

4. 废水间接排放口基本情况表

污水处理企业如涉及间接排放口情况，点击“编辑”按钮添加相关信息，无相关信息可不填。填报示例如图 2–97 所示。

排放口编号	排放口名称	排放口地理坐标		排放去向	排放规律	间歇排放时段	受纳污水处理厂信息			
		经度	纬度				名称	污染物种类	排水协议规定的浓度限值(mg/L)（如有）	国家或地方污染物排放标准浓度限值

图 2–97　废水间接排放口信息填报示例

5. 废水污染物排放执行标准表

本页面需对上述所有排放口的污染物排放种类、标准、浓度限值等情况进行说明，点击“编辑”按钮添加相关信息，如图 2–98 所示。

（5）废水污染物排放执行标准表

说明：

（1）国家或地方污染物排放标准：指对应排放口须执行的国家或地方污染物排放标准的名称及浓度限值。

（2）排水协议规定的浓度限值：指排污单位与受纳污水处理厂等协商的污染物排放浓度限值要求。属于选填项，没有可以填写“/”。

（3）浓度限值未显示单位的，默认单位为"mg/L"。

排放口编号	排放口名称	污染物种类	国家或地方污染物排放标准		排水协议规定的浓度限值（如有）	环境影响评价审批意见要求	承诺更加严格排放限值	其他信息
			名称	浓度限值				
DW001	总排水口	pH值	城镇污水处理厂污染物排放标准DB 12/599—2015	6-9	/	/	/	无量纲
DW001	总排水口	色度	城镇污水处理厂污染物排放标准DB 12/599—2015	20	/	/	/	单位稀释倍数
DW001	总排水口	总铬	城镇污水处理厂污染物排放标准DB 12/599—2015	0.1 mg/L	/ mg/L	/ mg/L	/ mg/L	/
DW001	总排水口	水温	城镇污水处理厂污染物排放标准DB 12/599—2015	/ mg/L	/ mg/L	/ mg/L	/ mg/L	/
DW001	总排水口	氨氮（NH_3-N）	城镇污水处理厂污染物排放标准DB 12/599—2015	2-3.5 mg/L	/ mg/L	/ mg/L	/ mg/L	3.5mg/l为冬季特别排放限……
DW001	总排水口	悬浮物	城镇污水处理厂污染物排放标准DB 12/599—2015	5 mg/L	/ mg/L	/ mg/L	/ mg/L	/
DW001	总排水口	五日生化需氧量	城镇污水处理厂污染物排放标准DB 12/599—2015	10 mg/L	/ mg/L	/ mg/L	/ mg/L	/

图 2–98　废水排放执行标准填报示例

污染物种类。根据《城镇污水处理厂污染物排放标准》（GB 18918—2002），包括 pH 值、总铬、总镉、阴离子表面活性剂、烷基汞、色度、悬浮物、动植物油、总砷、总磷（以 P 计）、总铅、总氮（以 N 计）、五日生化需氧量、氨氮（NH_3–N）、水温、六价铬、化学需氧量、石油类、粪大肠菌群数 /（MPN/L）、总汞。

国家或地方污染物排放标准。指对应排放口须执行的国家或地方污染物排放标准的名称及浓度限值。污水处理企业执行《城镇污水处理厂污染物排放标准》（GB 18918—2002）。如地方政府有更严格排放标准的，从其规定。

排水协议规定的浓度限值。指排污单位与受纳污水处理厂等协商的污染物排放浓度限值要求。属于选填项，没有可以填写“/”。

浓度限值未显示单位的，默认单位为 mg/L。

2.3.2.11　水污染物申请排放信息

污水处理企业废水排放口为主要排放口，许可排放浓度和排放量；若出水为再生利用时，仅许可排放浓度。

水污染物排放信息填报示例如图 2–99 所示。

排放口编号	排放口名称	污染物种类	国家或地方污染物排放标准		排水协议规定的浓度限值（如有）	环境影响评价审批意见要求	承诺更加严格排放限值	其他信息
			名称	浓度限值				
DW001	总排水口	pH值	城镇污水处理厂污染物排放标准DB 12/599—2015	6-9	/	/	/	无量纲
DW001	总排水口	色度	城镇污水处理厂污染物排放标准DB 12/599—2015	20	/	/	/	单位稀释倍数
DW001	总排水口	总铬	城镇污水处理厂污染物排放标准DB 12/599—2015	0.1 mg/L	/ mg/L	/ mg/L	/ mg/L	/
DW001	总排水口	水温	城镇污水处理厂污染物排放标准DB 12/599—2015	/ mg/L	/ mg/L	/ mg/L	/ mg/L	/
DW001	总排水口	氨氮（NH_3-N）	城镇污水处理厂污染物排放标准DB 12/599—2015	2-3.5 mg/L	/ mg/L	/ mg/L	/ mg/L	3.5mg/l为冬季特别排放限……
DW001	总排水口	悬浮物	城镇污水处理厂污染物排放标准DB 12/599—2015	5 mg/L	/ mg/L	/ mg/L	/ mg/L	/
DW001	总排水口	五日生化需氧量	城镇污水处理厂污染物排放标准DB 12/599—2015	10 mg/L	/ mg/L	/ mg/L	/ mg/L	/
DW001	总排水口	总铅	城镇污水处理厂污染物排放标准DB 12/599—2015	0.05 mg/L	/ mg/L	/ mg/L	/ mg/L	/
DW001	总排水口	烷基汞	城镇污水处理厂污染物排放标准DB 12/599—2015	0 mg/L	/ mg/L	/ mg/L	/ mg/L	/
DW001	总排水口	动植物油	城镇污水处理厂污染物排放标准DB 12/599—2015	1 mg/L	/ mg/L	/ mg/L	/ mg/L	/
DW001	总排水口	化学需氧量	城镇污水处理厂污染物排放标准DB 12/599—2015	40 mg/L	/ mg/L	/ mg/L	/ mg/L	/
DW001	总排水口	粪大肠菌群数/（MPN/L）	城镇污水处理厂污染物排放标准DB 12/599—2015	1000 个/L	/ 个/L	/ 个/L	/ 个/L	/

排放口编号	排放口名称	污染物种类	申请排放浓度限值	申请年排放量限值（t/a）					申请特殊时段排放量限值
				第一年	第二年	第三年	第四年	第五年	
DW001	总排水口	总汞	0.005mg/L	/	/	/	/	/	/
DW001	总排水口	流量	/mg/L	/	/	/	/	/	/
DW001	总排水口	pH值	6-9	/	/	/	/	/	/
DW001	总排水口	六价铬	0.05mg/L	/	/	/	/	/	/
DW001	总排水口	总磷（以P计）	0.4mg/L	0.73	0.73	0.73	0.73	0.73	/
DW001	总排水口	色度	20	/	/	/	/	/	/
DW001	总排水口	氨氮（NH_3-N）	2-3.5mg/L	4.7825	4.7825	4.7825	4.7825	4.7825	/
DW001	总排水口	总铬	0.1mg/L	/	/	/	/	/	/
DW001	总排水口	五日生化需氧量	10mg/L	/	/	/	/	/	/
DW001	总排水口	总砷	0.05mg/L	/	/	/	/	/	/
DW001	总排水口	总镉	0.05mg/L	/	/	/	/	/	/
DW001	总排水口	烷基汞	0mg/L	/	/	/	/	/	/
DW001	总排水口	石油类	1mg/L	/	/	/	/	/	/
DW001	总排水口	阴离子表面活性剂	0.3mg/L	/	/	/	/	/	/
DW001	总排水口	总氮（以N计）	15mg/L	27.375	27.375	27.375	27.375	27.375	/
DW001	总排水口	水温	/mg/L	/	/	/	/	/	/
DW001	总排水口	总铅	0.05mg/L	/	/	/	/	/	/
DW001	总排水口	化学需氧量	40mg/L	73	73	73	73	73	/
DW001	总排水口	动植物油	1mg/L	/	/	/	/	/	/
DW001	总排水口	悬浮物	5mg/L	/	/	/	/	/	/
DW001	总排水口	粪大肠菌群数/（MPN/L）	1000个/L	/	/	/	/	/	/

图 2–99　水污染物排放信息填报示例

1. 主要排放口

污染物种类。根据国家标准《城镇污水处理厂污染物排放标准》（GB 18918—2002），包括12项基本控制项目：化学需氧量（COD）、生化需氧量（BOD_5）、悬浮物（SS）、动植物油、石油类、阴离子表面活性剂、总氮（以N计）、氨氮（以N计）、总磷（以P计）、色度（稀释倍数）、pH值、粪大肠菌群数（个/L）；7项一类污染物：总汞、烷基汞、总镉、总铬、六价铬、总砷、总铅。

申请排放浓度限值。根据国家标准《城镇污水处理厂污染物排放标准》（GB 18918—2002）或更严格的地方标准确定申请排放浓度限值。详见表2-32和表2-33所示的《城镇污水处理厂污染物排放标准》（GB 18918—2002）规定的浓度限值。

表2-32　　基本控制项目最高允许排放浓度　　单位：mg/L

<table>
<tr><th rowspan="2">序号</th><th rowspan="2" colspan="2">基本控制项目</th><th colspan="2">一级标准</th><th rowspan="2">二级标准</th><th rowspan="2">三级标准</th></tr>
<tr><th>A标准</th><th>B标准</th></tr>
<tr><td>1</td><td colspan="2">化学需氧量（COD）</td><td>50</td><td>60</td><td>100</td><td>120</td></tr>
<tr><td>2</td><td colspan="2">生化需氧量（BOD_5）</td><td>10</td><td>20</td><td>30</td><td>60</td></tr>
<tr><td>3</td><td colspan="2">悬浮物（SS）</td><td>10</td><td>20</td><td>30</td><td>50</td></tr>
<tr><td>4</td><td colspan="2">动植物油</td><td>1</td><td>3</td><td>5</td><td>20</td></tr>
<tr><td>5</td><td colspan="2">石油类</td><td>1</td><td>3</td><td>5</td><td>15</td></tr>
<tr><td>6</td><td colspan="2">阴离子表面活性剂</td><td>0.5</td><td>1</td><td>2</td><td>5</td></tr>
<tr><td>7</td><td colspan="2">总氢（以N计）</td><td>15</td><td>20</td><td>—</td><td>—</td></tr>
<tr><td>8</td><td colspan="2">氨氮（以N计）</td><td>5（8）</td><td>8（15）</td><td>25（30）</td><td>—</td></tr>
<tr><td rowspan="2">9</td><td rowspan="2">总磷（以P计）</td><td>2005年12月31日前建设的</td><td>1</td><td>1.5</td><td>3</td><td>5</td></tr>
<tr><td>2006年1月1日起建设的</td><td>0.5</td><td>1</td><td>3</td><td>5</td></tr>
<tr><td>10</td><td colspan="2">色度（稀释倍数）</td><td>30</td><td>30</td><td>40</td><td>50</td></tr>
<tr><td>11</td><td colspan="2">pH值</td><td colspan="4">6-9</td></tr>
<tr><td>12</td><td colspan="2">粪大肠菌群数（个/L）</td><td>10^3</td><td>10^4</td><td>10^4</td><td>—</td></tr>
</table>

表 2-33　　部分一类污染物最高允许排放浓度　　单位：mg/L

序号	项目	标准值
1	总汞	0.001
2	烷基汞	不得检出
3	总镉	0.01
4	总铬	0.1
5	六价铬	0.05
6	总砷	0.1
7	总铅	0.1

2. 一般排放口

污水处理企业废水的排放口为主要排放口，故污水处理企业无须填报此页面。

3. 全厂排放口总计

全厂排放口总计为主要排放口和一般排放口之和，如图 2-100 和图 2-101 所示。根据年排放量限值计算结果填报。

主要排放口合计	COD_{cr}	73	73	73	73	73	/
	氨氮	4.782500	4.782500	4.782500	4.782500	4.782500	/
	总氮（以N计）	27.375000	27.375000	27.375000	27.375000	27.375000	/
	总磷（以P计）	0.730000	0.730000	0.730000	0.730000	0.730000	/
	pH值	/	/	/	/	/	/
	色度	/	/	/	/	/	/
	水温	/	/	/	/	/	/
	悬浮物	/	/	/	/	/	/
	五日生化需氧量	/	/	/	/	/	/
	粪大肠菌群	/	/	/	/	/	/
	动植物油	/	/	/	/	/	/
	阴离子表面活性剂	/	/	/	/	/	/
	石油类	/	/	/	/	/	/

图 2-100　主要排放口合计填报示例

4. 申请年排放量限值计算过程

申请年排放限值根据以下计算结果填报，在企业排水量不变的情况下，申请年排放限值也不变，即第一年、第二年、第三年、第四年、第五年数值一样。

年处理水量：单位 m^3/a，取近三年实际排水量的平均值，运行不满三年的则从投产之日开始计算年均排水量，未投入运行的排污单位取设计水量；若排污单位预期来水水量有变化，可在申请排污许可证时提交说明并按预期排水量申报，地方生态主管部门在核发排污许可证时根据排污单位合理预期确定许可排放量，但不得超过设计水量。

	污染物种类	申请年排放量限值（t/a）					申请特殊时段排放量限值
		第一年	第二年	第三年	第四年	第五年	
全厂排放口总计	COD_{cr}	73	73	73	73	73	/
	氨氮	4.782500	4.782500	4.782500	4.782500	4.782500	/
	总氮（以N计）	27.375000	27.375000	27.375000	27.375000	27.375000	/
	总磷（以P计）	0.730000	0.730000	0.730000	0.730000	0.730000	/
	pH值	/	/	/	/	/	/
	色度	/	/	/	/	/	/
	水温	/	/	/	/	/	/
	悬浮物	/	/	/	/	/	/
	五日生化需氧量	/	/	/	/	/	/
	粪大肠菌群	/	/	/	/	/	/
	动植物油	/	/	/	/	/	/
	阴离子表面活性剂	/	/	/	/	/	/
	石油类	/	/	/	/	/	/

图 2-101　全厂排放口总计填报示例

水污染物年排放量限值（t/a）＝排放浓度限值（mg/L）× 年处理水量 $\times 10^{-6}$

举例：假设某污水处理厂设计日处理水量 3 万 t/d，污染物申请排放浓度限值为化学需氧量（COD）40mg/L，氨氮 5mg/L，总氮 15mg/L，总磷 0.5mg/L。

则，出口化学需氧量（COD）总量为

40 × 3 万 × 365 × 0.01 ＝ 438（t/a）

出口氨氮总量为

5 × 3 万 × 365 × 0.01 ＝ 54.75（t/a）

出口总氮为

15 × 3 万 × 365 × 0.01 ＝ 164.25（t/a）

出口总磷为

0.5 × 3 万 × 365 × 0.01 ＝ 5.475（t/a）

若排污单位预期来水水量有变化，可在申请排污许可证时提交说明并按预期排水量申报，但不得超过设计水量。

排放量计算过程填报示例如图 2-102 所示。

(4) 申请年排放量限值计算过程：（包括方法、公式、参数选取过程，以及计算结果的描述等内容）

说明：若申请年排放量限值计算过程复杂，可在"相关附件"页签以附件形式上传，此处可填写"计算过程详见附件"等。

出口COD_{cr}：40mg/l(COD排放上线）*0.5万吨/天（设计水量）*365天*0.01=73吨/年。出口氨氮：2mg/l(氨氮排放上线）*0.5万吨/天（设计水量）*214天*0.01+3.5mg/l(氨氮排放上线）*0.5万吨/天（设计水量）*151天*0.01=4.7825吨/年。出口总磷：0.4mg/l(COD排放上线）*0.5万吨/天（设计水量）*365天*0.01=0.73吨/年。出口总氮：15mg/l(氨氮排放上线）*0.5万吨/天（设计水量）*365天*0.01=27.375吨/年。环评批复中全厂污染物排放总量CODCr 182.5t/a，氨氮18.23t/a，经取严后，本企业许可排放量为CODcr73吨/年、氨氮6.9225吨/年、总磷0.73吨/年、总氮27.375吨/年。

图 2-102　排放量计算过程填报示例

2.3.2.12　固体废物管理信息

1. 固体废物基础信息表

填报依据。根据《国家危险废物名录（2021 年版）》（生态环境部、国家发展和改革委员会、公安部、交通运输部、国家卫生健康委员会令第 15 号）和《排污许可证申请与核发技术规范　工业固体废物（试行）》（HJ 1200—2021）填报。污水处理企业的固体废物可分为一般工业废物（如栅渣、经鉴定无害的污泥等）和危险废物（在线监测废液、废矿物油等）。两类固体废物信息均在此页面汇总。

如表 2–34 所示，基础信息包括固体废物的名称、代码、类别、物理性状、产生环节、去向等信息。点击“添加”按钮，进入下级页面填报一般工业固体废物的基本信息。

表 2–34　固体废物基础信息填报示例

固体废物基础信息表

序号	固体废物类别	固体废物名称	代码	危险特性	类别	物理性状	产生环节	去向	备注
1	危险废物	实验室废液	HW49 900–047–49	T/C/I/R	—	液态（高浓度液态废物 L）	scx001	委托处置	
2	危险废物	废物装物	HW49 900–041–49	T/In	—	固态（固态废物，S）	scx001	委托处置	氯酸钠包装袋
3	危险废物	在线监测废液	HW49 900–047–49	T/C/I/R	—	液态（高浓度液态废物 L）	scx001	委托处置	
4	一般工业固体废物	其他一般工业固体废物	SW59	—	第 I 类工业固体废物	半固态（泥态废物，SS）	scx001	委托处置	生活垃圾
5	危险废物	废矿物油	HW08 900–217–08	T.I	—	液态（高浓度液态废物 L）	scx001	委托处置	
6	一般工业固体废物	污泥	SW07	—	第 I 类工业固体废物	半固态（泥态废物，SS）	scx002	委托处置	

2. 一般工业固体废物基础信息填报

一般工业固体废物按照生态环境部制定的《一般工业固体废物环境管理台账制定指南（试行）》填报名称、代码等信息，如图 2–103 所示。

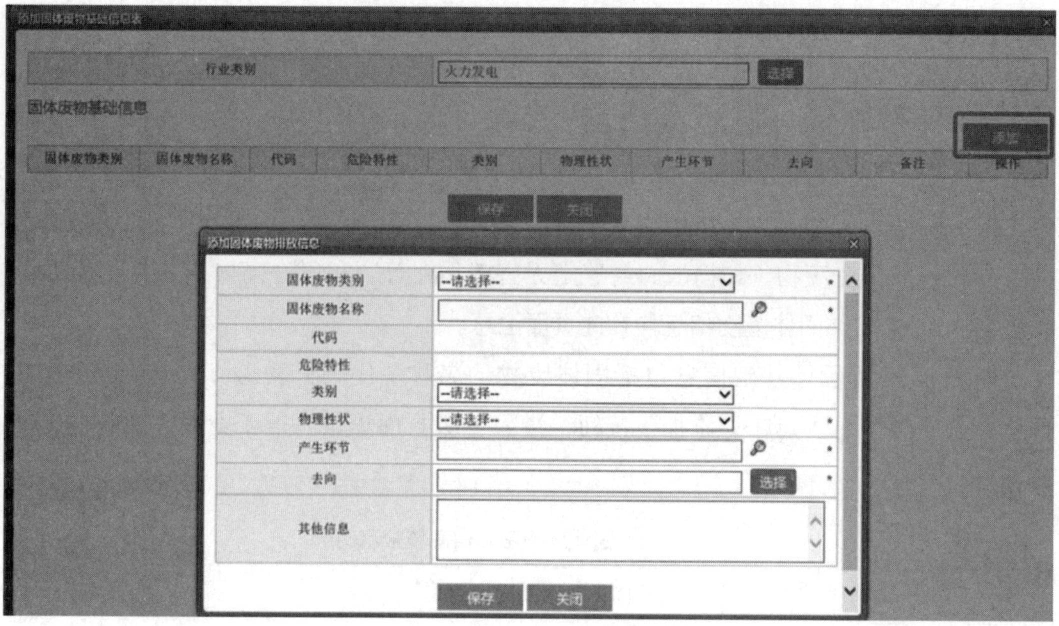

图 2-103　一般固体废物基础信息

固体废物类别：在下拉菜单中选择“一般工业固体废物”和“危险废物”。

固体废物名称：点击右侧“放大镜”选择固体废物名称，自动填入其代码和危险特性。

固体废物类别：选择第Ⅰ类工业固体废物或第Ⅱ类工业固体废物。第Ⅰ类工业固体废物为按照《固体废物　浸出毒性浸出方法　水平振荡法》（HJ 557—2010）规定方法获得的浸出液中任何一种特征污染物浓度均未超过《污水综合排放标准》（GB 8978—1996）最高允许浓度（第Ⅱ类污染物最高允许排放浓度按照一级标准执行），且 pH 值在 6 ～ 9 范围之内的一般工业固体废物；第Ⅱ类一般工业固体废物为按照《固体废物　浸出毒性浸出方法　水平振荡法》（HJ 557—2010）规定方法获得的浸出液中有一种或一种以上的特征污染物浓度超过《污水综合排放标准》（GB 8978—1996）最高允许浓度（第Ⅱ类污染物最高允许排放浓度按照一级标准执行），或 pH 值在 6 ～ 9 范围之外的一般工业固体废物。

物理性状：为一般工业固体废物在常温、常压下的物理状态，包括固态（固态废物，S）、半固态（泥态废物，SS）、液态（高浓度液态废物，L）、气态（置于容器中的气态废物，G）等。

产生环节：指产生该种一般工业固体废物的设施、工序、工段或车间名称等，可点击右侧“放大镜”选择。若有排污单位接收外单位一般工业固体废物的，填报“外来”。

去向：可以进行多项选择，包括自行贮存 / 利用 / 处置、委托贮存 / 利用 / 处置等。

此项填报时应选择该类工业固体废物在排污单位内部涉及的全过程去向，企业工业固体废物在厂区内贮存后委外处置的，工业固体废物“去向”同时选择“自行贮存”和“委托处置”。

3. 危险废物基础信息

危险废物基础信息包括危险废物的名称、代码、危险特性、物理性状、产生环节及去向等信息，填报操作参考一般工业固体废物基础信息，不再详细介绍。企业危险废物产生种类应根据环评内容逐一填报，若投产后有新增固体废物，可按要求鉴别后，根据鉴别结果变更填报工业固体废物内容。

危险废物依据《国家危险废物名录（2021 年版）》（生态环境部、国家发展和改革委员会、公安部、交通运输部、国家卫生健康委员会令第 15 号）、《危险废物鉴别标准》系列标准（GB 5085）和《危险废物鉴别技术规范》（HJ 298—2019）判定，填报危险废物名称、代码、危险特性等信息。

物理性状：为危险废物在常温、常压下的物理状态，包括固态（固态废物，S）、半固态（泥态废物，SS）、液态（高浓度液态废物，L）、气态（置于容器中的气态废物，G）等。

危险特性：是指对生态环境和人体健康具有有害影响的毒性（toxicity，T）、腐蚀性（corrosivity，C）、易燃性（ignitability，I）、反应性（reactivity，R）和感染性（infectivity，In）。污水处理行业危险废物主要包括废润滑油（T/I）、实验室废液（T/C/I/R）、在线检测废液（T/C/I/R）、废润滑油等危险废物包装物（T/I）。

产生环节：指产生该种危险废物的设施、工序、工段或车间名称等。工业固体废物治理排污单位接收外单位危险废物的，填报“外来”。

去向：包括自行贮存 / 利用 / 处置、委托贮存 / 利用 / 处置等。

4. 委托贮存 / 利用 / 处置环节污染防控技术要求

请根据《排污许可证申请与核发技术规范　工业固体废物（试行）》（HJ 1200—2021）填报。示例如下：

排污单位应按照《中华人民共和国固体废物污染环境防治法》（中华人民共和国主席令第三十一号）等相关法律法规要求，对工业固体废物采用防扬散、防流失、防渗漏或者其他防止污染环境的措施，不得擅自倾倒、堆放、丢弃、遗撒工业固体废物。

污染防控技术应符合排污单位适用的污染物排放标准、污染控制标准、污染防治可行技术等相关标准和管理文件要求，鼓励采取先进工艺对工业固体废物进行综合利用。

有审批权的地方生态环境主管部门可根据管理需求，依法依规增加工业固体废物相关污染防控技术要求。

排污单位委托他人运输、利用、处置危险废物的，应落实《中华人民共和国固体废物污染环境防治法》（中华人民共和国主席令第三十一号）等法律法规要求，对受托方的主体资格和技术能力进行核实，依法签订书面合同，在合同中约定污染防治要求；转移危险废物的，应当按照国家有关规定填写、运行危险废物转移联单等。

5. 自行贮存和自行利用 / 处置设施信息表

点击页面表格右侧“添加”按钮，进入下一级页面。完成填报后，所有一般工业固体废物和危险废物贮存及利用 / 处置设施信息，均以表格形式显示在此级页面。污水处理企业在企业危废间自行贮存危险废物，如图 2-104 所示。

自行贮存和自行利用/处置设施信息表

说明：请根据《排污许可证申请与核发技术规范 工业固体废物（试行）》填报。

固体废物类别	设施名称	设施编号	设施类型	位置		污染防控技术要求
				经度	纬度	
危险废物	危废间	TS002	自行贮存设施	117度 9分 45.61秒	39度 31分 31.44秒	排污单位应按照《中华人民共和国固体废物染环境防治法》等相关律规要求，对工业固体废物采用防扬散、防流失、防渗漏或者其他防止污染环境的措施，不得擅自倾倒、堆放、丢弃、遗撒工业固体废物。污染防控技术应符合排污单位适用的污染物排放标准、污染控制标准、污染防治可行技术等相关标准和管理文件要求。排污单位委托他人运输、利用、处置危险废物的，应落实《中华人民共和国固体废物污染环境防治法》等法律法规要求，对受托方的主体资格和技术能力进行核实，依法签订书面合同，在合同中约定污染防治要求；转移危险废物的，应当按照国家有关规定填写、运行危险废物转移联单等。

图 2-104　自行贮存信息

危险废物自行贮存设施信息包括设施名称、编号、类型、位置等信息。

设施名称：危废间，按排污单位对该设施的内部管理名称填写。

设施编号：应填报危险废物自行贮存设施的内部编号。若无内部设施编号，应按照《排污单位编码规则》（HJ 608—2017）规定的污染防治设施编号规则进行编号并填报。

设施类型：填报自行贮存设施。

位置：应填报危险废物自行贮存设施的地理坐标。

污水处理企业产生工业固体废物若涉及自行贮存 / 利用 / 处置的，根据《排污许可证

申请与核发技术规范　工业固体废物（试行）》（HJ 1200—2021）填报。

2.3.2.13　自行监测要求

1. 本单元填报说明

填报依据《排污单位自行监测技术指南　总则》（HJ 819—2017）、《排污单位自行监测技术指南　水处理》（HJ 1083—2020），并参照企业环评、验收文件要求，取严执行。

（1）污染源类别 / 监测类别。污水处理企业主要包括废气、废水。

（2）排放口名称 / 监测点位名称。污水处理企业主要包括废气排放口、厂界废气、厂区体积浓度最高处、总排水口、雨水排放口。根据行业特点及地方要求，如果需要对雨排水进行监测的，应当在其他自行监测及记录信息表内手动填写。

（3）监测内容。指气量、水量、温度、含氧量等非污染物的监测项目。

（4）污染物名称。

废气排放口废气污染物名称：臭气浓度、氨（氨气）、硫化氢。

厂界废气污染物名称：臭气浓度、氨（氨气）、硫化氢、甲烷（厂区体积浓度最高处）。

进水自行监测：流量、化学需氧量、氨氮、总磷、总氮。

总排水口废水污染物名称：pH 值、色度、水温、悬浮物、五日生化需氧量、化学需氧量、阴离子表面活性剂、总汞、烷基汞、总镉、总铬、六价铬、总砷、总铅、总氮（以 N 计）、氨氮（NH_3–N）、总磷（以 P 计）、石油类、动植物油、流量、粪大肠菌群数 /（MPN/L）。

雨水排放口废水污染物名称：pH 值、悬浮物、化学需氧量、氨氮（NH_3–N）。

（5）手工监测采样方法及个数。指污染物采样方法，如对于废水污染物，“混合采样（3 个、4 个或 5 个混合）”“瞬时采样（3 个、4 个或 5 个瞬时样）”；对于废气污染物，“连续采样”“非连续采样（3 个或多个）”。

（6）监测频次。指一段时期内的监测次数要求，如 1 次 / 周、1 次 / 月等，对于规范要求填报自动监测设施的，在手工监测内容中填报自动在线监测出现故障时的手工频次。

废气排放口废气和厂界废气：有组织废气除臭装置排放口监测频次为半年；无组织废气厂界氨、硫化氢、臭气浓度监测频次为半年；厂区甲烷体积浓度最高处监测频次为一年。

总排水口废水：根据《排污单位自行监测技术指南　水处理》（HJ 1083—2020），以及污水处理企业规模，确定各监测指标的监测频次，详见表 2–35。

表 2-35 监测频次

监测点位	监测指标	监测频次	
		处理量≥ 2 万 t/d	处理量＜ 2 万 t/d
废水总排放口	流量、pH 值、水温、化学需氧量、氨氮、总磷、总氮	自动监测	
	悬浮物、色度、五日生化需氧量、动植物油、石油类、阴离子表面活性剂、粪大肠菌群数	月	季度
	总镉、总铬、总汞、总铅、总砷、六价铬	季度	半年
	烷基汞	半年	半年
	其他污染物	半年	两年
雨水排放口	pH 值、化学需氧量、氨氮、悬浮物	月	

废水排入环境水体之前，有其他排污单位废水混入的，应在混入前后均设置监测点位。

雨水排放口有流动水排放时按月监测。如监测一年无异常情况，可放宽至每季度开展一次监测。

（7）手工测定方法。指污染物浓度测定方法，如“测定化学需氧量的重铬酸钾法”“测定氨氮的水杨酸分光光度法”等。

2. 自行监测要求填报页面

如图 2–105 所示，本页面中，企业需填写企业所有排放口的自行监测情况，包括废气有组织 / 无组织排放口、废水有组织 / 无组织排放口，所有信息填报完成后自动汇总展示。企业需根据排污许可自行监测相关标准要求，确定每个排放口的监测项目、监测点位、监测指标、监测频次、监测方法和仪器、采样方法、监测质量控制、自动监测系统联网、自动监测系统的运行维护及监测结果公开情况等，并建立台账记录报告。

污水处理企业进水自行监测包括 pH 值、水温、流量、化学需氧量、总氮（以 N 计）、氨氮（NH_3–N）、总磷（以 P 计）。

对于无自动监测的大气污染物和水污染物指标，企业应当按照自行监测数据记录总

结说明企业开展手工监测的情况。

地方生态环境主管部门有更严格的监测要求的，从其规定。

自行监测采样如图 2-106 所示。

污染源类别	排放口编号	排放口名称	监测内容	污染物名称	监测设施	自动监测是否联网	自动监测仪器名称	自动监测设施安装位置	自动监测设施是否符合安装、运行、维护等管理要求	手工监测采样方法及个数	手工监测频次	手工测定方法	其他信息
废气	DA001	废气排放口	烟气流速,烟气温度,烟气含湿量,烟气量	臭气浓度	手工					非连续采样 至少3个	1次/季	空气质量 恶臭的测定……	/
				氨（氨气）	手工					非连续采样 至少3个	1次/季	环境空气 氨的测定……	/
				硫化氢	手工					非连续采样 至少3个	1次/季	空气质量 硫化氢 甲……	/
废水	DW001	总排水口	水温,流量	pH值	自动	是	水质在线分析仪	总排水口	是	瞬时采样 至少3个瞬时样	1次/小时	水质 pH值的测定……	设备故障期间，报告环保部门，每……
				色度	手工					瞬时采样 至少3个瞬时样	1次/日	水质 色度的测定 GB……	/
				水温	自动	是	水质在线分析仪	总排水口	是	瞬时采样 至少3个瞬时样	1次/6小时	水质 水温的测定 温……	设备故障期间，报告环保部门，每……
				悬浮物	手工					瞬时采样 至少3个瞬时样	1次/日	水质 悬浮物的测定……	/
				五日生化需氧量	手工					瞬时采样 至少3个瞬时样	1次/月	水质 五日生化需氧量……	/
				化学需氧量	自动	是	水质在线分析仪	总排水口	是	瞬时采样 至少3个瞬时样	1次/小时	水质 化学需氧量的测……	设备故障期间，报告环保部门，每……
				阴离子表面活性剂	手工					瞬时采样 至少3个瞬时样	1次/月	/	/
				总汞	手工					瞬时采样 至少3个瞬时样	1次/月	水质 汞的测定 冷原……	
				烷基汞	手工					瞬时采样 至少3个瞬时样	1次/月	气相色谱法	/
				总镉	手工					瞬时采样 至少3个瞬时样	1次/月	水质 铜、锌、铅、镉……	
				总铬	手工					瞬时采样 至少3个瞬时样	1次/月	水质 总铬的测定 高……	
				六价铬	手工					瞬时采样 至少3个瞬时样	1次/月	水质 六价铬的测定……	

图 2-105　自行监测填报页面

添加默认数据　填报模板下载　添加

序号	类别	记录内容	记录频次	记录形式	其他信息	操作
1	基本信息 *	企业名称、地址、行业类别、法人代表、信用代码、环评审批文号、许可证编号等	1次/年（发生变化时记录1次）。	电子台账	纸质及电子台账保存五年。	删除
2	监测记录信息 *	监测的日期、时间、污染物排放口和监测点位、采样和监测方法、监测仪器及型号、排放浓度。	发生变化或按生产批次记录	电子台账	纸质及电子台账保存五年。	删除
3	其他环境管理信息 *	记录无组织废气污染治理措施运行、维护、管理相关的信息。排污单位在特殊时段应记录管理要求、执行情况。固体废物收集处置信息等。	发生变化或按生产批次记录	电子台账	纸质及电子台账保存五年。	删除
4	生产设施运行管理信息 *	生产设备名称、编码、生产负荷；产品、原辅料、能源的消耗量等	发生变化或按生产批次记录	电子台账	纸质及电子台账保存五年。	删除
5	污染防治设施运行管理(*	污染治理设施名称、编号、设计参数。治理设施（包括无组织排放源治理措施）实际运行相关参数、检查记录、药剂添加、运行维护、污染物排放情况	发生变化或按生产批次记录	电子台账	纸质及电子台账保存五年。	删除

图 2-106　自行监测采样

2.3.2.14 环境管理台账记录要求

1. 填报页面

此页面可点击右侧的“填报模板下载”按钮，下载环境管理台账记录要求模板，并在此基础上补充相关行业排污许可证申请与核发技术规范规定的内容；也可以点击“添加默认数据”按钮，系统将自动代入台账记录要求信息，可在此基础上修改和编辑。填报示例如下：

为便于携带、储存、导出及证明排污许可证执行情况，环境管理台账应按照电子化储存和纸质储存两种形式同步管理，保存期限不得少于五年。

污染治理设施基本信息包括污水处理设施、废气治理设施和污泥治理设施的相关参数。

进水信息：记录进水总口水质、水量信息。

污水处理设施日常运行信息：记录主要设施的设施参数、进出水、污泥、药剂使用等信息。

废气治理设施日常运行信息：废气治理设施记录设施名称、废气排放量、污染物排放情况、数据来源、药剂使用等信息。

污泥处理设施日常运行信：记录污泥产生量及含水率、处理方式、处理后污泥量及含水率、厂内暂存量、综合利用量、自行处理量、委托处置利用贮存量、委托单位等信息。

污染治理设施维修维护记录：记录设施故障（事故、维护）状态、故障（事故、维护）时刻、恢复（启动）时刻、事件原因、污染物排放量、排放浓度、是否报告。维护维修记录原则上在异常状态（故障、停运、维护）发生后随时记录，及时向地方生态环境主管部门报告。

监测记录信息：排污单位监测记录信息包括手工监测记录信息和自动监测运维记录信息，记录按照《排污单位自行监测技术指南　总则》（HJ 819—2017）执行。应同步记录监测期间的运行工况。

2. 台账记录管理填报要求

企业应按照“规范、真实、全面、细致”的原则，依据本技术规范要求，在排污许可证管理信息平台申报系统进行填报；有核发权的地方环境保护主管部门补充制定相关技术规范中要求增加的，在本技术规范基础上进行补充；企业还可根据自行监测管理的要求补充填报其他必要内容。企业应建立环境管理台账制度，设置专职人员进行台账的记录、整理、维护和管理，并对台账记录结果的真实性、准确性、完整性负责。填报示例如下：

排污许可证台账应按生产设施进行填报，主要包括基本信息、污染治理措施运行管理信息、监测记录信息、其他环境管理信息等内容，记录频次和记录内容要满足排污许可证的各项环境管理要求。其中，基本信息主要包括企业、生产设施、治理设施的名称、工艺等排污许可证规定的各项排污单位基本信息的实际情况及与污染物排放相关的主要运行参数；污染治理设施台账主要包括污染物排放自行监测数据记录要求及污染治理设施运行管理信息。

3. 注意事项

企业填报时有行业排污许可证申请与核发技术规范的，按照行业技术规范执行；无行业技术规范的，按照《排污单位环境管理台账及排污许可证执行报告技术规范　总则（试行）》（HJ 944—2018）提出台账记录要求。

危险废物经营单位应将台账记录保存 10 年以上，以填埋方式处置危险废物的台账记录应当永久保存。其他内容电子台账 + 纸质台账的保存期限不得低于 5 年。

4. 执行报告

排污许可证执行报告按报告周期分为年度执行报告、季度执行报告和月度执行报告。排污单位按照排污许可证规定的时间提交执行报告，实行重点管理的排污单位应提交年度执行报告和季度执行报告，实行简化管理的排污单位应提交年度执行报告，如图 2–107 所示。

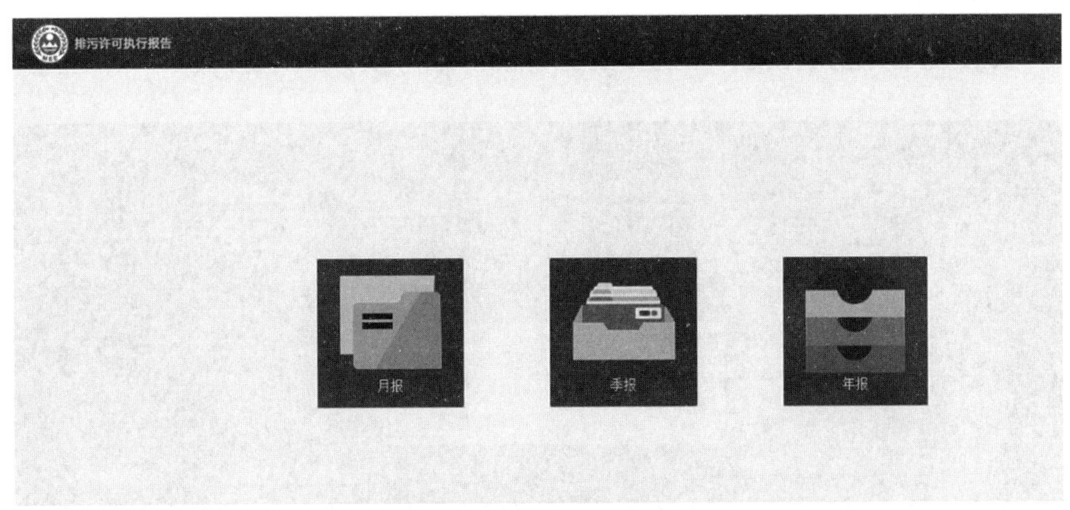

图 2–107　执行报告填报页面

（1）年度执行报告。排污单位应于每年 1 月 15 日前上报上一年度排污许可证年度执行报告。对于持证时间超过三个月的年度，报告周期为当年全年（自然年）；对于持证时间不足三个月的年度，当年可不提交年度执行报告，排污许可证执行情况纳入下一年度执行报告。

如图 2-108 所示，点击“年报”，右上角点击“新增”，选择上报年份。

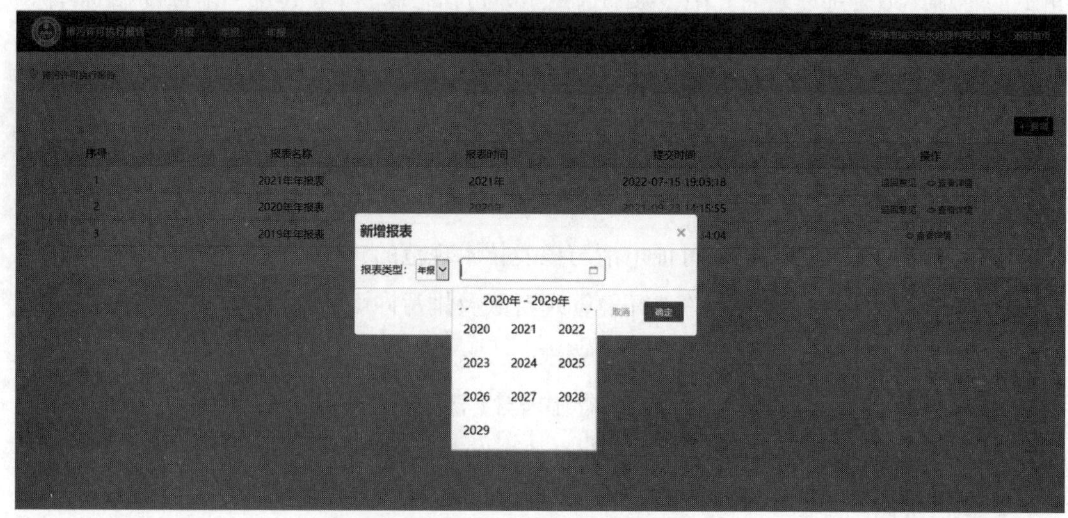

图 2-108　年度执行报告填报界面

（2）季度执行报告。排污单位应每个季度首月的 15 日前提交上一季度执行报告，对于持证时间超过一个月的季度，报告周期为当季全季（自然季度）；对于持证时间不足一个月的季度，该报告周期内可不提交季度执行报告，排污许可证执行情况纳入下一季度执行报告。

如图 2-109 所示，点击“季报”，右上角点击“新增”，选择上报季度。

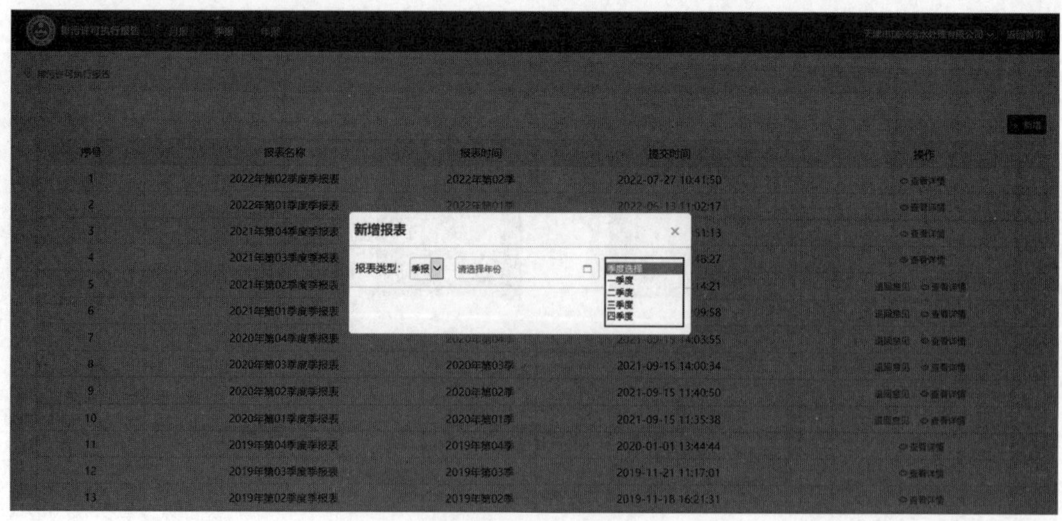

图 2-109　季度执行报告填报界面

2.3.2.15　补充登记信息

包括主要产品信息、燃料使用信息、涉 VOCs 辅料使用信息、废气排放信息、废水排放信息、工业固体废物排放信息、其他需要说明的信息，可在此部分进行补充填报。

2.3.2.16　地方生态环境主管部门依法增加内容

污水处理企业厂界噪声相关信息在此页面填写，主要依据为《工业企业厂界环境噪声排放标准》（GB 12348—2008）及行业技术规范要求等，取严执行。此页面需填写的主要内容是昼间 / 夜间时段、噪声限值、执行排放标准，备注中明确自行监测要求。

（1）声环境功能区划分是为了有效指导声环境保护工作的开展，根据《声环境功能区划分技术规范》（GB/T 15190—2014）对城市规划区内不同声环境功能的区域进行划分，以作为噪声污染防治的法定依据。其中 0 ～ 4 类声环境功能区划分如下。

0 类声环境功能区：指康复疗养区等特别需要安静的区域。

1 类声环境功能区：指以居民住宅、医疗卫生、文化教育、科研设计、行政办公为主要功能，需要保持安静的区域。

2 类声环境功能区：指以商业金融、集市贸易为主要功能，或者居住、商业、工业混杂，需要维护住宅安静的区域。

3 类声环境功能区：指以工业生产、仓储物流为主要功能，需要防止工业噪声对周围环境产生严重影响的区域。

4 类声环境功能区：指交通干线道路两侧一定距离之内，需要防止交通噪声对周围环境产生严重影响的区域，包括 4a 类和 4b 类两种类型。4a 类为高速公路、一级公路、二级公路、城市快速路、城市主干路、城市次干路、城市轨道交通（地面段）、内河航道两侧区域、穿越城区的内河航两侧区域。4b 类为铁路干线两侧区域。

（2）噪声类别分为稳态噪声、频发噪声、偶发噪声等，污水处理企业噪声类别为稳态噪声，根据《声环境功能区划分技术规范》（GB/T 15190—2014）确定声环境功能区，根据《工业企业厂界环境噪声排放标准》（GB 12348—2008）或更严格的地方标准确定厂界噪声排放限值。

噪声申报信息填报示例如图 2-110 所示，填报页面如图 2-111 所示。

当前位置：有核发权的地方生态环境主管部门增加的管理内容

噪声排放信息

噪声类别	生产时段		执行排放标准名称	厂界噪声排放限值		备注
	昼间	夜间		昼间,dB(A)	夜间,dB(A)	
稳态噪声	06 至 22	22 至 06	《工业企业厂界环境噪声排放标准》（GB 12348—2008）	65	55	/
频发噪声	否	否				/
偶发噪声	否	否				/

图 2-110　噪声申报信息填报示例

噪声排放信息

噪声类别	生产时段		执行排放标准名称	厂界噪声排放限值		备注
	昼间	夜间		昼间,dB(A)	夜间,dB(A)	
稳态噪声	06 至 22	22 至 06	《工业企业厂界环境噪声 选择	65	55	一季度监测一次
频发噪声	○是 ◉否	○是 ◉否	选择			
偶发噪声	○是 ◉否	○是 ◉否	选择			

图 2-111　噪声申报信息填报页面

2.3.2.17　相关附件

此页面，企业需要点击右侧“点击上传”处，上传如表 2-36 所示文件。

表 2-36　需上传的附件

序号	文件名称	备注
1	守法承诺书（须法人签字）	必须项
2	符合建设项目环境影响评价程序的相关文件或证明材料	上传项目相关的环评文件、环评批复、备案文件（如有）
3	排污许可证申领信息公开情况说明表	重点管理企业需要上传
4	通过排污权交易获取排污权指标的证明材料	—
5	城镇污水集中处理设施应提供纳污范围、管网布置、排放去向等材料	属于城镇污水集中处理设施的必须上传
6	排污口和监测孔规范化设置情况说明材料	上传排污口、监测孔已规范化设置的证明材料
7	达标证明材料（说明：包括环评、监测数据证明、工程数据证明等）	按要求上传相关能证明达标排放的材料
8	生产工艺流程图	建议包括主要生产设施（设备）、主要原辅料的流向、产排污节点、生产工艺流程等内容
9	生产厂区总平面布置图	应包括主要工序、厂房、设备位置关系，注明厂区雨水、污水收集和运输走向等内容

续表

序号	文件名称	备注
10	监测点位示意图	应包括上述自行监测要求中的所有监测点
11	申请年排放量限值计算过程	对于需要核定许可排放量的排污单位，属于必须项
12	自行监测相关材料	应上传符合技术规范或指南的监测方案，即监测指标、监测频次等内容应符合行业技术规范或行业自行监测技术指南的要求
13	地方规定排污许可证申请表文件	—
14	其他	上传其他需要说明的材料等

2.3.2.18　提交申请

1. 守法承诺确认

“我单位已了解《排污许可管理办法（试行）》及其他相关文件规定，知晓本单位的责任、权利和义务。我单位不位于法律法规规定禁止建设区域内，不存在依法明令淘汰或者立即淘汰的落后生产工艺装备、落后产品，对所提交排污许可证申请材料的完整性、真实性和合法性承担法律责任。我单位将严格按照排污许可证的规定排放污染物、规范运行管理、运行维护污染防治设施、开展自行监测、进行台账记录并按时提交执行报告、及时公开环境信息。在排污许可证有效期内，国家和地方污染物排放标准、总量控制要求或者地方人民政府依法制定的限期达标规划、重污染天气应急预案发生变化时，我单位将积极采取有效措施满足要求，并及时申请变更排污许可证。一旦发现排放行为与排污许可证规定不符，将立即采取措施改正并报告生态环境主管部门。我单位将自觉接受生态环境主管部门监管和社会公众监督，如有违法违规行为，将积极配合调查，并依法接受处罚。

特此承诺。”

2. 提交信息

完成所有信息填报后，点击“生成排污许可证申请表 .doc”可排队生成排污许可证申请表文档，稍后刷新页面可出现“下载排污许可证申请表 .doc”按钮，点击下载检查无误后，选择提交审批级别，点击“提交”按钮完成申报，如图 2–112 所示。

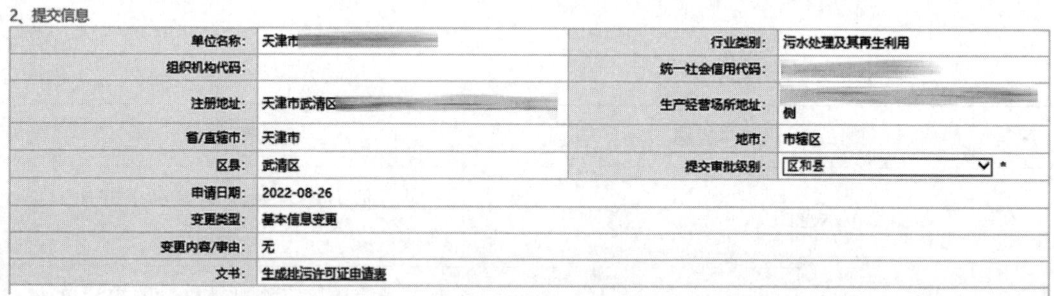

2、提交信息

单位名称:	天津市	行业类别:	污水处理及其再生利用
组织机构代码:		统一社会信用代码:	
注册地址:	天津市武清区	生产经营场所地址:	侧
省/直辖市:	天津市	地市:	市辖区
区县:	武清区	提交审批级别:	区和县 *
申请日期:	2022-08-26		
变更类型:	基本信息变更		
变更内容/事由:	无		
文书:	生成排污许可证申请表		

图 2-112 提交页面信息

2.4 港口企业排污许可证申报指南

2.4.1 排污许可申请依据及适用范围

1. 申请依据

（1）《排污许可证申请与核发技术规范　码头》（HJ 1107—2020）。

（2）《排污单位编码规则》（HJ 608—2017）。

（3）《大气污染物综合排放标准》（GB 16297—1996）。

（4）《污水综合排放标准》（GB 8978—1996）。

（5）《排污单位自行监测技术指南　总则》（HJ 819—2017）。

（6）《排污许可证申请与核发技术规范　工业固体废物（试行）》（HJ 1200—2021）。

（7）《排污许可证申请与核发技术规范　锅炉》（HJ 953—2018）。

（8）《固定污染源排污许可分类管理名录（2019 年版）》（生态环境部令第 11 号）。

（9）《国家危险废物名录（2021 年版）》（生态环境部、国家发展和改革委员会、公安部、交通运输部、国家卫生健康委员会令第 15 号）。

2. 适用范围

港口企业排污许可证发放范围为专业化干散货码头（煤炭、矿石）、通用散货码头及电厂自带卸煤码头（电厂自带卸煤码头在排污单位基本信息“其他行业类别选择货运港口”后对码头相关设备设施的排污信息进行填报，码头部分作为其他行业与作为主业的电厂同取一本排污许可证）。其中专业化干散货码头（煤炭、矿石）、通用散货码头执行《锅炉大气污染物排放标准》（GB 13271—2014）的产污设施和排放口，适用《排污许可证申请与核发技术规范　锅炉》（HJ 953—2018）。

2.4.2　排污许可平台申请表填报

企业需填报的排污许可证申请表由 18 个板块组成，其中：

第 1 板块为排污单位基本信息，由于内容较多，以表格形式呈现填报指导；

第 2 ～ 5 板块为排污单位登记信息；

第 6 ～ 9 板块为大气污染物排放信息；

第 10、11 板块为水污染物排放信息；

第 12 板块为固体废物管理信息，此板块为 2020 年新增板块；

第 13、14 板块为环境管理要求；

第 15 板块为补充登记信息；

第 16 板块为地方生态环境主管部门依法增加的内容；

第 17 板块为相关附件；

第 18 板块为提交申请页面，需 1 ～ 17 板块准确填报完成后，方可进入提交页面，同时该页面可下载填报完成的“排污许可证申请表”。

2.4.2.1　排污单位基本信息

排污单位基本信息表如图 2–113 所示。

1、排污单位基本信息

项目	填报内容	说明
是否需改正：	○是　◉否	符合《关于固定污染源排污限期整改有关事项的通知》要求的“不能达标排放”、“手续不全”、“其他”情形的，应勾选“是”；确实不存在三种整改情形的，应勾选“否”。
排污许可证管理类别：	◉简化管理　○重点管理	排污单位属于《固定污染源排污许可分类管理名录》中排污许可重点管理的，应选择“重点”，简化管理的选择“简化”。
单位名称：	福建华电储运有限公司 *	
注册地址：	福建省福清县可门经济开发区上宫洋 *	
生产经营场所地址：	*	
邮政编码：	350512 *	生产经营场所地址所在地邮政编码。
行业类别：	货运港口	
其他行业类别：		
是否投产：	◉是　○否	2015年1月1日起，正在建设过程中，或已建成但尚未投产的，选“否”；已经建成投产并产生排污行为的，选“是”。
投产日期：	2008-10-01	指已投运的排污单位正式投产运行的时间，对于分期投运的排污单位，以先期投运时间为准。
生产经营场所中心经度：		生产经营场所中心经纬度坐标，请点击“选择”按钮，在地图页面拾取坐标。
生产经营场所中心纬度：		经纬度选择说明
组织机构代码：		
统一社会信用代码：		
法定代表人（主要负责人）：	*	
技术负责人：	*	
固定电话：	*	
移动电话：	*	
所在地是否属于大气重点控制区：	◉是　○否	重点控制区域
所在地是否属于总磷控制区：	○是　◉否	指《国务院关于印发“十三五”生态环境保护规划的通知》（国发〔2016〕65号）以及生态环境部相关文件中确定的需要对总磷进行总量控制的区域。
所在地是否属于总氮控制区：	◉是　○否	指《国务院关于印发“十三五”生态环境保护规划的通知》（国发〔2016〕65号）以及生态环境部相关文件中确定的需要对总氮进行总量控制的区域。
所在地是否属于重金属污染物特别排放限值实施区域：	○是　◉否	特排区域清单
是否位于工业园区：	○是　◉否	是指各级人民政府设立的工业园区、工业集聚区等。
是否有环评审批文件：	◉是　○否	指环境影响评价报告书、报告表的审批文件号，或者是环境影响评价登记表的备案编号。
环境影响评价审批文件文号或备案编号：	* * *	若有不止一个文号，请添加文号。
是否有地方政府对违规项目的认定或备案文件：	○是　◉否	对于按照《国务院关于化解产能严重过剩矛盾的指导意见》（国发〔2013〕41号）和《国务院办公厅关于加强环境监管执法的通知》（国办发〔2014〕56号）要求，经地方政府依法处理、整顿规范并符合要求的项目，须列出证明符合要求的相关文件名和文号。

图 2–113　排污单位基本信息表

* 为必填项，没有相应内容的请填写“无”或“/”。

是否需改正（必填项）：符合《关于固定污染源排污限期整改有关事项的通知》（环环评〔2020〕19号）要求的“不能达标排放”“手续不全”“其他”情形的，应勾选“是”；确实不存在三种整改情形的，应勾选“否”。

排污许可证管理类别（必填项）：依据《固定污染源排污许可分类管理名录（2019年版）》（生态环境部令第11号），单个泊位1000吨级及以上的内河、单个泊位1万吨级及以上的沿海专业化干散货码头（煤炭、矿石）、通用散货码头执行“简化管理”，其他货运码头执行“登记管理”。

单位名称（必填项）：与企业营业执照保持一致。

注册地址（必填项）：与企业营业执照保持一致。

生产经营场所地址（必填项）：与企业营业执照保持一致。

邮政编码（必填项）：生产经营场所所在地邮政编码。

行业类别（下拉页面中选择）：如图2-114所示，选择“交通运输、仓储和邮政业”→“水上运输业”→“水上运输辅助活动”→“货运港口”。

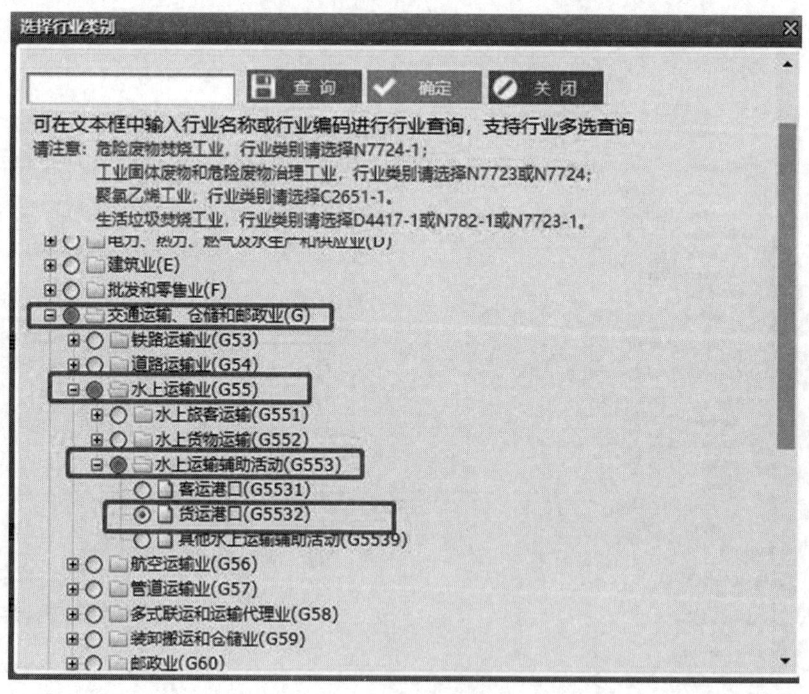

图2-114　行业类别选择

其他行业类别：涉及锅炉的码头，此项可以选择“锅炉行业”，没有则不填。

是否投产（必填项）：正在建设过程中或已建成但尚未投产的，选“否”；已经建成

投产并产生排污行为的，选“是”。

投产日期：指已投运的排污单位正式投运的时间，对于分期投运的排污单位，以先期投运时间为准。

生产经营场所中心经度（必填项）：生产经营场所中心经纬度坐标，请点击“选择”按钮，在地图页面拾取坐标。可参考“经纬度选择说明”。

生产经营场所中心纬度（必填项）：选取方法同上。

组织机构代码：与企业营业执照保持一致。

统一社会信用代码：与企业营业执照保持一致。

法定代表人（必填项）：与企业营业执照保持一致，与后续法人签字文件须一致。

技术负责人（必填项）：企业环保工作分管领导或专职环保管理人员。

固定电话（必填项）。

移动电话（必填项）。

所在地是否属于大气重点控制区（必填项）：点击图 2–115 右侧“重点控制区域”，对照弹出的图 2–116 所示界面进行判定。

其他行业类别:	[ ] 选择行业		
是否投产:	◉是　○否	*	2015年1月1日起，正在建设过程中，或已建成但尚未投产的，选“否”；已经建成投产并产生排污行为的，选“是”。
投产日期:	2008-10-01		指已投运的排污单位正式投产运行的时间，对于分期投运的排污单位，以先期投运时间为准。
生产经营场所中心经度:	119 度 46 分 7.10 秒 选择	*	生产经营场所中心经纬度坐标，请点击“选择”按钮，在地图页面拾取坐标。
生产经营场所中心纬度:	26 度 22 分 37.67 秒	*	经纬度选择说明
组织机构代码:			
统一社会信用代码:			
法定代表人（主要负责人）:		*	
技术负责人:		*	
固定电话:		*	
移动电话:		*	
所在地是否属于大气重点控制区:	◉是　○否	*	重点控制区域
所在地是否属于总磷控制区:	○是　◉否	*	指《国务院关于印发“十三五”生态环境保护规划的通知》（国发〔2016〕65号）以及生态环境部相关文件中确定的需要对总磷进行总量控制的区域。
所在地是否属于总氮控制区:	○是　◉否	*	指《国务院关于印发“十三五”生态环境保护规划的通知》（国发〔2016〕65号）以及生态环境部相关文件中确定的需要对总氮进行总量控制的区域。
所在地是否属于重金属污染物特别排放限值实施区域:	○是　◉否	*	特排区域清单
是否位于工业园区:	○是　◉否	*	是指各级人民政府设立的工业园区、工业集聚区等。
是否有环评审批文件:	◉是　○否	*	指环境影响评价报告书、报告表的审批文件号，或者是环境影响评价登记表的备案编号。
			添加文号

图 2–115　填报页面

所在地是否属于总磷控制区（必填项）：指《国务院关于印发“十三五”生态环境保护规划的通知》（国发〔2016〕65 号），以及生态环境部相关文件中确定的需要对总磷进行总量控制的区域。

重点控制区范围

序号	区域名称	省份	重点控制区
1	京津冀	北京市	北京市
		天津市	天津市
		河北省	石家庄市、唐山市、保定市、廊坊市
2	长三角	上海市	上海市
		江苏省	南京市、无锡市、常州市、苏州市、南通市、扬州市、镇江市、泰州市
		浙江省	杭州市、宁波市、嘉兴市、湖州市、绍兴市
3	珠三角	广东省	广州市、深圳市、珠海市、佛山市、江门市、肇庆市、惠州市、东莞市、中山市
4	辽宁中部城市群	辽宁省	沈阳市
5	山东城市群	山东省	济南市、青岛市、淄博市、潍坊市、日照市
6	武汉及其周边城市群	湖北省	武汉市
7	长株潭城市群	湖南省	长沙市
8	成渝城市群	重庆市	重庆市主城区
		四川省	成都市
9	海峡西岸城市群	福建省	福州市、三明市
10	山西中北部城市群	山西省	太原市
11	陕西关中城市群	陕西省	西安市、咸阳市
12	甘宁城市群	甘肃省	兰州市
		宁夏回族自治区	银川市

图 2-116　大气重点控制区判定

所在地是否属于总氮控制区（必填项）：指《国务院关于印发“十三五”生态环境保护规划的通知》（国发〔2016〕65 号），以及生态环境部相关文件中确定的需要对总氮进行总量控制的区域。

所在地是否属于重金属污染物特别排放限值实施区域（必填项）：点击图 2-117 右侧“特排区域清单”，对照弹出的如图 2-118 所示界面进行判定。

投产日期：	2008-10-01		指已投运的排污单位正式投产运行的时间，对于分期投运的排污单位，以先期投运时间为准。
生产经营场所中心经度：	119 度 46 分 7.10 秒 选择	*	生产经营场所中心经纬度坐标，请点击“选择”按钮，在地图页面拾取坐标。
生产经营场所中心纬度：	26 度 22 分 37.67 秒	*	经纬度选择说明
组织机构代码：			
统一社会信用代码：			
法定代表人（主要负责人）：		*	
技术负责人：		*	
固定电话：		*	
移动电话：		*	
所在地是否属于大气重点控制区：	◉是　○否	*	重点控制区域
所在地是否属于总磷控制区：	○是　◉否	*	指《国务院关于印发“十三五”生态环境保护规划的通知》（国发〔2016〕65号）以及生态环境部相关文件中确定的需要对总磷进行总量控制的区域。
所在地是否属于总氮控制区：	○是　◉否	*	指《国务院关于印发“十三五”生态环境保护规划的通知》（国发〔2016〕65号）以及生态环境部相关文件中确定的需要对总氮进行总量控制的区域。
所在地是否属于重金属污染物特别排放限值实施区域：	○是　◉否	*	特排区域清单
是否位于工业园区：	○是　◉否	*	是指各级人民政府设立的工业园区、工业集聚区等。
是否有环评审批文件：	◉是　○否	*	指环境影响评价报告书、报告表的审批文件号，或者是环境影响评价登记表的备案编号。
			添加文号

图 2-117　填报页面

重金属污染物特别排放限值实施区域清单

序号	省（区）	地市	区县
1	北京市	-	-
2	天津市	-	-
3	河北省	石家庄市	-
4	河北省	唐山市	-
5	河北省	秦皇岛市	-
6	河北省	邯郸市	-
7	河北省	邢台市	-
8	河北省	保定市	-
9	河北省	张家口市	-
10	河北省	承德市	-
11	河北省	沧州市	-
12	河北省	廊坊市	-
13	河北省	衡水市	-
14	山西省	太原市	-
15	山西省	阳泉市	-
16	山西省	长治市	-
17	山西省	晋城市	-
18	山西省	大同市	灵丘县

图 2-118　重金属特别排放限值区域

是否位于工业园区（必填项）：指各级人民政府设立的工业园区、工业集聚区等。

是否有环评审批文件（必填项）：指环境影响评价报告书、报告表的审批文件号，或者是环境影响评价登记表的备案编号。

环境影响评价审批文件文号或备案编号（必填项）：若有不止一个文号，请添加文号。包含基建、改造的所有环评。

是否有地方政府对违规项目的认定或备案文件（必填项）：选择“是”或“否”。对于按照《国务院关于化解产能严重过剩矛盾的指导意见》（国发〔2013〕41 号）和《国务院办公厅关于加强环境监管执法的通知》（国办发〔2014〕56 号）要求，经地方政府依法处理、整顿规范并符合要求的项目，须列出证明符合要求的相关文件名和文号。

是否有主要污染物总量分配计划文件（必填项）：选择“是”或“否”。对于有主要污染物总量控制指标计划的排污单位，须列出相关文件文号（或其他能够证明排污单位污染物排放总量控制指标的文件和法律文书），并列出上一年主要污染物总量指标。

所属港口及港区名称（必填项）：按照环评内项目所在港区及港区名称填报，如图 2-119 所示。

环境影响评价审批文件文号或备案编号:	[illegible]	*	若有不止一个文号，请添加文号。
是否有地方政府对违规项目的认定或备案文件:	○是 ◉否	*	对于按照《国务院关于化解产能严重过剩矛盾的指导意见》（国发〔2013〕41号）和《国务院办公厅关于加强环境监管执法的通知》（国办发〔2014〕56号）要求，经地方政府依法处理、整顿规范并符合要求的项目，须列出证明符合要求的相关文件名和文号。
是否有主要污染物总量分配计划文件:	○是 ◉否	*	对于有主要污染物总量控制指标计划的排污单位，须列出相关文件文号（或其他能够证明排污单位污染物排放总量控制指标的文件和法律文书），并列出上一年主要污染物总量指标。
所属港口及港区名称	福州港罗源湾港区	*	

图 2-119　所属港口及港区名称

大气污染物控制指标（无须填写）：默认指标（默认大气污染物控制指标为二氧化硫、氮氧化物、颗粒物和挥发性有机物，其中颗粒物包括颗粒物、可吸入颗粒物、烟尘和粉尘 4 种）。

水污染物控制指标（无须填写）：默认指标（默认水污染物控制指标为化学需氧量和氨氮）。

如图 2-120 所示，点击“暂存”，进入下一级页面。

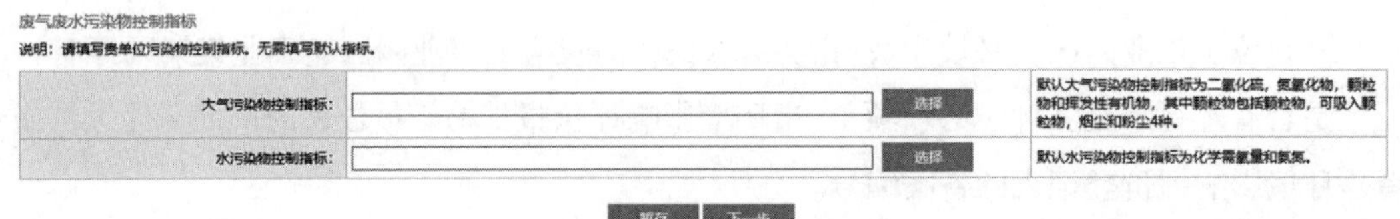

废气废水污染物控制指标

说明：请填写贵单位污染物控制指标。无需填写默认指标。

大气污染物控制指标:		选择	默认大气污染物控制指标为二氧化硫，氮氧化物，颗粒物和挥发性有机物，其中颗粒物包括颗粒物，可吸入颗粒物，烟尘和粉尘4种。
水污染物控制指标:		选择	默认水污染物控制指标为化学需氧量和氨氮。

暂存　下一步

图 2-120　废气废水控制指标

2.4.2.2　主要产品及产能

1. 本单元填报说明

主要工艺名称：指主要生产单元所采用的工艺名称。

生产设施名称：指某生产单元中主要生产设施（设备）名称。

生产设施参数：指设施（设备）的设计规格参数，包括参数名称、设计值、计量单位。

产品名称：指相应工艺中主要产品名称。

生产能力和计量单位：指相应工艺中主要产品设计产能。生产能力不得超出环评批复中所载，否则排污许可证无效。

2. 主页面

港口企业应填写项目如图 2-121 所示，点击“添加”按钮，进入下一级页面。所有生产设施产品信息填报完成后，均以表格形式显示在此级页面。

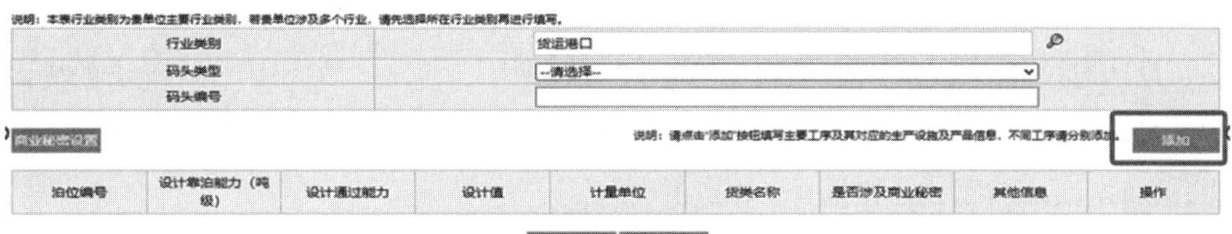

说明：本表行业类别为贵单位主要行业类别，若贵单位涉及多个行业，请先选择所在行业类别再进行填写。

行业类别	货运港口
码头类型	--请选择--
码头编号	

商业秘密设置　　说明：请点击"添加"按钮填写主要工序及其对应的生产设施及产品信息，不同工序请分别添加。　添加

泊位编号	设计靠泊能力（吨级）	设计通过能力	设计值	计量单位	货类名称	是否涉及商业秘密	其他信息	操作

保存　关闭

图 2-121　主要产品及产能主页面

3. 第一级子页面

码头类型：根据码头性质选择“专业化干散货码头（煤炭、铁矿石）、通用码头、其他”中一项。

码头编号：根据企业内部编号或《排污单位编码规则》（HJ 608—2017）进行编号并填报。

泊位编号：为必填项，根据环评港区泊位编号填报。

点击“添加”，进入下一级页面，在下一级页面添加内容后，及时点击“保存”。码头排污单位有多个泊位的，应分别填报。

第一级子页面如图 2-122 所示。

添加表

说明：本表行业类别为贵单位主要行业类别，若贵单位涉及多个行业，请先选择所在行业类别再进行填写。

行业类别	货运港口
码头类型	--请选择--
码头编号	

商业秘密设置　　说明：请点击"添加"按钮填写主要工序及其对应的生产设施及产品信息，不同工序请分别添加。　添加

泊位编号	设计靠泊能力（吨级）	设计通过能力	设计值	计量单位	货类名称	是否涉及商业秘密	其他信息	操作

保存　关闭

图 2-122　主要产品及产能第一级子页面

4. 第二级子页面

第二级子页面如图 2-123 所示。

添加表

泊位编号	11

1、主要产品及产能信息　　说明：请点击"添加产品"按钮，填写对应工艺主要产品及产能信息。若有本表格中无法囊括的信息，可根据实际情况填写在"其他产品信息"列中。　添加产品

设计靠泊能力（吨级）	设计通过能力	设计值	计量单位	货类名称	是否涉及商业秘密	其他产品信息	操作
			--请选择--		否		删除

保存　关闭

图 2-123　主要产品及产能第二级子页面

设计靠泊能力（吨级）（必填项）：根据单个码头泊位设计的靠泊能力填报。

设计通过能力（t /a）（必填项）：如图 2–124 所示，点击“放大镜”，在弹出的界面中选择装船能力和卸船能力，不包括国家或地方政府明确规定予以淘汰或取缔的通过能力，在对应选项序号内点击选择，再点击确定。

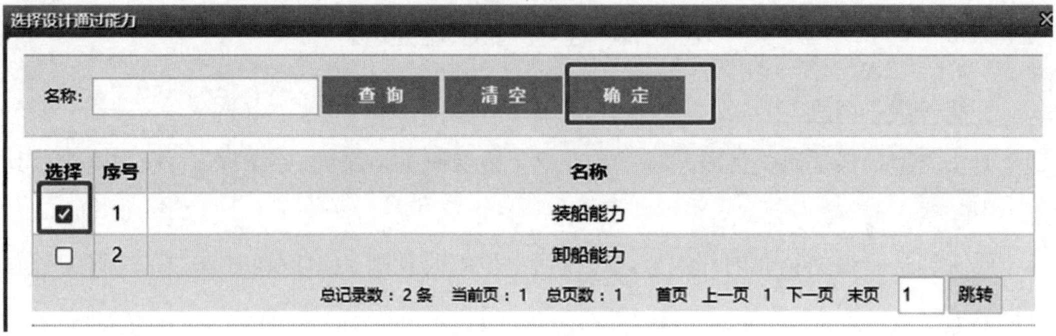

选择设计通过能力

名称： 查 询 清 空 确 定

选择	序号	名称
☑	1	装船能力
☐	2	卸船能力

总记录数：2 条 当前页：1 总页数：1 首页 上一页 1 下一页 末页 1 跳转

图 2–124 设计通过能力

设计值（必填项）：根据环评文件，分别填报装船能力和卸船能力设计值。

计量单位（必填项）：选择 t /a。

货类名称（必填项）：点击“放大镜”，在弹出的图 2–125 所示界面中根据码头作业货种在“煤炭、金属矿石、非金属矿石、粮食、水泥、矿建材料、其他”中选择，可多选，再点击“确定”。

参数名称

名称： 查 询 清 空 确 定

选择	序号	名称
☑	1	煤炭
☑	2	金属矿石
☐	3	非金属矿石
☐	4	粮食
☐	5	水泥
☐	6	矿建材料
☐	7	其他

总记录数：7 条 当前页：1 总页数：1 首页 上一页 1 下一页 末页 1 跳转

图 2–125 货类名称

是否涉及商业秘密（必填项）：主要生产设施、主要产品及产能、主要原辅材料、产

生和排放污染物环节等信息，以及其是否涉及商业秘密等不宜公开情形的情况，有的话填“是”，没有则填“否”。

其他产品信息：根据码头作业货物情况选填。

2.4.2.3　主要产品及产能补充

1. 本单元填报说明

（1）本表格适用于部分行业，可在行业类别选择框中选到对应行业。若无法选到某个行业，说明此行业不用填写本表格。

（2）若本单位涉及多个行业，请分别对每个行业进行添加设置。

2. 主页面

港口企业应填写项目如图 2-126 所示，点击“添加”按钮，进入下一级页面。主要产品及产能补充信息填报完成后，均以表格形式显示在此级页面。

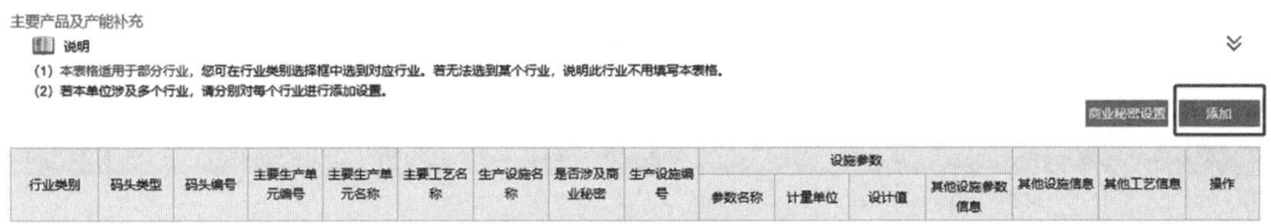
主要产品及产能补充

说明

(1) 本表格适用于部分行业，您可在行业类别选择框中选到对应行业。若无法选到某个行业，说明此行业不用填写本表格。

(2) 若本单位涉及多个行业，请分别对每个行业进行添加设置。

商业秘密设置　添加

行业类别	码头类型	码头编号	主要生产单元编号	主要生产单元名称	主要工艺名称	生产设施名称	是否涉及商业秘密	生产设施编号	设施参数				其他设施信息	其他工艺信息	操作
									参数名称	计量单位	设计值	其他设施参数信息			

图 2-126　主页面

3. 第一级子页面

行业类别：系统默认“货运港口”，如图 2-127 所示。

码头类型（必填项）：点击“放大镜”，在弹出的如图 2-128 所示界面中从“专业化干散货码头（煤炭、矿石）、通用散货码头、其他”选项中选择后点击“确定”按钮回到第一级子页面。

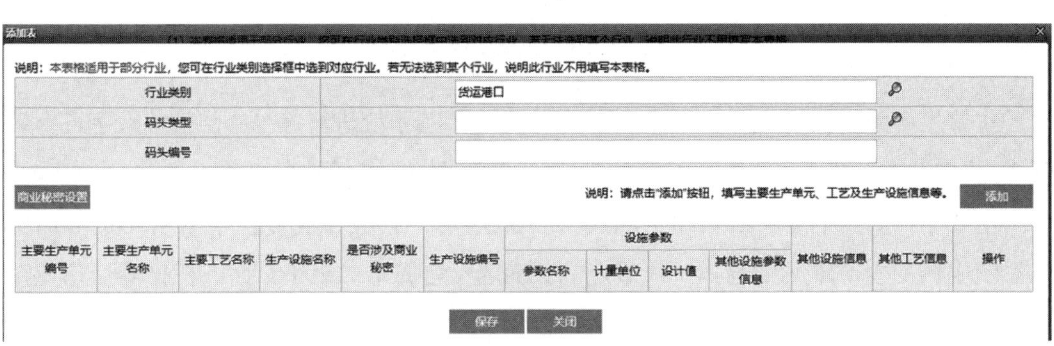

添加表

说明：本表格适用于部分行业，您可在行业类别选择框中选到对应行业。若无法选到某个行业，说明此行业不用填写本表格。

行业类别	货运港口
码头类型	
码头编号	

商业秘密设置　说明：请点击“添加”按钮，填写主要生产单元、工艺及生产设施信息等。　添加

主要生产单元编号	主要生产单元名称	主要工艺名称	生产设施名称	是否涉及商业秘密	生产设施编号	设施参数				其他设施信息	其他工艺信息	操作
						参数名称	计量单位	设计值	其他设施参数信息			

保存　关闭

图 2-127　行业类别

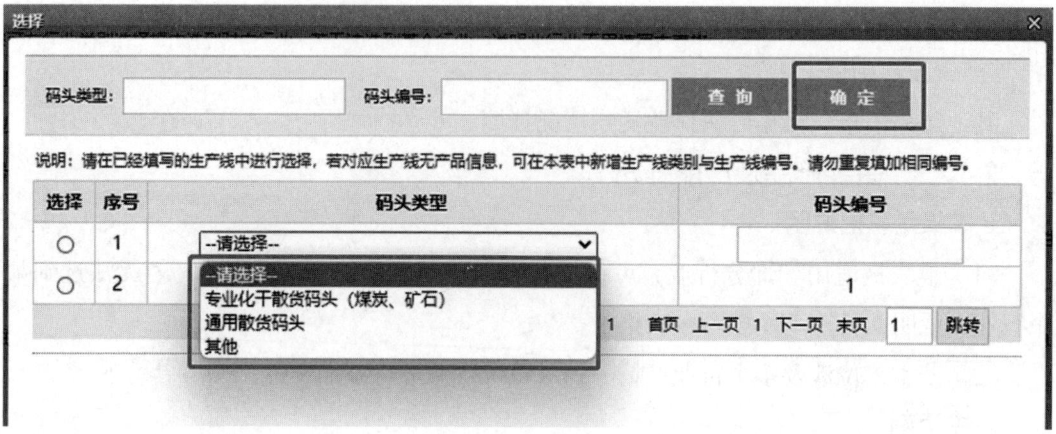

选择

码头类型： 码头编号： 查 询 确 定

说明：请在已经填写的生产线中进行选择，若对应生产线无产品信息，可在本表中新增生产线类别与生产线编号。请勿重复填加相同编号。

选择	序号	码头类型	码头编号
○	1	--请选择--	
○	2		1

--请选择--
专业化干散货码头（煤炭、矿石）
通用散货码头
其他

1 首页 上一页 1 下一页 末页 1 跳转

图 2-128 码头类型

点击“添加”按钮，填写主要生产单元、工艺及生产设施信息等。

4. 第二级子页面

主要生产单元填报页面如图 2-129 所示。

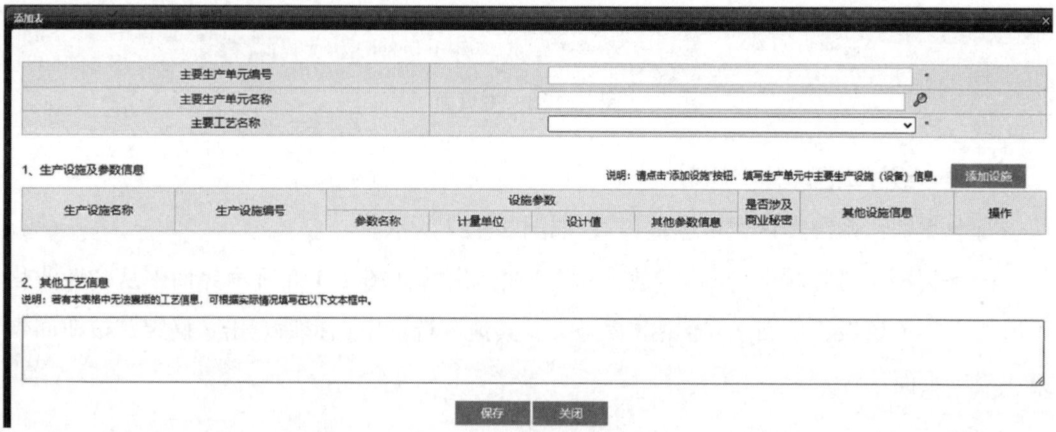

添加表

主要生产单元编号	*
主要生产单元名称	
主要工艺名称	*

1、生产设施及参数信息

说明：请点击"添加设施"按钮，填写生产单元中主要生产设施（设备）信息。 添加设施

生产设施名称	生产设施编号	设施参数				是否涉及商业秘密	其他设施信息	操作
		参数名称	计量单位	设计值	其他参数信息			

2、其他工艺信息

说明：若有本表格中无法囊括的工艺信息，可根据实际情况填写在以下文本框中。

保存 关闭

图 2-129 主要生产单元

主要生产单元编号（必填项）：可按码头生产工艺系统进行编号（阿拉伯数字进行编号），比如卸船系统填 1、装船系统填 2、输运系统填 3、堆场堆存填 4。

主要生产单元名称（必填项）：如图 2-130 所示，点击“放大镜”，在弹出的界面中从系统生产的生产单元中选择一项后点击“确定”返回第二级子页面。根据港口作业工艺，涉及的所有生产单元都必须填报。

选择主要生产单元名称

名称：　查 询　清 空　确 定　双击数据可选中

选择	序号	名称
○	1	泊位生产单元
○	2	堆场生产单元
○	3	输运系统生产单元
○	4	其他

总记录数：4 条　当前页：1　总页数：1　首页　上一页　1　下一页　末页　1　跳转

图 2-130　主要生产单元名称

主要工艺名称（必填项）：泊位生产单元主要工艺包括卸船、装船、其他工艺；堆场生产单元主要工艺包括储存、堆取料、其他工艺；输送系统生产单元包括卸车、装车、输送、其他工艺等。

生产设施及参数信息：点击“添加设施”进入下一级页面。

5. 第三级子页面

如图 2-131 所示，生产设施名称栏点击右侧“放大镜”图标可以进行查找和选择生产设施，选择后“放大镜”消失。

添加表

说明：生产设施编号请填写企业内部编号，若无内部编号可按照《固定污染源（水、大气）编码规则（试行）》中的生产设施编号规则编写，如MF0001。请注意，生产设施编号不能重复。

主要生产单元名称	泊位生产单元
主要工艺名称	卸船
生产设施名称	
生产设施编号	
是否涉及商业秘密	否

1、生产设施及参数信息　说明：请点击"添加设施参数"按钮，填写对应设施主要参数信息。若有本表格中无法囊括的信息，可根据实际情况填写在"其他参数信息"列中。　添加设施参数

参数名称	计量单位	设计值	其他参数信息	操作

2、其他设施信息

说明：若有本表格中无法囊括的信息，可根据实际情况填写在以下文本框中。

保存　关闭

图 2-131　生产设施名称

生产设施名称（必填项）：泊位生产单元包括桥式抓斗卸船机、链斗式连续卸船机、散货连续装船机、其他卸船设备等；堆场生产单元包括露天堆场、筒仓、条形仓、球形仓等储存设施，以及堆料机、斗轮取料机、斗轮堆取料机等堆取料设施；输运系统生产单元包括翻车机房、其他卸车设施，装车楼、装车机、抓斗起重机、装载机等装车设施，

转运站、带式输送机、自卸汽车等输送设施。

生产设施编号（必填项）：生产设施编号请填写企业内部编号，若无内部编号可按照《排污单位编码规则》（HJ 608—2017）中的生产设施编号规则编写，如 MF0001。请注意，生产设施编号不能重复。

生产设施及参数信息：分为参数名称、计量单位、设计值等，包括额定台时功率、堆存容量、散货堆场面积、单条最大输送能力、堆料额定台时效率、取料额定台时效率等。设施参数以环评为准，环评中未载明的，根据设备铭牌数据填写。

说明：专业化干散货码头、通用散货码头的主要生产单元、主要生产工艺及生产设施可参照表 2–37 和表 2–38。

表 2–37　专业化干散货码头（煤炭、矿石）主要生产单元、主要工艺及生产设施一览表

主要生产单元	主要工艺	生产设施	设施参数
泊位	装船	散货连续装船机	额定台时效率（t/h）
	卸船	桥式抓斗卸船机	额定台时效率（t/h）
		链斗式连续卸船机	额定台时效率（t/h）
		其他卸船设备	数量（台）
堆场	储存	露天堆场	散货堆场面积（m^2） 堆场容量（t）
		条形仓 / 筒仓 / 球形仓	数量（座） 单仓容量（m^3）
	堆取料	堆料机	额定台时效率（t/h）
		斗轮取料机	额定台时效率（t/h）
		斗轮堆取料机	额定台时效率（t/h）
		其他堆取料设备	数量（台）
输运系统	卸车	翻车机房	翻卸能力（t/h）
		其他卸车设备	数量（台）
	装车	装车楼	装车效率（t/h）
		装车机	装车效率（t/h）
		抓斗起重机、装载机等	数量（台）
	输送	转运站	数量（座）
		带式输送机	最大单条设计输送能力（t/h）

续表

主要生产单元	主要工艺	生产设施	设施参数
输运系统	输送	自卸汽车等	数量[①]（台）

① 包括企业下属车辆与委托其他单位运输干散货的车辆。

表 2-38　　通用散货码头主要生产单元、主要工艺及生产设施一览表

主要生产单元	主要工艺	生产设施[①]	设施参数
泊位	装船	港口门座起重机	数量（台）
		其他装船设施	数量（台）
	卸船	港口门座起重机	数量（台）
		其他卸船设施	数量（台）
堆场	储存	露天堆场	散货堆场面积（m^2） 堆场容量（t）
	堆取料	堆料机	额定台时效率（t/h）
		斗轮取料机	额定台时效率（t/h）
		斗轮堆取料机	额定台时效率（t/h）
		装载机	数量（台）
		其他堆取料设备	数量（台）
输运系统	卸车	火车卸车机	卸车能力（t/h）
		其他卸车设备	数量（台）
	装车	装车楼、装车机	装车效率（t/h）
		抓斗起重机、装载机等	数量（台）
		其他装车设备	数量（台）
	输送	转运站	数量（座）
		带式输送机	最大单条设计输送能力（t/h）
输运系统	输送	自卸汽车等	数量[②]（台）

① 填报与干散货作业有关的生产设施。

② 包括企业下属车辆与委托其他单位运输干散货的车辆。

2.4.2.4 主要原辅材料及燃料

1. 本单元填报说明

种类：指材料种类，选填“原料”或“辅料”。

名称：指原料、辅料名称。

有毒有害成分及占比：指有毒有害物质或元素，以及其在原料或辅料中的成分占比，如氟元素（0.1%）。此内容各行业不同，具体请参照内部填报页面说明。

若有表格中无法囊括的信息，可根据实际情况填写在“其他信息”列中。

原辅料的种类和使用量均不得超出环评批复、环保验收等文件所载。

2. 主页面

（1）原料及辅料信息。干散货码头不涉及原辅料，此项不填报。

（2）燃料信息。如图 2-132 所示，企业点击“添加”按钮，添加本企业的燃料信息。

燃料名称（必填项）：仅填主要燃料，一般填写柴油、燃料油等。

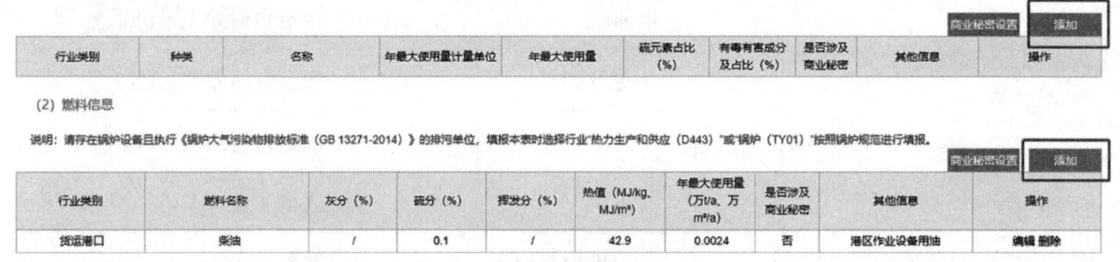
（1）原料及辅料信息

商业秘密设置 添加

行业类别	种类	名称	年最大使用量计量单位	年最大使用量	硫元素占比（%）	有毒有害成分及占比（%）	是否涉及商业秘密	其他信息	操作

（2）燃料信息

说明：请存在锅炉设备且执行《锅炉大气污染物排放标准（GB 13271-2014）》的排污单位，填报本表时选择行业"热力生产和供应（D443）"或"锅炉（TY01）"按照锅炉规范进行填报。

商业秘密设置 添加

行业类别	燃料名称	灰分（%）	硫分（%）	挥发分（%）	热值（MJ/kg、MJ/m³）	年最大使用量（万t/a、万m³/a）	是否涉及商业秘密	其他信息	操作
货运港口	柴油	/	0.1	/	42.9	0.0024	否	港区作业设备用油	编辑 删除

图 2-132 原料及辅料

硫分（必填项）：柴油填写送样报告中的硫分数据。

灰分、挥发分：不涉及，不填报。

热值（必填项）：填写送样报告中的热值数据。

年最大使用量（必填项）：已投运排污单位的年最大使用量按近五年实际使用量的最大值填写，未投运排污单位的年最大使用量按设计使用量填写。

（3）图表上传。

生产工艺流程图：应包括主要生产设施（设备）、主要原燃料的流向、生产工艺流程等内容。

生产厂区总平面布置图：应包括主要工序、厂房、设备位置关系，注明厂区雨水、污水收集和运输走向等内容。

可上传文件格式应为图片格式，包括 jpg、jpeg、gif、bmp、png，附件大小不能超过

5MB，图片分辨率不能低于 72dpi，可上传多张图片。

2.4.2.5　产排污节点、污染物及污染治理设施

1. 本单元填报说明

该部分包括废气和废水两部分。废气部分应填写生产设施对应的产污节点、污染物种类、排放形式（有组织、无组织）、污染治理设施、是否为可行技术、排放口编号及类型。废水部分应填写废水类别、污染物种类、排放去向、污染治理设施、是否为可行技术、排放口编号、排放口设置是否规范及排放口类型。示例企业为干散货专用码头，不涉及锅炉等产污设施及排放口，若码头有执行《锅炉大气污染物排放标准》（GB 13271—2014）的产污设施和排放口，按照《排污许可证申请与核发技术规范　锅炉》（HJ 953—2018）要求填报相关废气、废水信息。

2. 废气部分主页面

如图 2–133 所示，点击“添加”按钮，进入下一级页面。所有废气产排污节点、污染物及污染治理设施信息填报完成后，均以表格形式显示在此级页面。

商业秘密设置　带入新增产污设施　添加

码头类型及码头编号	生产单元名称	产污设施编号	产污设施名称	对应产污环节名称	污染物种类	排放形式	污染治理设施						有组织排放口编号	有组织排放口名称	排放口设置是否符合要求	排放口类型	其他信息	操作
							污染防治设施编号	污染防治设施名称	污染治理设施工艺	是否为可行技术	是否涉及商业秘密	污染治理设施其他信息						
专业化干散货码头（煤炭、矿石）1	泊位生产单元	MF0004	移动式装船机	装船	颗粒物	无组织	TA001	挡风板	防风抑尘	是	否							编辑 删除
				装船	颗粒物	无组织	TA002	水雾喷淋	湿式抑尘	是	否							
专业化干散货码头（煤炭、矿石）1	输运系统生产单元	MF0036	转运站	转运作业	颗粒物	无组织	TA003	多管冲击式除尘器	湿式除尘	是	否	每座转运站配一套						编辑 删除 ↑
专业化干散货码头（煤炭、矿石）1	输运系统生产单元	MF0013	带式输送机	转运作业	颗粒物	无组织	TA004	水雾喷淋	湿式抑尘	是	否							编辑 删除 ↑

图 2–133　废气部分主页面

3. 废气子页面

产污设施编号（必填项）：点击图 2–134 的“放大镜”进行选择，再点击图 2–135 的“确定”按钮返回子页面。

若本生产设施对应多个产污环节，请点击“添加”按钮分别填写产污环节信息。

污染防治设施编号：请填写企业内部编号，每个设施一个编号，若无内部编号可按照《排污单位编码规则》（HJ 608—2017）中的治理设施编码规则编写，如 TA001。若产污环节对应的污染物没有污染治理设施，污染防治设施编号请填写“无”。

有组织排放口编号：请填写已有在线监测排放口编号或执法监测使用编号，若无相关编号，可按照《排污单位编码规则》（HJ 608—2017）中的排放口编码规则编写，如 DA001。每个“有组织排放口编号”框只能填写一个编号，若排放口相同请填写相同的

编号，排放类型为无组织的，无须编号。

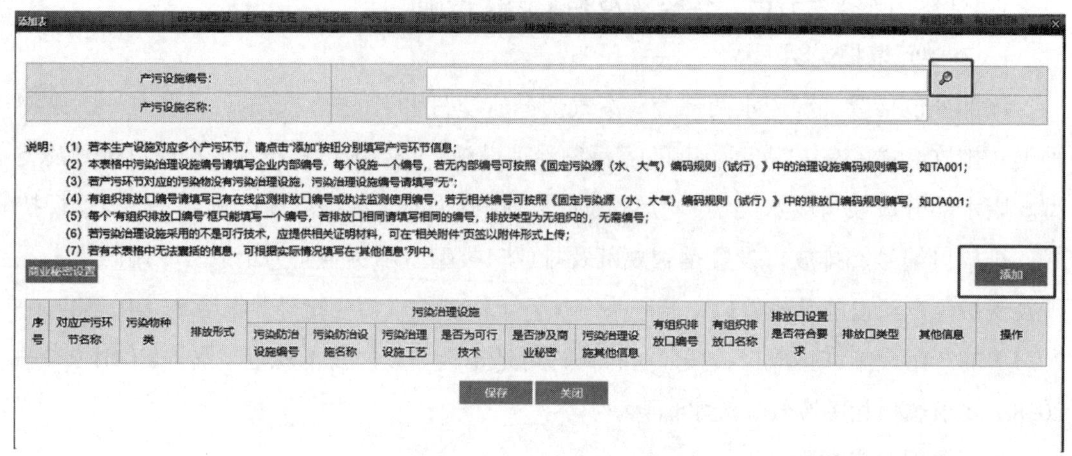

图 2-134　废气部分子页面

选择产污设施

产污设施名称：　　产污设施编号：　　查 询　　确 定

双击数据可选中

选择	序号	生产单元编号	主要生产单元名称	主要工艺名称	产污设施名称	产污设施编号
○	1	1	泊位生产单元	卸船	桥式抓斗卸船机	MF0001
○	2	1	泊位生产单元	卸船	桥式抓斗卸船机	MF0002
○	3	1	泊位生产单元	卸船	桥式抓斗卸船机	MF0003
○	4	1	泊位生产单元	装船	移动式装船机	MF0004
○	5	2	堆场生产单元	储存	露天堆场	MF0005
○	6	2	堆场生产单元	储存	露天堆场	MF0006
○	7	2	堆场生产单元	储存	露天堆场	MF0007
○	8	2	堆场生产单元	储存	露天堆场	MF0008

图 2-135　产污设施选择

若污染治理设施采用的不是可行技术，应提供相关证明材料，可在“相关附件”页签以附件形式上传。

若有表格中无法囊括的信息，可根据实际情况填写在“其他信息”列中。

对应产污环节名称：分为卸船作业、装船作业、堆存作业、堆取作业、卸车作业、装车作业、转运作业等。

污染物种类：选择“颗粒物”。

排放形式：主要有“有组织排放”“无组织排放”。

污染治理设施工艺：包括多管冲击除尘器、水雾喷淋防尘罩、挡风板、喷枪洒水、挡风抑尘墙等。具体参照表 2–39 和表 2–40 填报。

表 2–39　专业化干散货码头（煤炭、矿石）排污单位废气产排污环节、污染物种类、排放形式及污染防治设施一览表

主要生产单元	生产设施	产排污环节	污染物种类	排放形式	污染防治设施名称及工艺	排放口典型
泊位	散货连续装船机	装船作业	颗粒物	无组织	封闭[①]、湿式除尘 / 抑尘[②]、其他	—
	桥式抓斗卸船机、链斗式连续卸船机	卸船作业	颗粒物	无组织	封闭、湿式除尘 / 抑尘、其他	—
	其他卸船设备	卸船作业	颗粒物	无组织	封闭、湿式除尘 / 抑尘、其他	—
堆场	露天堆场	堆存作业	颗粒物	无组织	防风抑尘[③]、湿式除尘 / 抑尘、覆盖[④]、其他	—
	条形仓 / 筒仓 / 球形仓	堆存作业	颗粒物	无组织 / 有组织	湿式险尘 / 抑尘、干式除尘[⑤]、其他	一般排放口
	堆料机、斗轮取料机、斗轮堆取料机	堆取作业	颗粒物	无组织	封闭、湿式除尘 / 抑尘、其他	—
	其他堆取料设备	堆取作业	颗粒物	无组织	封闭、湿式除尘 / 抑尘、其他	—
输运系统	翻车机房	卸车作业	颗粒物	无组织 / 有组织	封闭、湿式险尘 / 抑尘、干式除尘、其他	一般排放口
	其他卸车设施	卸车作业	颗粒物	无组织	封闭、湿式险尘 / 抑尘、干式除尘、其他	—
	装车楼	装车作业	颗粒物	无组织 / 有组织	封闭、湿式险尘 / 抑尘、干式除尘、其他	一般排放口
	装车机	装车作业	颗粒物	无组织	封闭、湿式险尘 / 抑尘、干式除尘、其他	—
	抓斗起重机、装载机等	装车作业	颗粒物	无组织	湿式除尘 / 抑尘、其他	—

续表

主要生产单元	生产设施	产排污环节	污染物种类	排放形式	污染防治设施名称及工艺	排放口典型
输运系统	转运站	转运作业	颗粒物	无组织/有组织	封闭、湿式除尘/抑尘、干式除尘、其他	一般排放口
	带式输送机	转运作业	颗粒物	无组织	封闭、湿式除尘/抑尘、其他	—
	自卸汽车等	转运作业	颗粒物	无组织	封闭、湿式除尘/抑尘、其他	—

① 封闭包括皮带机防护罩/廊道、导料槽、密闭罩、防尘帘、防风板、车厢封闭/覆盖等污染防治设施。

② 湿式除尘/抑尘包括水雾、干雾、喷枪洒水、高杆喷雾、远程射雾器、洒水车、水力冲洗等污染防治设施。

③ 防风抑尘包括防风抑尘网、挡风围墙、防护林等污染防治设施。

④ 覆盖包括喷洒抑尘剂、苫盖等污染防治设施。

⑤ 干式除尘包括布袋除尘、静电除尘、微动力除尘等污染防治设施。

表 2-40 通用散货码头排污单位废气产排污环节、污染物种类、排放形式及污染防治设施一览表

主要生产单元	生产设施	产排污环节	污染物种类	排放形式	污染防治设施名称及工艺	排放口类型
泊位	港口门座起重机	装船作业	颗粒物	无组织	湿式除尘/抑尘①、其他	—
	其他装船设施	装船作业	颗粒物	无组织	湿式除尘/抑尘、其他	—
	港口门座起重机	卸船作业	颗粒物	无组织	封闭②、湿式除尘/抑尘、其他	—
	其他卸船设施	卸船作业	颗粒物	无组织	湿式除尘/抑尘、其他	—
堆场	露天堆场	堆存作业	颗粒物	无组织	防风抑尘③、湿式除尘/抑尘、覆盖④、其他	—
	堆料机、斗轮取料机、斗轮堆取料机	堆取作业	颗粒物	无组织	封闭、湿式除尘/抑尘、其他	—
	装载机	堆取作业	颗粒物	无组织	湿式除尘/抑尘、其他	—
	其他堆取料设备	堆取作业	颗粒物	无组织	湿式除尘/抑尘、其他	—

续表

主要生产单元	生产设施	产排污环节	污染物种类	排放形式	污染防治设施名称及工艺	排放口类型
输运系统	火车卸车机	卸车作业	颗粒物	无组织	封闭、湿式除尘 / 抑尘、干式除尘⑤、其他	—
输运系统	其他卸车设备	卸车作业	颗粒物	无组织	湿式除尘 / 抑尘、其他	—
	装车楼、装车机	装车作业	颗粒物	无组织 / 有组织	封闭、湿式除尘 / 抑尘、干式除尘、其他	一般排放口
	抓斗起重机、装载机等	装车作业	颗粒物	无组织	湿式除尘 / 抑尘、其他	—
	其他装车设备	装车作业	颗粒物	无组织	湿式除尘 / 抑尘、其他	—
	转运站	转运作业	颗粒物	无组织 / 有组织	封闭、湿式除尘 / 抑尘、干式除尘、其他	一般排放口
	带式输送机	转运作业	颗粒物	无组织	封闭、湿式除尘、其他	—
	自卸汽车等	转运作业	颗粒物	无组织	封闭、湿式除尘 / 抑尘、其他	—

① 湿式除尘 / 抑尘包括水雾、干雾、喷枪洒水、高杆喷雾、远程射雾器、洒水车、水力冲洗等污染防治设施。

② 封闭包括皮带机防护罩 / 廊道、导料槽、密闭罩、防尘帘、防风板、车厢封闭 / 覆盖等污染防治设施。

③ 防风抑尘包括防风抑尘网、挡风围墙、防护林等污染防治设施。

④ 覆盖包括喷洒抑尘剂、苫盖等污染防治设施。

⑤ 干式除尘包括布袋除尘、静电除尘、微动力除尘等污染防治设施。

是否为可行技术：各生产单元采取的污染防治措施满足污染防治工艺的任一项就填写“是”，否则写“否”，并填写提供的相关证明材料。

有组织排放口名称：填写企业内部排放口名称。

排放口类型：码头排污单位废气排放口主要为干式除尘器（布袋除尘器、静电除尘器等）排气口，均为一般排放口。

排放口设置是否符合要求：填写排放口设置是否符合《排污口规范化整治技术要求（试行）》（环监〔1996〕470 号）等相关文件的规定。

4. 废水主页面

废水部分应填写项目如图 2–136 所示，点击“添加”按钮，进入下一级页面。所有废水产排污节点、污染物及污染治理设施信息填报完成后，均以表格形式显示在此级页面。

添加

行业类别	废水类别	污染物种类	污染治理设施						排放去向	排放方式	排放规律	排放口编号	排放口名称	排放口设置是否符合要求	排放口类型	其他信息	操作
			污染治理设施编号	污染治理设施名称	污染治理设施工艺	是否为可行技术	是否涉及商业秘密	污染治理设施其他信息									
货运港口	生活污水,含尘污水	化学需氧量,氨氮（NH_3-N）,pH值,悬浮物,磷酸盐	TW001	其他	沉淀池-颜尔薄膜液体过滤器-回用水池	是	否	2座300m³沉淀池；2套35……	其他（包括回喷、回填、回灌、回用等）	无						污水处理站尾水回用于除尘喷洒	编辑 删除

图 2–136　废水主页面

5. 废水子页面

废水子页面如图 2–137 所示。

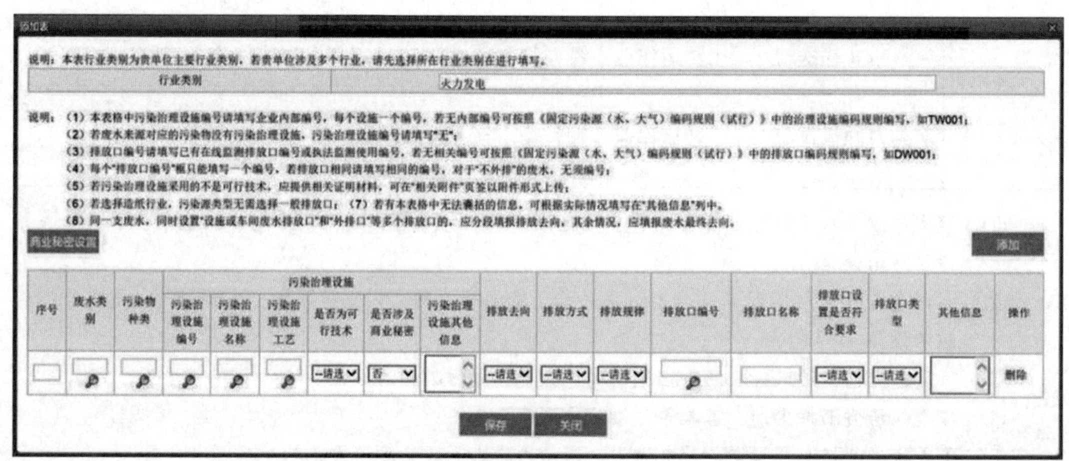
添加表

说明：本表行业类别为贵单位主要行业类别，若贵单位涉及多个行业，请先选择所在行业类别在进行填写。

行业类别	火力发电

说明：（1）本表格中污染治理设施编号请填写企业内部编号，每个设施一个编号，若无内部编号可按照《固定污染源（水、大气）编码规则（试行）》中的治理设施编码规则编写，如TW001；
（2）若废水来源对应的污染物没有污染治理设施，污染治理设施编号请填写"无"；
（3）排放口编号请填写已有在线监测排放口编号或执法监测使用编号，若无相关编号可按照《固定污染源（水、大气）编码规则（试行）》中的排放口编码规则编写，如DW001；
（4）每个"排放口编号"框只能填写一个编号，若排放口相同请填写相同的编号，对于"不外排"的废水，无须编号；
（5）若污染治理设施采用的不是可行技术，应提供相关证明材料，可在"相关附件"页签以附件形式上传；
（6）若选择造纸行业，污染源类型无需选择一般排放口；（7）若有本表格中无法囊括的信息，可根据实际情况填写在"其他信息"列中。
（8）同一支废水，同时设置"设施或车间废水排放口"和"外排口"等多个排放口的，应分段填报排放去向，其余情况，应填报废水最终去向。

商业秘密设置　　添加

序号	废水类别	污染物种类	污染治理设施						排放去向	排放方式	排放规律	排放口编号	排放口名称	排放口设置是否符合要求	排放口类型	其他信息	操作
			污染治理设施编号	污染治理设施名称	污染治理设施工艺	是否为可行技术	是否涉及商业秘密	污染治理设施其他信息									
						--请选	否		--请选	--请选	--请选			--请选	--请选		删除

保存　关闭

图 2–137　废水子页面

废水类别：包括生产污水、生活污水、含油污水、其他废水（如果有接收、处理船舶生活污水、含油污水时填写）等，涉及的每种类别污水都应填写。

污染物种类：包括 pH 值、悬浮物、氨氮、五日生化需氧量、总磷、石油类等，如表 2–41 所示［取自《排污许可证申请与核发技术规范　码头》（HJ 1107—2020）］。

污染治理设施名称、污染治理设施工艺：如表 2–41 所示，根据《排污许可证申请与核发技术规范　码头》（HJ 1107—2020）填写。

污染治理设施编号：每个设施一个编号。可填写企业内部污染治理设施名称，若企业无内部编号，则根据《排污单位编码规则》（HJ 608—2017）进行编号并填报，每个设

施一个编号，如 TW001。

表 2-41　　码头排污单位废水类别、排放方式、污染物种类及污染治理设施一览表

废水类别	排放方式	污染种类	污染治理设施名称及工艺	排放口类型
生活污水	直接排放①	pH 值、化学需氧量（COD_{Cr}）、悬浮物、氨氮、磷酸盐（总磷）	预处理：格栅、调节沉淀 生物处理：活性污泥法及改进的活性污泥法 / 接触氧化法 / 氧化沟法深度处理：二次沉淀、过滤消毒	一般排放口
	间接排放②		预处理：格栅、调节沉淀 生物处理：活性污泥法及改进的活性污泥法 / 接触氧化法 / 氧化沟法	一般排放口
	不外排③		预处理：格栅、调节沉淀 生物处理：活性污泥法及改进的活性污泥法 / 接触氧化法 / 氧化沟法 深度处理：过滤、活性炭吸附等	—
含尘污水（散货堆场除尘废水、码头面冲洗水、道路冲洗水、初期雨水等）	直接排放	悬浮物	调节沉淀、混凝沉淀	一般排放口
	不外排		调节沉淀、混凝沉淀、过滤消毒	—
含油污水	间接排放	石油类	调节、隔油、气浮、过滤	一般排放口
	不外排			—
其他废水④（根据实际情况填写）	直接排放	其他（根据实际情况填写）	其他（根据实际情况填写）	一般排放口
	间接排放			一般排放口
	不外排			—

① 直接排放指直接进入江河、湖、库等水环境，直接进入海域，直接进入城市下水道（再入沿海海域、江河、湖、库），以及其他直接进入环境水体的排放方式。

② 间接排放指进入城镇污水集中处理设施、进入其他单位废水处理设施、进入工业废水集中处理设施，以及其他间接进入环境水体的排放方式。

③ 不外排指废水经处理后回用，以及其他不向外环境排放的方式。

④ 码头排污单位有接收、处理船舶生活污水、含油污水等情形时填写。

是否为可行技术：各生产单元采取的污染防治措施满足污染防治工艺的任一项就填写"是"，否则写"否"，并填写提供的相关证明材料。

排放去向：码头废水排放去向包括不外排，排至厂内综合污水处理站（工业废水集中处理设施），直接进入江、湖、库等水环境，直接进入海域，进入城市下水道（再入江河、湖、库），进入城市下水道（再入沿海海域），进入城镇污水集中处理设施，进入其他单位废水处理设施，其他（回用）等。同一支废水，同时设置“设施或车间排放口”和“外排口”等多个排放口的，分别填报排放去向，其余情况应填报废水最终去向。

排放规律：码头废水基本都是间断排放，排放期间流量不稳定且无规律，但不属于冲击型排放。

排放口编号：应填报生态环境主管部门现有编号，或者由码头排污单位根据《排污单位编码规则》（HJ 608—2017）进行编号填报。若废水“不外排”的，无须编号。

排放口名称：若码头废水“不外排”的，无排放口名称。

排放口设置是否符合要求：若码头废水“不外排”的，无须填报。

排放口类型：码头排污单位废水排放口均为“一般排放口”。

2.4.2.6 大气污染物排放口

1. 大气排放口基本情况表

排放单位基本情况填报完成后，部分表格自动生成，点击图 2-138 的“编辑”按钮进入如图 2-139 所示的子页面，补充排放口信息，其中排放口地理坐标，可以自动拾取。

1、排放口

(1) 大气排放口基本情况表

说明：

(1) 排放口地理坐标：指排气筒所在地经纬度坐标，可通过点击“选择”按钮在GIS地图中点选后自动生成。

(2) 排气筒出口内径：对于不规则形状排气筒，填写等效内径。

(3) 若有本表格无法囊括的信息，可根据实际情况填写在“其他信息”列中。

(4) 锅炉排污单位请点击显示为蓝色的排放口编号按钮完成基准烟气量的计算。

排放口编号	排放口名称	污染物种类	排放口地理坐标		排气筒高度（m）	排气筒出口内径（m）	排气温度	其他信息	操作
			经度	纬度					
DA001									编辑
DA002									编辑
DA005									编辑

图 2-138　大气排放口基本情况表

编辑

排放口编号		
排放口名称		
污染物种类		
排放口地理坐标	经度	度　分　秒 *
	纬度	度　分　秒　选择 *
		说明：请点击"选择"按钮，在地图中拾取经纬度坐标。
排气筒高度（m）		*
排气筒出口内径（m）		*
排气温度		○常温　◉ 48 °C *
其他信息		

保存　关闭

图 2-139　大气排放口信息表

码头有组织废气排放口为大气一般排放口，地方排污许可规范性文件有具体规定或其他要求的，从其规定。

2. 废气污染物排放执行标准信息表

排放单位基本情况填报完成后，部分表格自动生成，点击“编辑”按钮进入子页面，补充相关信息。

国家或地方污染物排放标准：只能填国家标准（GB）、行业标准（HJ）和省级地方标准（DB），其他地区标准不适用。适用标准优先级：①地方标准优先于国家标准（特殊情况：地方标准制定后长期没更新，而国家标准更新后对应污染因子严于地方标准，从严）；②同属国家标准的，行业标准优先于通用标准；同属地方标准的，流域（海域、区域）型标准优先于行业标准优先于综合型和通用型标准。

环境影响评价批复要求：新增污染源（必填），指最近一次环境影响评价批复中规定的污染物排放浓度限值。

承诺更加严格排放限值：此项不填。

浓度限值：默认单位为 mg/Nm^3。

注意：污染物排放执行标准信息表中所有污染物根据《大气污染物综合排放标准》（GB 16297—1996）填报。地方有更严格的排放标准要求的，按照地方排放标准确定。

2.4.2.7　大气污染物有组织排放信息

1. 主要排放口

此项不填。

2. 一般排放口

排放单位基本情况填报完成后，部分表格自动生成，点击“编辑”按钮进入子页面，如图 2–140 所示，补充相关信息。大气一般排放口只申请许可排放浓度限值，不许可排放量，地方有特殊要求的，从其规定。

(2) 一般排放口

说明：浓度限值未显示单位的，默认单位为“mg/Nm³”。

排放口编号	排放口名称	污染物种类	申请许可排放浓度限值	申请许可排放速率限值(kg/h)	申请年许可排放量限值（t/a）					申请特殊排放浓度限值	申请特殊时段许可排放量限值
					第一年	第二年	第三年	第四年	第五年		
DA001	翻车机卸煤废气处理设施出口1	颗粒物	10mg/Nm^3	/	/	/	/	/	/	/mg/Nm^3	/
DA002	翻车机卸煤废气处理设施出口2	颗粒物	10mg/Nm^3	/	/	/	/	/	/	/mg/Nm^3	/
一般排放口合计				颗粒物	/	/	/	/	/	/	/
				SO_2	/	/	/	/	/	/	/
				NO_x	/	/	/	/	/	/	/
				VOCs	/	/	/	/	/	/	/
备注信息（说明：若有表格中无法囊括的信息或其他需要备注的信息，可根据实际情况填写在以下文本框中。）											
/											

图 2–140　一般排放口信息表

3. 全厂有组织排放总计

全厂有组织排放总计即为全厂主要排放口与一般排放口总量之和，点击“计算”按钮可以自动计算加和，如图 2–141 所示。

（3）全厂有组织排放总计

说明：“全厂有组织排放总计”指的是，主要排放口与一般排放口之和数据。

请点击计算按钮，完成加和计算　计算

	污染物种类	申请年许可排放量限值（t/a）					申请特殊时段许可排放量限值
		第一年	第二年	第三年	第四年	第五年	

图 2–141　排放量计算

2.4.2.8　大气污染物无组织排放信息

1. 本单元填报说明

（1）所有无组织点位均需填写，并补充污染防治措施。

（2）厂界无组织需要填报排放标准和浓度限值。

（3）无组织排放暂不许可排放总量。

2. 大气污染物无组织排放信息表

排放单位基本情况填报完成后，部分表格自动生成，点击图 2–142 的“添加”按钮

进入图 2-143 所示的子页面，补充相关信息。

添加

行业	生产设施编号/无组织排放编号	产污环节	污染物种类	主要污染防治措施	国家或地方污染物排放标准		年许可排放量限值（t/a）					申请特殊时段许可排放量限值	其他信息	操作
					名称	浓度限值	第一年	第二年	第三年	第四年	第五年			
货运港口	厂界		颗粒物	湿式除尘/抑尘,防风抑尘,干式除尘	大气污染物综合排放标准GB16297-1996	1.0mg/Nm^3	/	/	/	/	/	/		编辑 删除
货运港口	MF0005	堆存作业	颗粒物	挡风抑尘墙	/	/mg/Nm^3	/	/	/	/	/	/	高14米，总长1025.4米	编辑
货运港口	MF0005	堆存作业	颗粒物	喷枪洒水	/	/mg/Nm^3	/	/	/	/	/	/		编辑
货运港口	MF0006	堆存作业	颗粒物	挡风抑尘墙	/	/mg/Nm^3	/	/	/	/	/	/	高14米，总长1025.4米	编辑
货运港口	MF0006	堆存作业	颗粒物	喷枪洒水	/	/mg/Nm^3	/	/	/	/	/	/		编辑
货运港口	MF0007	堆存作业	颗粒物	挡风抑尘墙	/	/mg/Nm^3	/	/	/	/	/	/	高14米，总长1025.4米	编辑
货运港口	MF0007	堆存作业	颗粒物	喷枪洒水	/	/mg/Nm^3	/	/	/	/	/	/		编辑
货运港口	MF0008	堆存作业	颗粒物	喷枪洒水	/	/mg/Nm^3	/	/	/	/	/	/		编辑

图 2-142 无组织排放信息表

添加表

行业		货运港口 选择 *
生产设施编号/无组织排放编号		选择 *
产污环节		--请选择-- *
污染物种类		选择 *
主要污染防治措施		选择 *
国家或地方污染物排放标准	名称	选择 *
	浓度限值	*
	浓度限值单位	mg/Nm^3 *
年许可排放量限值（t/a）	第一年	*
	第二年	*
	第三年	*
	第四年	/ *
	第五年	/ *
申请特殊时段许可排放量限值		*
其他信息		

图 2-143 填报子页面

生产设施编号 / 无组织排放编号：填写地方生态环境主管部门现有编号或由企业根据《排污单位编码规则》（HJ 608—2017）进行编号并填写。

产污环节：从“装船作业、卸船作业、堆存作业、堆取作业、卸车作业、装车作业、转运作业、其他”中选择作业项目，如图 2-144 所示。

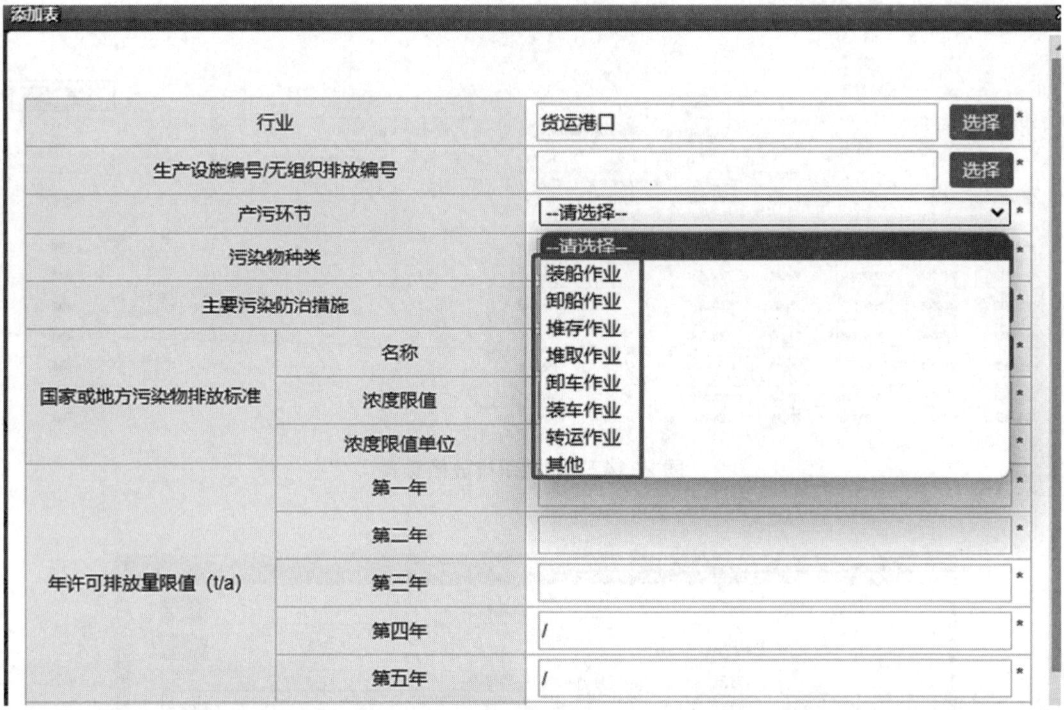

添加表

行业		货运港口 [选择] *
生产设施编号/无组织排放编号		[选择] *
产污环节		--请选择-- *
污染物种类		--请选择-- 装船作业 卸船作业 堆存作业 堆取作业 卸车作业 装车作业 转运作业 其他
主要污染防治措施		
国家或地方污染物排放标准	名称	
	浓度限值	
	浓度限值单位	
年许可排放量限值（t/a）	第一年	*
	第二年	*
	第三年	*
	第四年	/ *
	第五年	/ *

图 2-144　产污环节

污染物种类：选择“颗粒物”，如图 2-145 所示。

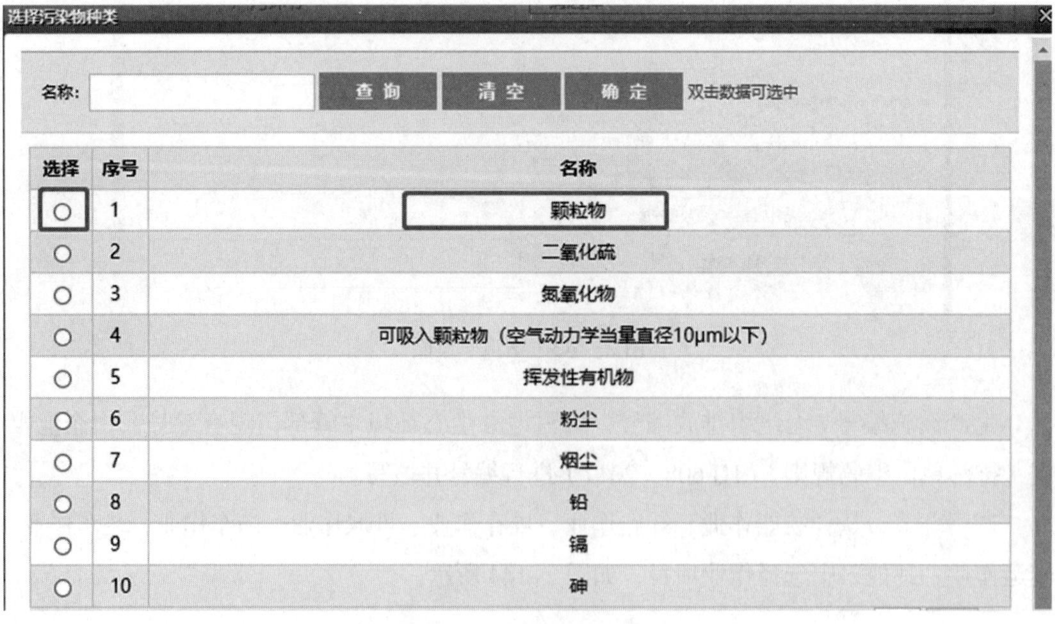

选择污染物种类

名称：[　　] 查 询　清 空　确 定　双击数据可选中

选择	序号	名称
○	1	颗粒物
○	2	二氧化硫
○	3	氮氧化物
○	4	可吸入颗粒物（空气动力学当量直径10μm以下）
○	5	挥发性有机物
○	6	粉尘
○	7	烟尘
○	8	铅
○	9	镉
○	10	砷

图 2-145　污染物种类

主要污染物防治措施：根据本企业情况选择（包括封闭、湿式除尘 / 抑尘、防风抑

尘、覆盖、干式除尘、其他等），如图 2–146 所示。

名称：[　　] 查询 清空 确定

选择	序号	名称
□	1	封闭
□	2	湿式除尘/抑尘
□	3	防风抑尘
□	4	覆盖
□	5	干式除尘
□	6	其他

总记录数：6 条　当前页：1　总页数：1　首页　上一页　1　下一页　末页　1　跳转

图 2–146　主要污染物防治措施

国家或地方污染物排放标准：选择《大气污染物综合排放标准》（GB 16297—1996）。

浓度限值：无组织排放浓度限值为 1.0mg/Nm^3，地方有更严格排放标准要求的，从其规定。

年许可排放量限值：暂不填写。

申请特殊时段许可排放量限值：暂不填写。

3. 全厂无组织排放总计

全厂无组织排放总计为系统根据产污环节填写内容加和计算，点击“计算”按钮可以自动计算加和，如图 2–147 所示。

请点击计算按钮，完成加和计算　计算

	污染物种类	年许可排放量限值（t/a）					申请特殊时段许可排放量限值
		第一年	第二年	第三年	第四年	第五年	
全厂无组织排放总计	颗粒物	/	/	/	/	/	/
	SO_2	/	/	/	/	/	/
	NO_x	/	/	/	/	/	/
	VOCs	/	/	/	/	/	/

图 2–147　无组织排放统计

2.4.2.9　企业大气排放总许可量

“全厂合计”指的是，“全厂有组织排放总计”与“全厂无组织排放总计”之和数据、全厂总量控制指标数据两者取严。

系统自动计算“全厂有组织排放总计”与“全厂无组织排放总计”之和，请根据单位全厂总量控制指标数据对“全厂合计”值进行核对与修改。

2.4.2.10　水污染物排放口

码头纳入排污许可管理的废水类别包括生产废水、生活污水和含油污水等。其他企业可对照表 2-44 的内容确定排放口排放方式并填报相关信息。

2.4.2.11　水污染物申请排放信息

码头废水排放口均为一般排放口，申请排放浓度默认为“化学需氧量（COD_{Cr}）”和“氨氮”，各企业根据环评报告申请“COD_{Cr}”和“氨氮”年排放量限值。

2.4.2.12　固体废物管理信息

1. 固体废物基础信息表

根据《排污许可证申请与核发技术规范　工业固体废物（试行）》（HJ 1200—2021）填报。码头的固体废物可分为一般工业固体废物（如生活垃圾、生活污水处理系统污泥、生产污水处理站污泥等）和危险废物。两类固体废物信息均在此页面汇总。

基础信息包括固体废物的名称、代码、类别、物理性状、产生环节、去向等信息。如图 2-148 所示，点击“添加”按钮，进入下级页面填写一般工业固体废物的基本信息。

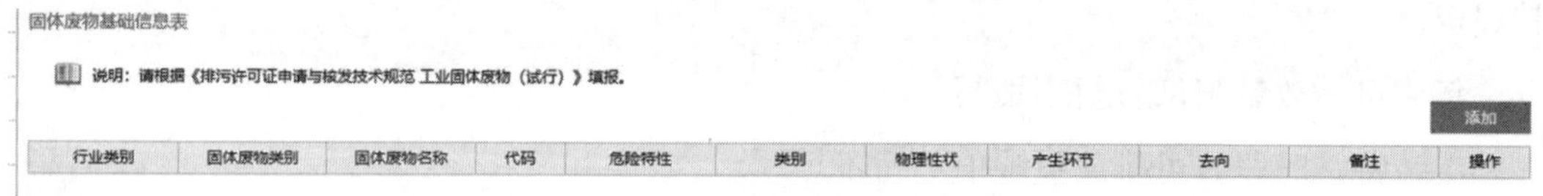

图 2-148　固体废物基本信息表

2. 一般工业固体废物基础信息填报

一般工业固体废物按照生态环境部制定的《排污许可证申请与核发技术规范　工业固体废物（试行）》（HJ 1200—2021）填报名称、代码等信息。港口企业典型一般工业固体废物包括撒漏路面物料、污泥（各类污水处理产生后的固体沉淀物）、废钢材等。

固体废物类别。在下拉菜单中选择“一般工业固体废物”和“危险废物”。

固体废物名称。点击图 2-149 右侧“放大镜”选择固体废物名称，自动填入废物名称和代码。废物名称和代码如图 2-150 所示。

工业固体废物类别。选择第Ⅰ类工业固体废物或第Ⅱ类工业固体废物。第Ⅰ类工业固体废物为按照《固体废物　浸出毒性浸出方法　水平振荡法》（HJ 557—2010）规定方法获得的浸出液中任何一种特征污染物浓度均未超过《污水综合排放标准》（GB 8978—1996）最高允许浓度（第Ⅱ类污染物最高允许排放浓度按照一级标准执行），且 pH 值在 6 ～ 9 范围之内的一般工业固体废物；第Ⅱ类一般工业固体废物为按照《固体废物　浸出毒性浸出方法　水平振荡法》（HJ 557—2010）规定方法获得的浸出液中有一种或一种以上的特征污

染物浓度超过《污水综合排放标准》（GB 8978—1996）最高允许浓度（第Ⅱ类污染物最高允许排放浓度按照一级标准执行），或 pH 值在 6 ～ 9 范围之外的一般工业固体废物。

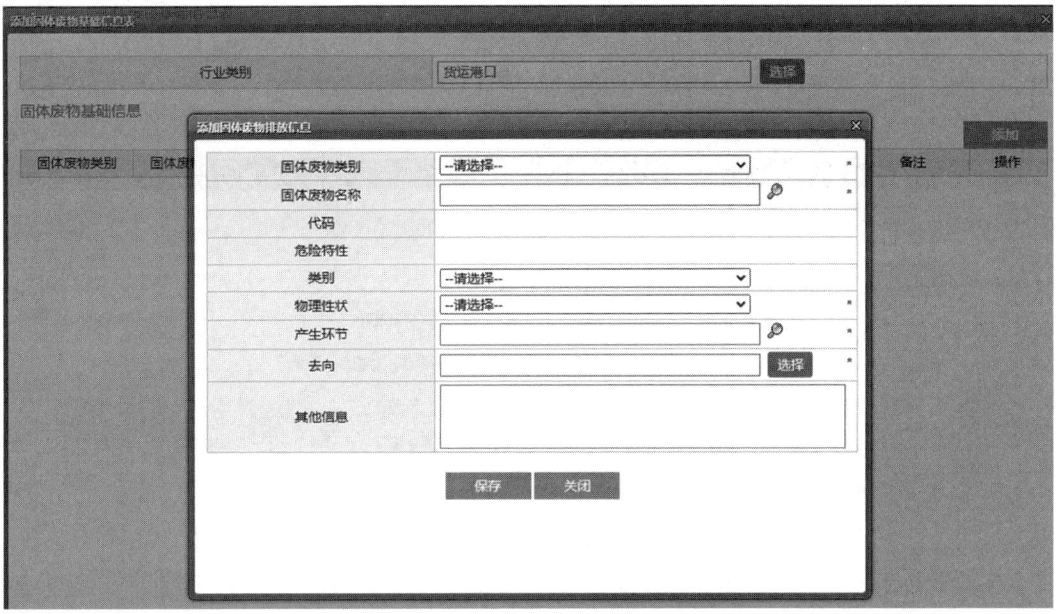

添加固体废物基础信息表

行业类别	货运港口

固体废物基础信息

添加固体废物排放信息

固体废物类别	--请选择--
固体废物名称	
代码	
危险特性	
类别	--请选择--
物理性状	--请选择--
产生环节	
去向	选择
其他信息	

保存　关闭

图 2-149　一般工业固体废物基本信息表

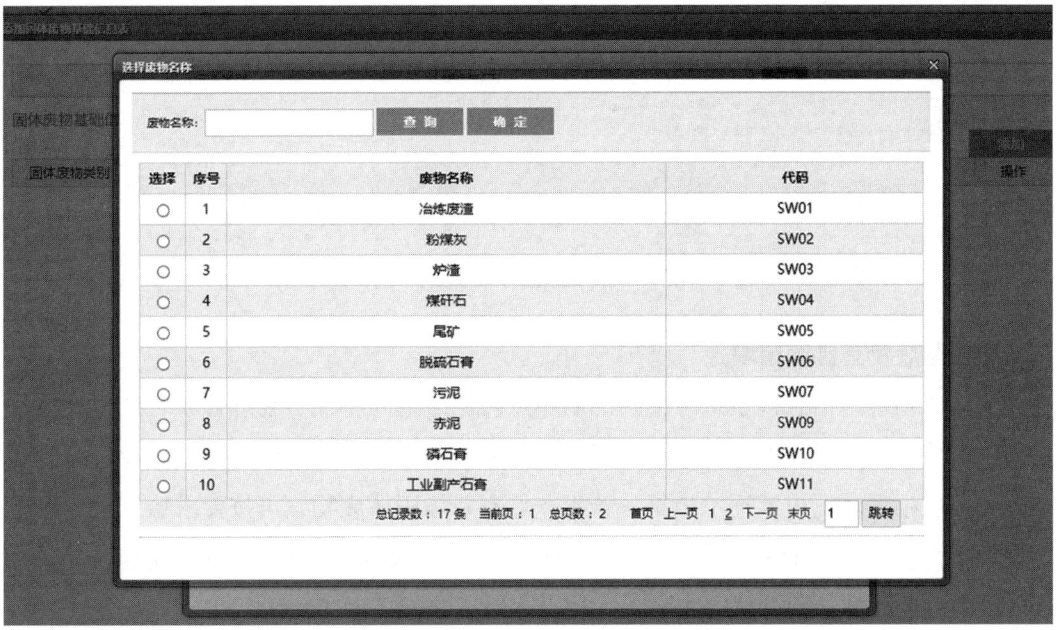

选择废物名称

废物名称：　查 询　确 定

选择	序号	废物名称	代码
○	1	冶炼废渣	SW01
○	2	粉煤灰	SW02
○	3	炉渣	SW03
○	4	煤矸石	SW04
○	5	尾矿	SW05
○	6	脱硫石膏	SW06
○	7	污泥	SW07
○	8	赤泥	SW09
○	9	磷石膏	SW10
○	10	工业副产石膏	SW11

总记录数：17 条　当前页：1　总页数：2　首页　上一页　1　2　下一页　末页　1　跳转

图 2-150　废物名称和代码

物理性状：为一般工业固体废物在常温、常压下的物理状态，包括固态（固态废物，

S）、半固态（泥态废物，SS）、液态（高浓度液态废物，L）、气态（置于容器中的气态废物，G）等。

产生环节：指产生该种一般工业固体废物的设施、工序、工段或车间名称等，可点击右侧“放大镜”选择。若有排污单位接收外单位一般工业固体废物的，填报“外来”，如图 2-151 所示。

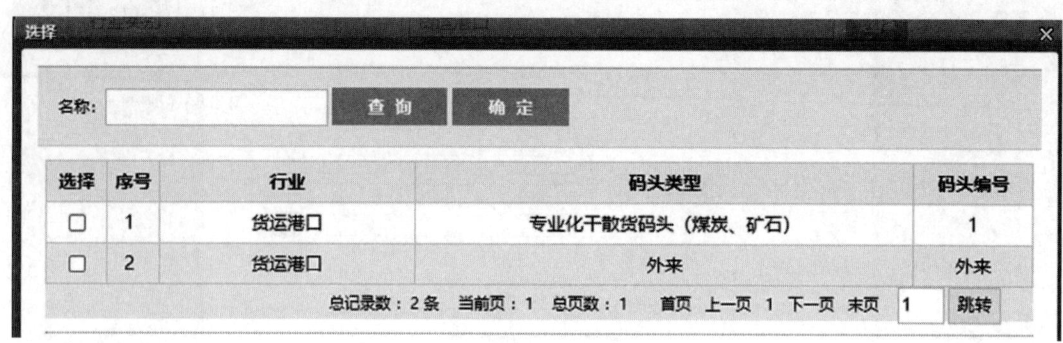
选择

名称：［查 询］［确 定］

选择	序号	行业	码头类型	码头编号
☐	1	货运港口	专业化干散货码头（煤炭、矿石）	1
☐	2	货运港口	外来	外来

总记录数：2 条 当前页：1 总页数：1 首页 上一页 1 下一页 末页 1 跳转

图 2-151 产生环节

去向：如图 2-152 所示，可以进行多项选择，包括自行贮存 / 利用 / 处置、委托贮存 / 利用 / 处置等。此项填报时应选择该类工业固体废物在排污单位内部涉及的全过程去向，企业工业固体废物在厂区内贮存后委外处置的，工业固体废物“去向”同时选择“自行贮存”和“委托处置”。

固体废物基础信息表

说明：请根据《排污许可证申请与核发技术规范 工业固体废物（试行）》填报。

添加

行业类别	固体废物类别	固体废物名称	代码	危险特性	类别	物理性状	产生环节	去向	备注	操作
货运港口	一般工业固体废物	污泥	SW07	/	第Ⅰ类工业固体废物	半固态（泥态废物，SS）	专业化干散货码头（煤炭、矿石）1	委托处置		编辑 删除

图 2-152 一般工业固体废物去向填报示例

3. 危险废物基础信息填报

危险废物基础信息包括危险废物的名称、代码、危险特性、物理性状、产生环节及去向等信息，填报操作参考一般工业固体废物基础信息，不再详细介绍。企业危险废物产生种类应根据环评内容逐一填报，若投产后有新增固体废物，可按要求鉴别后，根据鉴别结果变更填报工业固体废物内容。港口典型危险废物包括废矿物油、废矿物油桶、废油漆、废油漆桶、废铅蓄电池等。

危险废物依据《国家危险废物名录（2021 年版）》（生态环境部、国家发展和改革委员会、公安部、交通运输部、国家卫生健康委员会令第 15 号）、《危险废物鉴别标准》系

列标准（GB 5085）和《危险废物鉴别技术规范》（HJ 298—2019）判定，填报危险废物名称、代码、危险特性等信息。

物理性状：为危险废物在常温、常压下的物理状态，包括固态（固态废物，S）、半固态（泥态废物，SS）、液态（高浓度液态废物，L）、气态（置于容器中的气态废物，G）等。

产生环节：指产生该种危险废物的设施、工序、工段或车间名称等。工业固体废物治理排污单位接收外单位危险废物的，填报“外来”。

去向：包括自行贮存 / 利用 / 处置、委托贮存 / 利用 / 处置等。

4. 委托贮存 / 利用 / 处置环节污染防控技术要求

请根据《排污许可证申请与核发技术规范　工业固体废物（试行）》（HJ 1200—2021）填报。

排污单位应按照《中华人民共和国固体废物污染环境防治法》（中华人民共和国主席令第三十一号）等相关法律法规要求，对工业固体废物采用防扬散、防流失、防渗漏或者其他防止污染环境的措施，不得擅自倾倒、堆放、丢弃、遗撒工业固体废物。

污染防控技术应符合排污单位适用的污染物排放标准、污染控制标准、污染防治可行技术等相关标准和管理文件要求，鼓励采取先进工艺对工业固体废物进行综合利用。

有审批权的地方生态环境主管部门可根据管理需求，依法依规增加工业固体废物相关污染防控技术要求。

排污单位委托他人运输、利用、处置危险废物的，应落实《中华人民共和国固体废物污染环境防治法》（中华人民共和国主席令第三十一号）等法律法规要求，对受托方的主体资格和技术能力进行核实，依法签订书面合同，在合同中约定污染防治要求；转移危险废物的，应当按照国家有关规定填写、运行危险废物转移联单等，如图 2-153 所示。

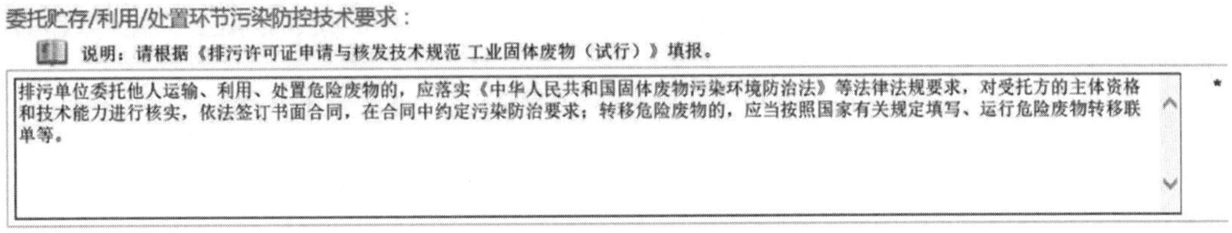

委托贮存/利用/处置环节污染防控技术要求：

说明：请根据《排污许可证申请与核发技术规范 工业固体废物（试行）》填报。

排污单位委托他人运输、利用、处置危险废物的，应落实《中华人民共和国固体废物污染环境防治法》等法律法规要求，对受托方的主体资格和技术能力进行核实，依法签订书面合同，在合同中约定污染防治要求；转移危险废物的，应当按照国家有关规定填写、运行危险废物转移联单等。 *

图 2-153　委托处置

5. 自行贮存和自行利用 / 处置设施信息表

点击页面表格右侧“添加”按钮，进入下一级页面。填报此页面前，确认在“主要产品及产能”部分已经填报了固体废物贮存设施。完成填报后，所有一般工业固体废物和危险废物贮存及利用 / 处置设施信息，均以表格形式显示在此级页面。

6. 一般工业固体废物填报

码头一般工业固体废物为撒漏路面物料、生活污水处理系统污泥、生产污水处理站污泥，其中生活垃圾、生活污水处理系统污泥一般为环卫部门收集处置，撒漏路面物料、生产污水处理站污泥为自行利用，若地方生态环境主管部门有要求的，从其规定。

7. 危险废物填报

危险废物自行贮存 / 利用 / 处置设施信息包括设施名称、编号、类型、位置、自行贮存 / 利用 / 处置能力、自行贮存 / 利用 / 处置能力 – 单位、贮存设施面积等信息，如图 2–154 所示。

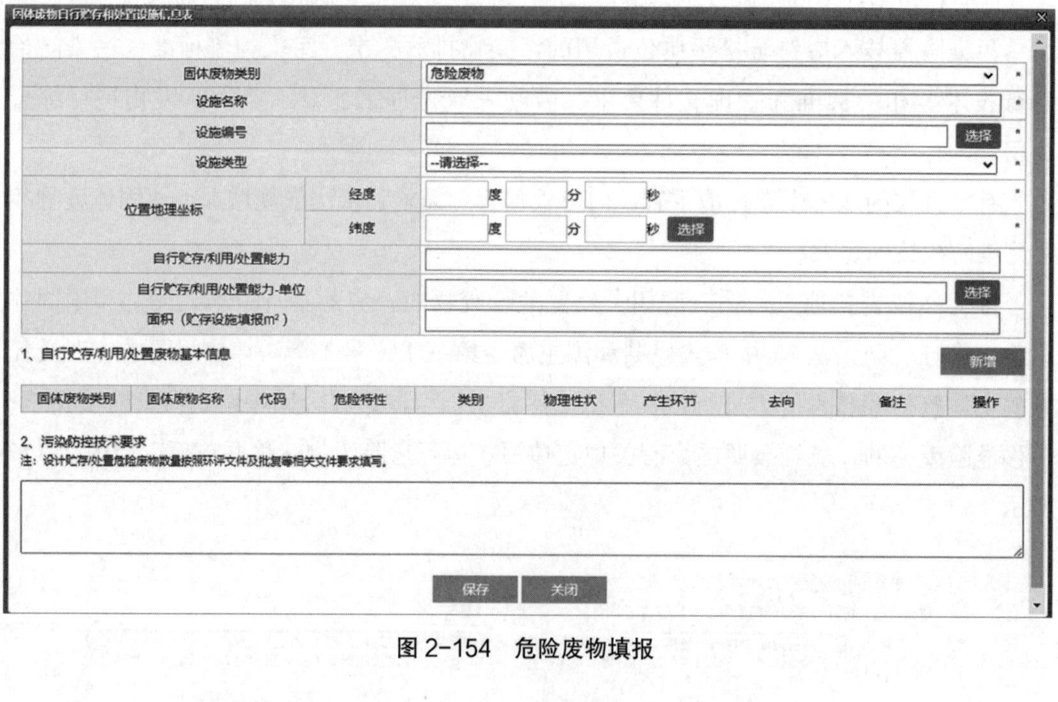

固体废物自行贮存和处置设施信息表

固体废物类别		危险废物
设施名称		
设施编号		选择
设施类型		--请选择--
位置地理坐标	经度	度 分 秒
	纬度	度 分 秒 选择
自行贮存/利用/处置能力		
自行贮存/利用/处置能力-单位		选择
面积（贮存设施填报m²）		

1、自行贮存/利用/处置废物基本信息 新增

固体废物类别	固体废物名称	代码	危险特性	类别	物理性状	产生环节	去向	备注	操作

2、污染防控技术要求

注：设计贮存/处置危险废物数量按照环评文件及批复等相关文件要求填写。

保存 关闭

图 2–154 危险废物填报

设施名称：按排污单位对该设施的内部管理名称填写。

设施编号：应填报危险废物自行利用 / 处置设施的内部编号。若无内部设施编号，应按照《排污单位编码规则》（HJ 608—2017）规定的污染防治设施编号规则进行编号并填报。

设施类型：填报自行贮存 / 利用 / 处置设施。

位置地理坐标：应填报危险废物自行利用 / 处置设施的地理坐标，可点击“选择”按钮进行位置定位拾取。

自行贮存 / 利用 / 处置能力：根据设施实际情况填报。

自行贮存 / 利用 / 处置能力 – 单位：t/a、m^3/a 等。

贮存设施面积：根据设施实际情况填报，单位为 m^2。

自行贮存 / 利用 / 处置危险废物的名称、代码、危险特性、物理性状、产生环节：按照一般工业固体废物基础信息填报来填报。

污染防控技术要求：企业采用的危险废物全过程管理期间的措施。示例：包装容器应达到相应的强度要求并完好无损，禁止混合贮存性质不相容且未经安全性处置的危险废物；危险废物容器和包装物，以及危险废物贮存设施、场所应按规定设置危险废物识别标志；仓库式贮存设施应分开存放不相容危险废物，按危险废物的种类和特性进行分区贮存，采用防腐、防渗地面和裙脚，设置防止泄漏物质扩散至外环境的拦截、导流、收集设施；贮存堆场要防风、防雨、防晒。排污单位生产运营期间贮存危险废物不得超过一年，危险废物自行贮存设施的环境管理和相关设施运行维护还应符合《环境保护图形标志　固体废物贮存（处置）场》（GB 15562.2—1995）修改单、《危险废物识别标志设置技术规范》（HJ 1276—2022）和《危险废物贮存污染控制标准》（GB 18597—2023）等相关标准规范要求。

2.4.2.13　自行监测要求

1. 本单元填报说明

填报依据：《排污单位自行监测技术指南　总则》（HJ 819—2017），码头排污单位自行监测技术指南发布后，从其规定。参照企业环评、验收文件要求，取严执行。

2. 自行监测要求填报页面

如图 2–155 所示页面中，企业需填写企业所有排放口的自行监测情况，包括废气有组织 / 无组织排放口、废水排放口，所有信息填报完成后自动汇总展示，如图 2–156 所示。企业需根据排污许可自行监测相关标准要求，确定每个排放口的监测项目、监测点位、监测指标、监测频次、监测方法和仪器、采样方法、监测质量控制，并建立台账记录报告。

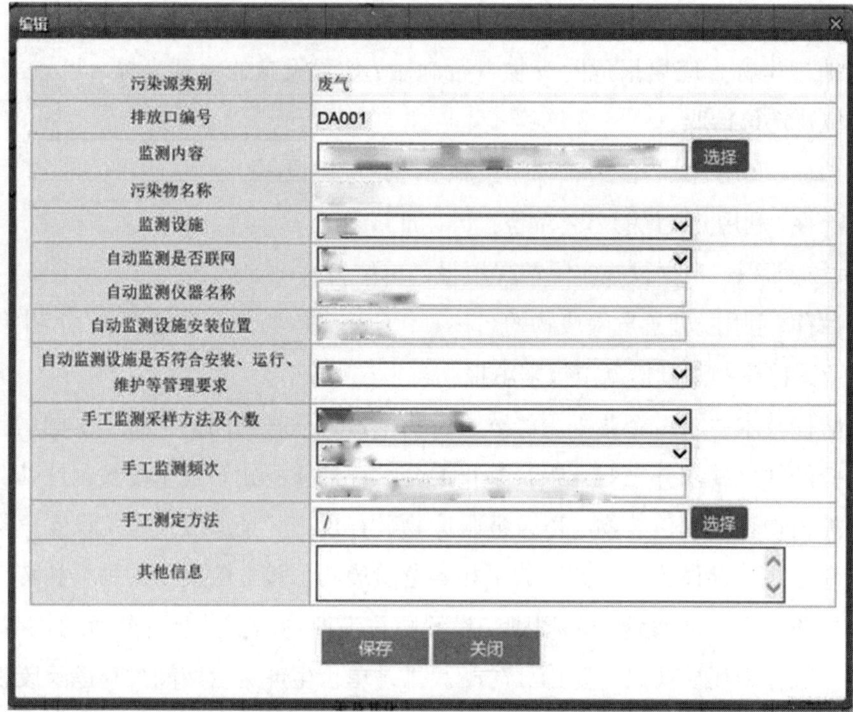

图 2-155　自行监测要求填报页面

可点击"添加"按钮填写无组织及其他情况排放监测信息。 添加

污染源类别/监测类别	编号/监测点位	名称	监测内容	污染物名称	监测设施	自动监测是否联网	自动监测仪器名称	自动监测设施安装位置	自动监测设施是否符合安装、运行、维护等管理要求	手工监测采样方法及个数	手工监测频次	手工测试方法	其他信息	操作
废气	厂界		温度,气压,风速,风向	颗粒物	手工					非连续采样至少4个	1次/半年	环境空气 总悬浮颗粒……		编辑 删除

图 2-156　自行监测填报示例

地方生态环境主管部门有更严格的监测要求的，从其规定。

监测数据记录、整理、存档要求：监测期间手工监测记录按照《排污单位自行监测技术指南　总则》（HJ 819—2017）执行，同步记录监测期间的生产工况与气象条件。检测报告及检测记录按照电子化储存和纸质化储存两种形式同步管理，保存期不少于 5 年。

监测点位示意图：可上传文件格式应为图片格式，包括 jpg、jpeg、gif、bmp、png，附件大小不能超过 5MB，图片分辨率不能低于 72dpi，可上传多张图片。

自行监测填报要求如表 2-42 所示。

表 2-42　　自行监测及记录表

序号	污染源类别 / 监测类别	排放口编号 / 监测点位	排放口名称 / 监测点位名称	监测内容	污染物名称	监测设施	自动监测是否联网
1	废气	厂界		温度、气压、风速、风向	颗粒物	手工	

序号	自动监测仪器名称	自动监测设施安装位置	自动监测设施是否符合安装、运行、维护等管理要求	手工监测采样方法及个数	手工监测频次	手工测定方法	其他信息
1				非连续采样至少4个	1 次 / 半年	《环境空气　总悬浮颗粒物的测定　重量法》（GB/T 15432—1995），《固定污染源排气中颗粒物测定与气态污染物采样方法》（GB/T 16157—1996）	

自行监测管理要求：

（1）监测内容。自行监测的污染源包括产生有组织废气、无组织废气、含尘污水、生活污水等的污染源。

（2）监测点位。

1）废气排放口：通过干式除尘器排气筒排放至外环境的废气，应在排气筒上设置废气外排口监测点位。点位设置应满足《固定污染源排气中颗粒物测定与气态污染物采样方法》（GB/T 16157—1996）技术规范的要求。

2）无组织排放：码头排污单位应设置废气无组织排放监测点位，无组织排放监控位置为厂界（码头排污单位法定边界）。

3）废水排放口：按照排放标准规定的监控位置设置废水排放口监测点位，废水排放口应符合《排污口规范化整治技术要求（试行）》（环监〔1996〕470 号）、《污水监测技术规范》(HJ 91.1—2019)和地方相关标准等的要求，单独排向公共污水处理系统的生活污水不要求开展自行监测。

4)周边环境影响监测点：对于2015年1月1日(含)后取得环境影响评价审批意见的码头排污单位，周边环境质量监测点位按照环境影响评价文件的要求设置。

(3)监测技术手段。自行监测的技术手段包括手工监测和自动监测。港口企业可采用自动监测设备监测厂界颗粒物浓度。地方生态环境主管部门对自动监测有明确要求的，从其规定。

(4)监测频次。监测频次指一段时期内的监测次数要求，如1次/周、1次/月等，对于规范要求填报自动监测设施的，在手工监测内容中填报自动在线监测出现故障时的手工频次。港口企业按照表2-43～表2-45确定自行监测频次，地方根据规定可相应增加监测频次。

表2-43 有组织废气污染物最低监测频次

监测点位	监测指标	最低监测频次
干式除尘设施排气筒	颗粒物	年

表2-44 无组织废气污染物最低监测频次

监测点位	监测指标①	最低监测频次②
厂界	颗粒物	半年

① 无组织废气监测应同步记录生产工况与气象条件。

② 若周边有环境敏感点或监测结果超标，应适当增加监测频次。

表2-45 废水污染物最低监测频次

监测点位	主要监测指标	最低监测频次
生活污水排放口	pH值、化学需氧量(COD_{Cr})、悬浮物、氨氮、磷酸盐(总磷)	年
含尘污水排放口	悬浮物	半年①

① 排放口有流动水排放时开展监测。

(5)采样和测定方法。

采样方法：如对于废水污染物，“混合采样(3个、4个或5个混合)”“瞬时采

样（3 个、4 个或 5 个瞬时样）"；对于废气污染物，"连续采样""非连续采样（3 个或多个）"。

废气有组织排放采样方法参照《固定污染源排气中颗粒物测定与气态污染物采样方法》（GB/T 16157—1996）、《固定源废气监测技术规范》（HJ/T 397—2007）执行。废气无组织排放采样方法参照《大气污染物综合排放标准》（GB 16297—1996）、《大气污染物无组织排放监测技术导则》（HJ/T 55—2000）执行。废水手工采样方法参照《水质　采样技术指导》（HJ 494—2009）、《水质　采样方案设计技术规定》（HJ 495—2009）和《污水监测技术规范》（HJ 91.1—2019）执行。

测定方法：指污染物浓度测定方法，如"测定化学需氧量的重铬酸钾法""测定氨氮的水杨酸分光光度法"等。

废气、废水污染物的测定按照相应排放标准中规定的污染物浓度测定方法标准执行，国家或地方法律法规等另有规定的，从其规定。

（6）监测质量保证与质量控制要求。按照《排污单位自行监测技术指南　总则》（HJ 819—2017）、《固定污染源监测质量保证与质量控制技术规范（试行）》（HJ/T 373—2007）要求，港口企业按照最新的监测方案开展监测活动，可根据自身条件和能力，利用自有人员、场所和设备自行监测；也可委托其他有资质的检测机构代其开展自行监测。同时梳理全过程监测质控要求，建立监测质量保证与质量控制体系。港口企业监测项目中有组织废气、无组织废气、含尘污水、生活污水等指标均为手工监测，企业委托具备有资质的检测机构代为开展，所委托的第三方检测单位需出具其 CMA 检测资质证书。

1）建立质量体系。排污单位应根据本单位自行监测的工作需求，设置监测机构，梳理监测方案制定、样品采集、样品分析、监测结果报出、样品留存、相关记录的保存等监测的各个环节中，为保证监测工作质量制定的工作流程、管理措施与监督措施，建立自行监测质量体系。质量体系应包括对以下内容的具体描述：监测机构、人员、出具监测数据所需仪器设备、监测辅助设施和实验室环境、监测方法技术能力验证、监测活动质量控制与质量保证等。委托其他有资质的检测机构代其开展自行监测的，排污单位不用建立监测质量体系，但应对检测机构的资质进行确认。

2）监测机构。监测机构应具有与监测任务相适应的技术人员、仪器设备和实验室环境，明确监测人员和管理人员的职责、权限和相互关系，有适当的措施和程序保证监测结果准确可靠。

3）监测人员。应配备数量充足、技术水平满足工作要求的技术人员，规范监测人员录用、培训教育和能力确认 / 考核等活动，建立人员档案，并对监测人员实施监督和管理，规避人员因素对监测数据正确性和可靠性的影响。

4）监测设施和环境。根据仪器使用说明书、监测方法和规范等的要求，配备必要的如除湿机、空调、干湿度温度计等辅助设施，以使监测工作场所条件得到有效控制。

5）监测仪器设备和实验试剂。应配备数量充足、技术指标符合相关监测方法要求的各类监测仪器设备、标准物质和实验试剂。监测仪器性能应符合相应方法标准或技术规范要求，根据仪器性能实施自校准或者检定 / 校准、运行和维护、定期检查。标准物质、试剂、耗材的购买和使用情况应建立台账予以记录。

6）监测方法技术能力验证。应组织监测人员按照其所承担监测指标的方法步骤开展实验活动，测试方法的检出浓度、校准（工作）曲线的相关性、精密度和准确度等指标，实验结果满足方法相应的规定以后，方可确认该人员实际操作技能满足工作需求，能够承担测试工作。

7）监测质量控制。编制监测工作质量控制计划，选择与监测活动类型和工作量相适应的质控方法，包括使用标准物质、采用空白试验、平行样测定、加标回收率测定等，定期进行质控数据分析。

8）监测质量保证。按照监测方法和技术规范的要求开展监测活动，若存在相关标准规定不明确但又影响监测数据质量的活动，可编写作业指导书予以明确。编制工作流程等相关技术规定，规定任务下达和实施，分析用仪器设备购买、验收、维护和维修，监测结果的审核签发、监测结果录入发布等工作的责任人和完成时限，确保监测各环节无缝衔接。

9）监测数据记录、整理、存档要求。填报示例：监测数据记录、整理、存档按照《排污单位自行监测技术指南　总则》（HJ 819—2017）中相关规定执行。

采样记录：采样日期、采样时间、采样点位、混合取样的样品数量、采样器名称、采样人姓名等。

样品保存和交接：样品保存方式、样品传输交接记录。

样品分析记录：分析日期、样品处理方式、分析方法、质控措施、分析结果、分析人姓名等。

质控记录：质控结果报告单。

（7）信息报告。排污单位应编写自行监测年度报告，年度报告至少应包含以下内容：

1）监测方案的调整变化情况及变更原因。

2）企业及各主要生产设施（至少涵盖废气主要污染源相关生产设施）全年运行天数，各监测点、各监测指标全年监测次数、超标情况、浓度分布情况。

3）按要求开展的周边环境质量影响状况监测结果。

4）自行监测开展的其他情况说明。

5）排污单位实现达标排放所采取的主要措施。

2.4.2.14　环境管理台账记录要求

1. 填报页面

此页面可点击右侧的“填报模板下载”按钮，下载环境管理台账记录要求模板，并在此基础上补充相关行业排污许可证申请与核发技术规范规定的内容；也可以点击“添加默认数据”按钮，系统将自动代入台账记录要求信息，可在此基础上修改和编辑。

环境管理台账记录要求填报示例如图 2–157 所示。

序号	类别	记录内容	记录频次	记录形式
	基本信息	①基本信息主要包括企业名称、生产经营场所地址、行业类别、法定代表人、统一社会信用代码、产品名称、生产工艺、生产规模、环保 投资、排污权交易文件、环境影响评价审批意见及排污许可证编号等。	对未发生变化的基本信息，按年记录，1次/a；对于发生变化的基本信息，在发生变化时记录。	电子台账+纸质台账
	监测记录信息	手工监测的日期、时间、污染物排放口和监测点位、监测内容、监测方法、监测频次、手工监测仪器及型号、采样方法及个数、监测结果、是否超标等。	与监测频次同步记录	电子台账+纸质台账
	生产设施运行管理信息	生产工况信息按照泊位、堆场、输运系统等不同生产单元分别填写，包括装卸船、装卸车、堆存、堆料、取料、输运等的生产工艺作业信息，主要记录不同生产工艺转运（堆存）的货类名称及 转运（堆存）量等内容。	与生产班次同步记录，1次/班次。	电子台账+纸质台账
	污染防治设施运行管理信息	包括废气，废水污染治理设施的运行管理信息，至少记录以下内容：a）废气：包括各生产工艺的治理设施名称及编号、运行与维护情况及未能正常运行的原因等。b）废水：包括废水治理设施名称及编号、废水类别、运行状态及废水排放去向等。	与生产班次同步记录，1次/班次。	电子台账+纸质台账

图 2–157　环境管理台账记录要求填报示例

2. 台账记录管理填报要求

码头应按照“规范、真实、全面、细致”的原则，依据本技术规范要求，在排污许可证管理信息平台申报系统进行填报；有核发权的地方生态环境主管部门补充制定相关技术规范中要求增加的，在本技术规范基础上进行补充；企业还可根据自行监测管理的要求补充填报其他必要内容。企业应建立环境管理台账制度，设置专职人员进行台账的记录、整理、维护和管理，并对台账记录结果的真实性、准确性、完整性负责。环境管理台账应按照电子化储存和纸质储存两种形式同步管理。

排污许可证台账应按生产设施进行填报，内容主要包括基本信息、污染治理措施运行管理信息、监测记录信息、生产设施运行管理信息、其他环境管理信息等内容，记录频次和记录内容要满足排污许可证的各项环境管理要求。

基本信息台账主要包括企业名称、生产经营场所地址、行业类别、法定代表人、统一社会信用代码、产品名称、生产工艺、生产规模、环保投资、排污权交易文件、环境影响评价审批意见及排污许可证编号等。

污染治理设施的运行管理信息至少记录以下内容。①废气：包括各生产工艺的治理设施名称及编号、运行与维护情况及未能正常运行的原因等；②废水：包括废水治理设施名称及编号、废水类别、运行状态及废水排放去向等。记录频次：污染治理设施运行管理信息与生产班次同步记录，1 次 / 班次。

监测记录信息台账主要包括手工监测的日期、时间、污染物排放口和监测点位、监测内容、监测方法、监测频次、手工监测仪器及型号、采样方法及个数、监测结果、是否超标等。按照《排污单位自行监测技术指南　总则》（HJ 819—2017）执行，应同步记录监测期间的生产工况与气象条件，待码头排污单位自行监测技术指南发布后，从其规定。

生产设施运行管理信息台账主要包括生产工况信息，按照泊位、堆场、输运系统等不同生产单元分别填写，包括装卸船、装卸车、堆存、堆料、取料、输运等的生产工艺作业信息，主要记录不同生产工艺转运（堆存）的货类名称及转运（堆存）量等内容。记录频次：生产工况信息与生产班次同步记录，1 次 / 班次。

信息公开。港口企业为非重点排污单位，信息公开要求由地方生态环境主管部门确定。

执行（守法）报告。排污单位需定期在全国排污许可证管理信息平台上填报、提交排污许可证执行报告并公开，排污许可证有效期内发生停产的，排污单位应当在排污许可证执行报告中如实报告污染物排放编号情况并说明原因。

年度执行报告。年度执行报告每年 1 月 15 日前上报，对于持证时间超过三个月的年度，报告周期为当年全年（自然年）；对于持证时间不足三个月的年度，当年可不提交年度执行报告，排污许可证执行情况纳入下一年度执行报告。排污许可证年度执行报告编制的工作流程可分为四个阶段。具体流程如图 2–158 所示。年度执行报告信息表如表 2–46 所示。

2.4.2.15　补充登记信息

包括主要产品信息、燃料使用信息、涉 VOCs 辅料使用信息、废气排放信息、废水排放信息、工业固体废物排放信息、其他需要说明的信息，可在此部分进行补充填报。

2.4.2.16　地方生态环境主管部门依法增加的内容

如图 2–159 所示，码头厂界噪声相关信息在此页面填写，主要依据为《工业企业厂界环境噪声排放标准》（GB 12348—2008），以及行业技术规范要求及企业环评、验收文件要求，取严执行。此页面需填写的主要内容是昼间 / 夜间时段、噪声限值、执行排放标准。环评或者地方生态环境主管部门有频发噪声、偶发噪声相关要求的企业，需在此页面载明相关要求。

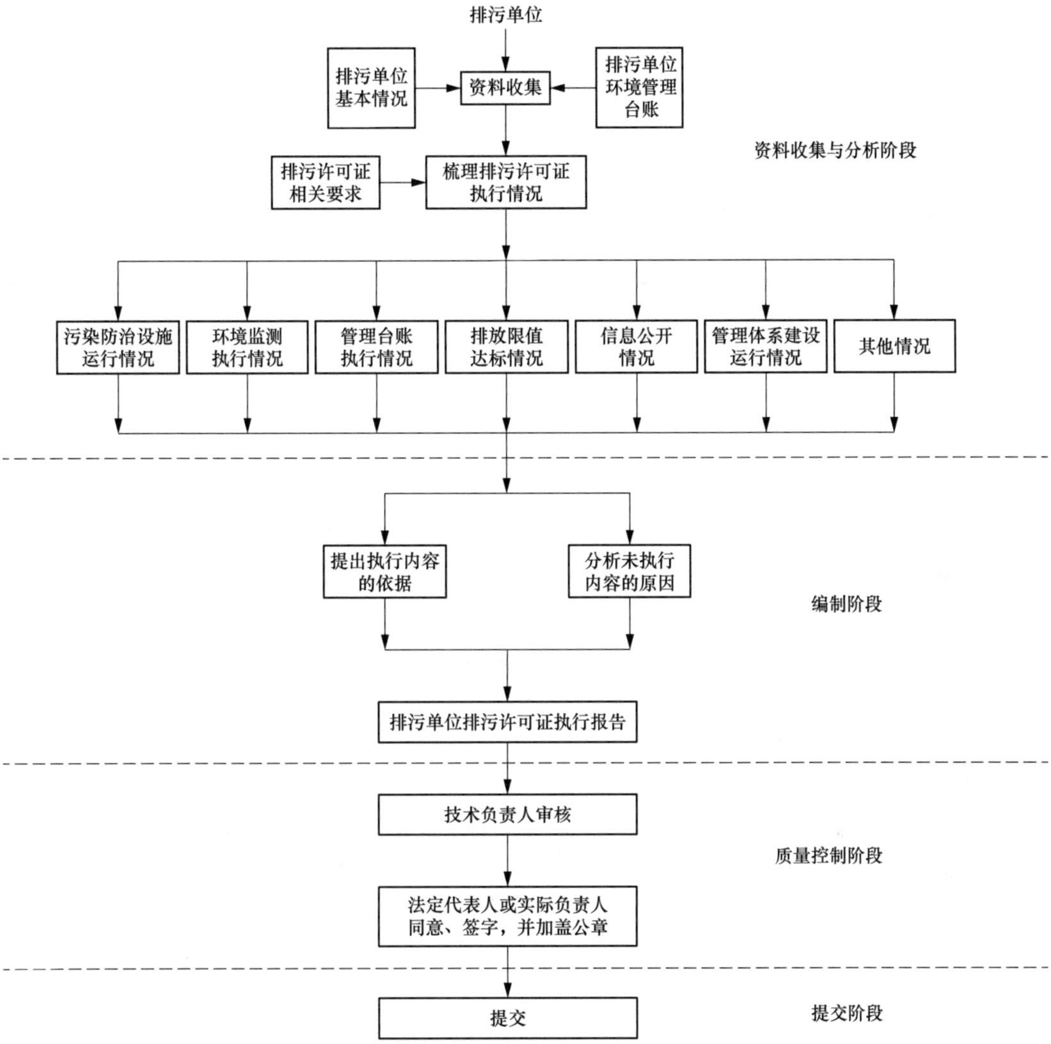

排污单位

排污单位基本情况

资料收集

排污单位环境管理台账

资料收集与分析阶段

排污许可证相关要求

梳理排污许可证执行情况

污染防治设施运行情况

环境监测执行情况

管理台账执行情况

排放限值达标情况

信息公开情况

管理体系建设运行情况

其他情况

提出执行内容的依据

分析未执行内容的原因

编制阶段

排污单位排污许可证执行报告

技术负责人审核

质量控制阶段

法定代表人或实际负责人同意、签字，并加盖公章

提交

提交阶段

图 2-158　年度执行报告

表 2-46　　年度执行报告信息表

序号	主要内容	上报频次	其他信息
1	（1）排污单位基本信息； （2）污染防治设施正常和异常情况； （3）自行监测执行情况； （4）环境管理台账记录执行情况； （5）实际排放情况及合规定判断分析； （6）信息公开情况； （7）排污单位内部环境管理体系建设与运行情况；	年报	

续表

序号	主要内容	上报频次	其他信息
1	（8）其他排污许可证规定的内容执行情况； （9）其他需要说明的问题； （10）结论； （11）附图附件要求	年报	

噪声类别	生产时段		执行排放标准名称	厂界噪声排放限值		备注
	昼间	夜间		昼间,dB(A)	夜间,dB(A)	
稳态噪声	06 至 22	22 至 06	《工业企业厂界环境噪声排放标准》（ 选择	65	55	
频发噪声	○是 ◉否	○是 ◉否	选择			
偶发噪声	○是 ◉否	○是 ◉否	选择			

图 2-159　厂界噪声限制填报示例

2.4.2.17　相关附件

1. 填报页面

此页面，企业需要点击右侧“点击上传”，上传如表 2-47 所示文件。

表 2-47　相关附件

序号	文件类型名称	上传文件名称
1	守法承诺书（须法人签字）	
2	符合建设项目环境影响评价程序的相关文件或证明材料	
3	排污许可证申领信息公开情况说明表	
4	通过排污权交易获取排污权指标的证明材料	
5	城镇污水集中处理设施应提供纳污范围、管网布置、排放去向等材料	
6	排污口和监测孔规范化设置情况说明材料	
7	达标证明材料（说明：包括环评、监测数据证明、工程数据证明等）	
8	生产工艺流程图	
9	生产厂区总平面布置图	

续表

序号	文件类型名称	上传文件名称
10	监测点位示意图	
11	申请年排放量限值计算过程	
12	自行监测相关材料	
13	地方规定排污许可证申请表文件	
14	整改报告	
15	其他	

（1）守法承诺书等内容不准修改，须法人签字盖公章（与营业执照法人一致）。

（2）环评、审批与验收文件统一命名格式，如“×× 公司 × 项目批复 + 文号”。

（3）排污口规范化材料、工艺流程图、平面布置图、监测点位示意图等均按照前序要求内容上传，文件名完整，可以文档或图片形式上传。

（4）营业执照、危险废物管理计划、各类情况说明等，根据地方生态环境主管部门要求上传在“其他”中。

（5）重新申请 / 变更须上传相应的申请文件。

2. 注意事项

（1）承诺书等内容不准修改，签字日期需为最新时间，法人签字盖章，与营业执照法人一致。

（2）环评、审批和验收文件统一命名格式：“文号 +××× 公司 A 项目批复 ×× 年 ×× 月 ×× 日”“×× 公司 B 项目环评报告表 ×× 年 ×× 月 ×× 日”。

（3）排污口规范化材料、工艺流程图、监测点位示意图等均要按照前序要求的内容上传，每份材料合并成一个文档，文件名完整清楚。

（4）涉及总量需上传年排放量计算过程和依据，合并成一个文档，文件名完整清楚。

（5）重新申请 / 变更请上传相应的申请文件。

2.4.2.18　提交申请

1. 守法承诺确认

系统自动生产守法承诺书，申请单位核实无误后下载，由单位法人签字并盖公章后将纸质材料提供给地方生态环境部门。

“我单位已了解《排污许可管理办法（试行）》及其他相关文件规定，知晓本单位的责任、权利和义务。我单位不位于法律法规规定禁止建设区域内，不存在依法明令淘汰或者立即淘汰的落后生产工艺装备、落后产品，对所提交排污许可证申请材料的完整性、真实性和合法性承担法律责任。我单位将严格按照排污许可证的规定排放污染物、规范运行管理、运行维护污染防治设施、开展自行监测、进行台账记录并按时提交执行报告、及时公开环境信息。在排污许可证有效期内，国家和地方污染物排放标准、总量控制要求或者地方人民政府依法制定的限期达标规划、重污染天气应急预案发生变化时，我单位将积极采取有效措施满足要求，并及时申请变更排污许可证。一旦发现排放行为与排污许可证规定不符，将立即采取措施改正并报告生态环境主管部门。我单位将自觉接受生态环境主管部门监管和社会公众监督，如有违法违规行为，将积极配合调查，并依法接受处罚。

特此承诺。”

2. 提交信息

完成所有信息填报后，点击“生成排污许可证申请表.doc”可排队生成排污许可证申请表文档，稍后刷新页面可出现“下载排污许可证申请表.doc”按钮，点击下载检查无误后，选择提交审批级别，点击“提交”按钮完成申报，如图 2-160 所示。

1、守法承诺确认

我单位已了解《排污许可管理办法（试行）》及其他相关文件规定，知晓本单位的责任、权利和义务。我单位不位于法律法规规定禁止建设区域内，不存在依法明令淘汰或者立即淘汰的落后生产工艺装备、落后产品，对所提交排污许可证申请材料的完整性、真实性和合法性承担法律责任。我单位将严格按照排污许可证的规定排放污染物、规范运行管理、运行维护污染防治设施、开展自行监测、进行台账记录并按时提交执行报告、及时公开环境信息。在排污许可证有效期内，国家和地方污染物排放标准、总量控制要求或者地方人民政府依法制定的限期达标规划、重污染天气应急预案发生变化时，我单位将积极采取有效措施满足要求，并及时申请变更排污许可证。一旦发现排放行为与排污许可证规定不符，将立即采取措施改正并报告生态环境主管部门。我单位将自觉接受生态环境主管部门监管和社会公众监督，如有违法违规行为，将积极配合调查，并依法接受处罚。

特此承诺。

2、提交信息

单位名称：	福建华电储运有限公司	行业类别：	货运港口
组织机构代码：		统一社会信用代码：	
注册地址：	福建省连江县可门经济开发区上宫洋	生产经营场所地址：	福建省连江县可门经济开发区上宫洋
省/直辖市：	福建省	地市：	福州市
区县：	连江县	提交审批级别：	区和县 *
申请日期：	2022-08-23		
变更类型：			
变更内容/事由：			
文书：	生成排污许可证申请表		

提交

图 2-160　信息提交

2.5　金属结构制造企业排污许可证申报指南

2.5.1　排污许可申请依据及适用范围

1. 申请依据

（1）《排污许可证申请与核发技术规范　铁路、船舶、航空航天和其他运输设备制造业》（HJ 1124—2020）。

（2）《危险废物鉴别标准　腐蚀性鉴别》（GB 5085.1—2007）。

（3）《污水综合排放标准》（GB 8978—1996）。

（4）《工业企业厂界环境噪声排放标准》（GB 12348—2008）。

（5）《恶臭污染物排放标准》（GB 14554—1993）。

（6）《固定污染源排气中颗粒物测定与气态污染物采样方法》（GB/T 16157—1996）。

（7）《大气污染物综合排放标准》（GB 16297—1996）。

（8）《排污单位自行监测技术指南　总则》（HJ 819—2017）。

（9）《排污单位环境管理台账及排污许可证执行报告技术规范　总则（试行）》（HJ 944—2018）。

（10）《排污单位自行监测技术指南　涂装》（HJ 1086—2020）。

2. 适用范围

本手册适用于指导金属结构制造业［表面处理（涂装）排污单位］在全国排污许可证管理信息平台填报相关申请信息。

金属结构制造业是指以铁、钢或铝等金属为主要材料，制造金属构件、金属构件零件、建筑用钢制品及类似品的生产活动。

2.5.2　排污许可平台申请表填报

企业需填报的排污许可证申请表由 18 个板块组成，其中：

第 1 板块为排污单位基本信息，由于内容较多，以表格形式呈现填报指导；

第 2 ～ 5 板块为排污单位登记信息；

第 6 ～ 9 板块为大气污染物排放信息；

第 10、11 板块为水污染物排放信息；

第 12 板块为固体废物管理信息，此板块为 2020 年新增板块；

第 13、14 板块为环境管理要求；

第 15 板块为补充登记信息；

第 16 板块为地方生态环境主管部门依法增加的内容；

第 17 板块为相关附件；

第 18 板块为提交申请页面，需 1 ～ 17 板块准确填报完成后，方可进入提交页面，同时该页面可下载填报完成的“排污许可证申请表”。

2.5.2.1　排污单位基本信息

排污单位基本信息填报如表 2-48 所示。

表 2-48 排污单位基本信息填报

平台填报内容	填报指导说明
是否需改正*	符合《关于固定污染源排污限期整改有关事项的通知》（环环评〔2020〕19号）要求的“不能达标排放”“手续不全”“其他”情形的，应勾选“是”；确实不存在三种整改情形的，应勾选“否”
排污许可证管理类别*	排污单位属于《固定污染源排污许可分类管理名录（2019 年版）》（生态环境部令第 11 号）中排污许可重点管理的，应选择“重点管理”，简化管理的选择“简化管理”
单位名称*	与企业营业执照保持一致
注册地址*	与企业营业执照保持一致
生产经营场所地址*	与企业营业执照保持一致
邮政编码*	生产经营场所所在地邮政编码
行业类别	下拉页面中选择，多行业共存时仅填写主要行业类别，其他行业均填入下行
其他行业类别	根据公司所属行业进行填报
是否投产*	正在建设过程中或已建成但尚未投产的，选“否”；已经建成投产并产生排污行为的（一般为整改或重新申报），选“是”
投产日期	指已投运的排污单位正式投运的时间，对于分期投运的排污单位，以先期投运时间为准
生产经营场所中心经度*	生产经营场所中心经纬度坐标，请点击“选择”按钮，在地图页面拾取坐标。可参考“经纬度选择说明”
生产经营场所中心纬度*	
组织机构代码	与企业营业执照保持一致
统一社会信用代码	与企业营业执照保持一致
法定代表人*	与企业营业执照保持一致，与后续法人签字文件须一致
技术负责人*	企业环保工作分管领导或专职环保管理人员
固定电话*	—
移动电话*	—
所在地是否属于大气重点控制区*	根据“重点控制区域”排查是否属于重点区域

续表

平台填报内容	填报指导说明
所在地是否属于总磷控制区*	指《国务院关于印发“十三五”生态环境保护规划的通知》(国发〔2016〕65号)，以及生态环境部相关文件中确定的需要对总磷进行总量控制的区域
所在地是否属于总氮控制区*	指《国务院关于印发“十三五”生态环境保护规划的通知》(国发〔2016〕65号)，以及生态环境部相关文件中确定的需要对总氮进行总量控制的区域
所在地是否属于重金属污染物特别排放限值实施区域*	根据“特排区域清单”排查是否属于重点区域
是否位于工业园区*	是指各级人民政府设立的工业园区、工业集聚区等
所属工业园区名称*	根据《中国开发区审核公告目录》(发展改革委公告 2018 年第 4 号）填报，不包含在目录内的，可选择“其他”手动填写名称
所属工业园区编码	根据《中国开发区审核公告目录》(发展改革委公告 2018 年第 4 号）填报，没有编码的可不填
是否有环评审批文件*	指环境影响评价报告书、报告表的审批文件号，或者是环境影响评价登记表的备案编号
环境影响评价审批文件文号或备案编号*	若有不止一个文号，请添加文号。包含基建、改造的所有环评
是否有地方政府对违规项目的认定或备案文件*	对于按照《国务院关于化解产能严重过剩矛盾的指导意见》(国发〔2013〕41号）和《国务院办公厅关于加强环境监管执法的通知》(国办发〔2014〕56号）要求，经地方政府依法处理、整顿规范并符合要求的项目，须列出证明符合要求的相关文件名和文号
认定或备案文件文号*	若有不止一个文号，请添加文号
是否有主要污染物总量分配计划文件*	对于有主要污染物总量控制指标计划的排污单位，须列出相关文件文号（或其他能够证明排污单位污染物排放总量控制指标的文件和法律文书），并列出上一年主要污染物总量指标
总量分配计划文件文号*	如本次申请前已有旧版排污许可证或总量申请表，需填报
大气污染物控制指标	默认大气污染物控制指标为二氧化硫、氮氧化物、颗粒物和挥发性有机物，其中颗粒物包括细颗粒物、可吸入颗粒物、烟尘和粉尘 4 种

续表

平台填报内容	填报指导说明
水污染物控制指标	默认水污染物控制指标为化学需氧量和氨氮

排污许可证管理类别。主要分为“重点管理”和“简化管理”，金属结构制造业主要涉及的通用工序为“表面处理”。被纳入重点排污单位管理名录的需实行“重点管理”；除纳入重点排污单位名录的，通用工序涉及电镀工序、酸洗、抛光（电解抛光和化学抛光）、热浸镀（溶剂法）、淬火或者钝化等工序的、年使用10t及以上有机溶剂的需实行“简化管理”；以上均不涉及的可实行“登记管理”（登记管理的排污单位，不需要申请取得排污许可证，应当在全国排污许可证管理信息平台填报排污登记表，登记基本信息、污染物排放去向、执行的污染物排放标准及采取的污染防治措施等信息）。

大气重点控制区。请参考《关于执行大气污染物特别排放限值的公告》（环境保护部公告2013年第14号），点击右侧“重点控制区域”，对照弹出的界面进行判定。

重金属污染物特别排放限值实施区域。请参照全国排污许可证管理信息平台中重金属污染物特别排放限值实施区域清单，点击右侧“特排区域清单”，对照弹出的界面进行判定。

* 为必填项，没有相应内容的请填写“无”或“/”。

2.5.2.2 主要产品及产能

1. 一般原则

排污单位可根据本手册指导要求，填报主要生产单元名称、主要工艺名称、生产设施名称、生产设施编号、设施参数、产品名称、生产能力及计量单位、设计年生产时间及其他信息，如图2–161所示。生产线填报页面如图2–162所示。

2. 行业类别及生产单元类型

行业类别根据所属行业类别进行填报，本手册本章节行业类别为“金属结构制造业”，生产单元类型则分为主体工程、公用工程、辅助工程和储运工程。

3. 主要生产单元名称

排污单位生产组成包括预处理、转化膜处理、涂装、公用等4个生产单位。

4. 主要工艺、生产设施及设施参数

排污单位主要生产单元、主要工艺及生产设施名称填报内容见表2–49。

5. 生产设施编号

是指排污单位内部生产设施编号，若无内部生产设施编号，则根据《排污单位编码

规则》（HJ 608—2017）进行编号并填报。

行业类别	生产单元类型	主要生产单元名称	主要工艺名称	生产设施名称	是否涉及商业秘密	生产设施编号	设施参数				其他设施信息	产品名称	是否涉及商业秘密	计量单位	生产能力	设计年生产时间（h）	其他产品信息	其他工艺信息	操作
							参数名称	计量单位	设计值	其他设施参数信息									
金属结构制造	主体工程	预处理	机械预处理	喷砂设备	否	MF0002	处理速度	m^2/h	30			钢结构	否	t/a	15000	285			修改 删除
金属结构制造	主体工程	涂装	喷漆	喷漆室（段）	否	MF0003	排风量	m^3/h	30000		喷漆车间内仅有一个30000m……	钢结构	否	t/a	15000	285			修改 删除
金属结构制造	主体工程	涂装	喷漆	塔筒防腐喷漆室	否	MF0004	排风量	m^3/h	30000		塔筒喷漆车间内仅有一个30KW……	风电塔筒	否	t/a	16500	285			修改 删除
金属结构制造	主体工程	预处理	机械预处理	喷砂设备	否	MF0001	处理速率	m^2/h	30			风电塔筒	否	t/a	16500	285			修改 删除

图 2-161 主要产品及产能主页面

行业类别	生产线名称	生产线编号	产品名称	是否涉及商业秘密	生产能力	产品计量单位	设计年生产时间（d）	其他产品信息	操作
表面处理	表面处理	SCX001	BH型钢板材	否	8400	t/a	285		修改 删除
			HN钢板材	否	3300	t/a	285		
			风电塔筒	否	16500	t/a	285	直径3000mm，长度8-11……	
			其他钢板材产品	否	3300	t/a	285		

图 2-162 填报页面

表 2-49 排污单位主要生产工艺、生产设施、设施参数及计量单位一览表

主要生产单元	主要工艺	主要生产设备或设施名称	设施参数	计量单位
预处理	机械预处理	打磨设备、抛丸设备、喷砂（打砂）设备	处理速度	m^2/h 或 m/h
	化学预处理	酸洗槽	排风量容积	m^3/h m^3
		预脱脂槽、脱脂槽、碱洗槽、水洗槽	容积	m^3
转化膜处理	磷化、钝化、硅烷化、锆化	磷化槽、锆化槽、硅烷槽、钝化槽	容积	m^3
		水洗槽		

续表

主要生产单元	主要工艺	主要生产设备或设备名称	设备参数	计量单位
涂装	涂胶	涂胶间（作业区①）	排风量	m^3
		胶固化室	作业温度 排风量	℃ m^3/h
	电泳	电泳槽	排风量容积	m^3/h m^3
	粉末喷涂	粉末喷涂室	排风量	m^3/h
	浸涂	浸涂设备（室）	排风量	m^3/h
	喷漆	喷漆室（作业区①）	排风量	m^3/h
		流平室（作业区①）	排风量	m^3/h
	喷漆	工程机械、钢结构大型工件室外涂装作业区	作业区面积	m^2
	辊涂	辊涂室（作业区①）	排风量	m^3/h
		流平室（作业区①）	排风量	m^3/h
	淋涂	淋涂室（作业区①）	排风量	m^3/h
		流平室（作业区①）	排风量	m^3/h
	刷涂	刷涂室（作业区①）	排风量	m^3/h
	其他（涂装方法）	其他	排风量	m^3/h
	固化成膜	烘干室	作业温度 排风量	℃ m^3/h
		闪干室		
		晾干室	排风量	m^3/h
		其他	排风量	m^3/h
	点补	点补区	排风量	m^3/h
	调漆	调漆间	排风量	m^3/h
	打磨	腻子打磨室	排风量	m^3/h
		涂层打磨室		
	加热装置	废气热氧化处理系统加热装置	设计出力	MW

续表

主要生产单元	主要工艺	主要生产设备或设备名称	设备参数	计量单位
公用	废水处理系统	综合废水处理设施	设计处理能力	m^3/h
		生活污水处理设施	设计处理能力	m^3/h

注　表中未列明的主要生产单元、主要工艺、生产设施按实际生产自行填报。表中所列内容在实际生产中未涉及的可不填；设施参数按设计产能填报。

①　指位于车间内、但未采用隔断封闭的场所。

6. 产品名称

应填报涂装件名称，对于涉及涂装工序的排污单位，涂装件名称为主行业产品名称；对于专业涂装排污单位，涂装件名称为原料名称，如铸钢毛坯、钢卷、塑料件等。

7. 生产能力及计量单位

排污单位的生产能力为主要产品设计产能，以件 / 年、个 / 年、套 / 年、TEU/ 年、m^2/年等计。不包括国家或地方政府予以淘汰或取缔的产能。

若没有设计产能数据时，以近三年实际产量均值计算；投运满一年但未满三年的，按自然年实际产量的最大值填报；投运不满一年的，根据实际产能折算产能。

8. 设计年生产时间

按环境影响评价文件及审批意见、地方政府对违规项目的认定或备案文件中的年生产时间填写。无审批意见、认定或备案文件的，按实际生产时间填写。

9. 其他产品信息 / 工艺信息

排污单位如有需要说明的内容，可在该处填写，可根据产品的实际情况对产品信息进行补充。

2.5.2.3　主要产品及产能补充

主要产品及产能补充页面如图 2–163 所示。

行业类别	生产线名称	生产线编号	主要生产单元名称	主要工艺名称	生产设施名称	是否涉及商业秘密	生产设施编号	设施参数				其他设施信息	操作
								参数名称	计量单位	设计值	其他设施参数信息		
表面处理	表面处理	SCX001	预处理	机械预处理	喷砂设备	否	MF0001	处理速度	m^2/h	30			修改 删除
					喷砂设备	否	MF0002	处理速度	m^2/h	30			
			涂装	喷漆	喷漆室（段）	否	MF0003	排风量	m^3/h	30000		公司不单独设置晾干室和调漆间，……	
			涂装	喷漆	塔筒防腐喷漆室	否	MF0004	排风量	m^3/h	30000			

图 2–163　主要产品及产能补充页面

（1）本表格适用于部分行业，可在行业类别选择框中选到对应行业。若无法选到某个行业，说明此行业不用填写本表格。

（2）若本单位涉及多个行业，请分别对每个行业进行添加设置。

2.5.2.4 主要原辅材料及燃料

1. 主要原辅材料及燃料种类

主要辅料包括涂料类、胶黏剂类、转化膜材料类、污染治理类和其他。燃料包括汽油、柴油、燃煤、天然气等。辅料、燃料种类见表 2-50。

表 2-50　　辅料及燃料一览表

种类	名称
涂料类	底漆、中涂漆、面漆、罩光清漆、稀释剂、固化剂、腻子等
胶黏剂类	焊缝密封胶、隔振胶、阻尼胶等
转化膜材料类	磷化剂、钝化剂、锆化剂、硅烷剂等
污染治理类	活性炭、混凝剂、絮凝剂、酸、碱等
燃料	汽油、柴油、燃煤、天然气

2. 设计年使用量及计量单位

设计年使用量为与产能相匹配的辅料及燃料的年使用量。

没有设计年使用量的按照近三年实际使用量的平均值进行填报，投运满一年但未满三年的排污单位按自然年实际使用量的最大值进行填报，投运不满一年的排污单位根据实际使用量折算成年使用量。

设计年使用量的单位为 t/a、kg/a、m^3/a、L/a。

3. 辅料有毒有害成分及占比

溶剂型涂料、有机清洗剂及胶黏剂应填报密度和挥发性有机物含量，含铬涂料、磷化剂、钝化剂的应填报重金属含量。水性涂料应填报密度、含水率、挥发性有机物的含量。填报页面如图 2-164 所示。

辅料有毒有害成分及含量单位见表 2-51。本标准未列明的有毒有害物质，根据《污水综合排放标准》（GB 8978—1996）、《大气污染物综合排放标准》（GB 16297—1996）中第一类污染物，以及《优先控制化学品名录》《有毒有害大气污染物名录（2018 年）》《有毒有害水污染物名录》（生态环境部、卫生健康委〔2019〕第 28 号公告）及其他有关文件规定确定，其占比及其在辅料中的含量。

行业类别	种类	类型	名称	设计年使用量	计量单位	有毒有害成分	有毒有害成分占比（%）	含量单位	其他信息	是否涉及商业秘密	操作
表面处理	辅料	溶剂型涂料	底漆	3.6025	t/a	挥发性有机物	35	%		否	编辑 删除
						密度	1.42	g/L			
	辅料	溶剂型涂料	面漆	3.3375	t/a	密度	1.21	g/L		否	
						挥发性有机物	35	%			
	辅料	溶剂型涂料	稀释剂	3.1875	t/a	挥发性有机物	100	%		否	
						密度	0.89	g/L			
	辅料	溶剂型涂料	中涂漆	3.1875	t/a	密度	1.25	g/L		否	
						挥发性有机物	30	%			

图 2-164　填报页面

表 2-51　辅料有毒有害成分及含量单位一览表

序号	名称	需要明确的有毒有害成分	含量单位
1	溶剂型涂料、胶黏剂	挥发性有机物	%
		密度	g/L
2	水性涂料、胶黏剂	含水率	%
		挥发性有机物	%
		密度	g/L
3	磷化材料	镍	g/L
4	钝化材料	铬	g/L

注　有毒有害成分含量按照辅料化学品安全技术说明书（MSDS）或检测报告填报。

4. 燃料信息

燃料灰分、硫分、挥发分及热值需按设计值或者上一年度生产实际值填写，填报页面如图 2-165 所示。固体燃料填写灰分、硫分、挥发分及热值（低位发热量），燃油、燃气填写硫分（液体燃料按硫分计，气体燃料按硫化氢计）及热值（低位发热量）。

说明：请存在锅炉设备且执行《锅炉大气污染物排放标准（GB 13271—2014）》的排污单位，填报本表时选择行业"热力生产和供应（D443）"或"锅炉（TY01）"按照锅炉规范进行填报。

商业秘密设置　添加

行业类别	燃料名称	灰分（%）	硫分（%）	挥发分（%）	热值（MJ/kg、MJ/m³）	年最大使用量（万t/a、万m³/a）	是否涉及商业秘密	其他信息	操作

图 2-165　燃料信息

固体燃料和液体燃料填报以收到基为基准，排污单位可根据行业特点填报，并注明填报基准。

5. 图表上传

生产工艺流程图：应包括主要生产设施（设备）、主要原燃料的流向、生产工艺流程等内容。

生产厂区总平面布置图：应包括主要工序、厂房、设备位置关系，注明厂区雨水、污水收集和运输走向等内容。

可上传文件格式应为图片格式，包括 jpg、jpeg、gif、bmp、png，附件大小不能超过 5MB，图片分辨率不能低于 72dpi，可上传多张图片。

2.5.2.5 产排污节点、污染物及污染物治理设施

1. 本单元填报说明

本单元包括废气和废水两部分。废气部分：金属结构制造业——表面涂漆企业应填写生产设施对应的产污节点、污染物种类、排放形式（有组织、无组织）、污染治理设施、是否为可行技术、排放口编号及类型。废水部分：金属结构制造业——表面涂漆企业应填写废水类别、污染物种类、排放去向、污染治理设施、是否为可行技术、排放口编号、排放口设置是否规范及排放口类型。

（1）产污环节、污染物项目、排放方式及污染防治设施。排污单位废气产排污环节、生产设施、污染物项目、污染防治设施及对应排放口类型的填报内容见表 2-52。表中未列明的其他废气产排污环节、生产设施、污染物项目、排放形式及污染防治设施由排污单位按照环评文件及其审批意见要求自行填报。排放单位污染物项目应根据《大气污染物综合排放标准》（GB 16297—1996）确定。地方有更严格排放标准要求的，按照地方排放标准从严确定；环评文件及其审批意见、地方政府对违规项目的认定或备案文件有相关规定的，从其规定。

（2）污染防治设施、有组织排放口编码。污染防治设施编号可填写排污单位内部编号。若排污单位无内部编号，则根据《排污单位编码规则》（HJ 608—2017）进行编号并填报。

有组织排放口编码可填写地方生态环境主管部门现有编号，或根据《排污单位编码规则》（HJ 608—2017）进行编号并填报。

（3）排放口设置要求。根据《排污口规范化整治技术要求（试行）》（环监〔1996〕470 号）和地方相关管理要求，以及污染物排放标准中有关排放口规范化设置的规定，填报废气排放口设置是否符合规范化要求。地方有更严格要求的，从其规定。

表 2-52 表面处理（涂装）排污单位废气产污环节、污染物项目、排放方式及污染防治设施及对应排放口类型一览表

生产单元	产污环节	生产设施	污染物项目	执行标准	排放形式	污染防治技术		排放口类型
						污染防治设施名称及工艺	是否为可行技术	
预处理	机械预处理	打磨设备、抛丸设备、喷砂设备	颗粒物	GB 16297	有组织	除尘设施、袋式除尘、湿式除尘	□是 □否	一般排放口
	化学预处理	酸洗槽	氯化氢、硫酸雾、氮氧化物			喷淋塔，碱液吸收		一般排放口
涂装	涂胶	涂胶间（作业区）	挥发性有机物		有组织/无组织	有机废气治理设施，活性炭吸附		一般排放口
		胶固化室	挥发性有机物		有组织	有机废气治理设施，热力焚烧/催化氧化、吸附/浓缩+热力燃烧/催化氧化		一般排放口
	电泳	电泳槽	挥发性有机物		有组织/无组织	—		一般排放口
	粉末喷涂	粉末喷涂室	颗粒物		有组织	除尘设施，袋式除尘		一般排放口
	喷漆	喷漆室（作业区）、流平室（作业区）	颗粒物（漆雾）		有组织	密闭喷漆室，文丘里/水旋/水帘、石灰粉吸附、纸盒过滤、化学纤维过滤		主要排放口[3] 一般排放口

续表

生产单元	产污环节	生产设施	污染物项目	执行标准	排放形式	污染防治技术		排放口类型
						污染防治设施名称及工艺	是否为可行技术	
涂装	喷漆	喷漆室（作业区）、流平室（作业区）	挥发性有机物，苯、甲苯、二甲苯、特征污染物①	GB 16297	有组织	有机废气治理设施，活性炭吸附、吸附/浓缩+热力燃烧/催化氧化、吸附+冷凝回收	□是 □否	主要排放口③ 一般排放口
			颗粒物②、二氧化硫②、氮氧化物②			—		
		工程机械、钢结构大型工件室外涂装作业区	挥发性有机物、颗粒物（漆雾）、苯、甲苯、二甲苯		无组织	移动式废弃收集治理设施，过滤+吸附		—
	淋涂、浸涂、刷涂、辊涂	淋涂室（作业区）、浸涂设备（室）、刷涂室（作业区）、辊涂室（作业区）、流平室（作业区）	挥发性有机物、苯、甲苯、二甲苯、特征污染物①		有组织	有机废气治理设施，活性炭吸附、吸附/浓缩+热力燃烧/催化氧化、吸附+冷凝回收		一般排放口
			颗粒物②、二氧化硫②、氮氧化物②			—		一般排放口
	固化成膜	烘干室、闪干室、晾干室	挥发性有机物、苯、甲苯、二甲苯、特征污染物①		有组织	有机废气治理设施，热力燃烧/催化氧化、吸附/浓缩+热力燃烧/催化氧化、吸附+冷凝回收		主要排放口③ 一般排放口

续表

生产单元	产污环节	生产设施	污染物项目	执行标准	排放形式	污染防治技术		排放口类型
						污染防治设施名称及工艺	是否为可行技术	
涂装	固化成膜	烘干室、闪干室、晾干室	颗粒物[②]、二氧化硫[②]、氮氧化物[②]	GB 16297	有组织	—	□是 □否	主要排放口 一般排放口
	点补	点补间	挥发性有机物		有组织 / 无组织	有机废气治理设施，活性炭吸附		一般排放口
	调漆	调漆间	挥发性有机物			有机废气治理设施，活性炭吸附		一般排放口
	打磨	腻子打磨室、漆面打磨间（段）	颗粒物			除尘设施，袋式除尘器		一般排放口
	加热装置	废气热氧化处理系统加热装置	颗粒物、氮氧化物、二氧化碳		有组织	—		一般排放口
公用	废水处理设施	废水处理设施（废水生化处理系统、生化污泥处理系统）	恶臭（氨、硫化氢）	GB 14554	有组织 / 无组织	喷淋塔，碱液吸收生物滤池，生物降解		一般排放口

① 根据环境影响评价文件及其批复等相关环境管理规定，确定具体的特征污染物项目；相关行业污染物排放标准发布后，从其规定：地方排放标准有要求的，从其规定。

② 适用于混入化石燃料废气的排放口。

③ 适用于重点管理排污单位的溶剂型涂料喷漆废气及固化成膜废气有组织排放口。

（4）排放口类型。排污单位废气排放口划分为主要排放口、一般排放口。重点管理排污单位的溶剂型涂料喷漆废气及固化成膜废气有组织排放口为“主要排放口”。其余均为“一般排放口”。

2. 废气部分主页面——废气产排污节点、污染物及污染治理设施表

若本生产设施对应多个产污环节，请点击“添加”按钮分别填写产污环节信息。

本表格中污染治理设施编号请填写企业内部编号，每个设施一个编号，若无内部编号可根据《排污单位编码规则》（HJ 608—2017）进行编号并填报。

若产污环节对应的污染物没有污染治理设施，污染治理设施编号请填写“无”。

有组织排放口编号请填写已有在线监测排放口编号或执法监测使用编号，若无相关编号可根据《排污单位编码规则》（HJ 608—2017）进行编号并填报。

每个“有组织排放口编号”框只能填写一个编号，若排放口相同请填写相同的编号，排放类型为无组织的，无须编号。

若污染治理设施采用的不是可行技术，应提供相关证明材料，可在“相关附件”页签以附件形式上传。

若有表格中无法囊括的信息，可根据实际情况填写在“其他信息”列中。

金属结构制造——表面涂装企业应填写项目如图 2-166 所示，点击“添加”按钮，进入下一级页面。所有废气产排污节点、污染物及污染治理设施信息填报完成后，均以表格形式显示在此级页面。

商业秘密设置　　添加

序号	对应产污环节名称	污染物种类	排放形式	污染治理设施						有组织排放口编号	有组织排放口名称	排放口设置是否符合要求	排放口类型	其他信息	操作
				污染防治设施编号	污染防治设施名称	污染治理设施工艺	是否为可行技术	是否涉及商业秘密	污染治理设施其他信息						
1	喷漆废气	颗粒物	有组纟	TA003	有机攺	活性炭吸附+催	是	否	/	DA003	喷漆废气排放[	是	一般排		删除
2	喷漆废气	挥发性有t	有组纟	TA003	有机攺	活性炭吸附+催	是	否	/	DA003	喷漆废气排放[	是	一般排		删除
3	喷漆废气	苯	有组纟	TA003	有机攺	活性炭吸附+催	是	否	/	DA003	喷漆废气排放[	是	一般排		删除
4	喷漆废气	甲苯	有组纟	TA003	有机攺	活性炭吸附+催	是	否	/	DA003	喷漆废气排放[	是	一般排		删除
5	喷漆废气	二甲苯	有组纟	TA003	有机攺	活性炭吸附+催	是	否	/	DA003	喷漆废气排放[	是	一般排		删除

图 2-166　废气治理设施表填报示例

3. 废气子页面

废气子页面如图 2-167 所示。

对应产污环节名称。分为含尘废气和其他，其他里面可根据企业实际情况自行填写。

产污设施编号：	MF0001
产污设施名称：	喷砂设备

说明：（1）若本生产设施对应多个产污环节，请点击"添加"按钮分别填写产污环节信息；
（2）本表格中污染治理设施编号请填写企业内部编号，每个设施一个编号，若无内部编号可按照《固定污染源（水、大气）编码规则（试行）》中的治理设施编码规则编写，如TA001；
（3）若产污环节对应的污染物没有污染治理设施，污染治理设施编号请填写"无"；
（4）有组织排放口编号请填写已有在线监测排放口编号或执法监测使用编号，若无相关编号可按照《固定污染源（水、大气）编码规则（试行）》中的排放口编码规则编写，如DA001；
（5）每个"有组织排放口编号"框只能填写一个编号，若排放口相同请填写相同的编号，排放类型为无组织的，无需编号；
（6）若污染治理设施采用的不是可行技术，应提供相关证明材料，可在"相关附件"页签以附件形式上传；
（7）若有本表格中无法囊括的信息，可根据实际情况填写在"其他信息"列中。

商业秘密设置　　添加

序号	对应产污环节名称	污染物种类	排放形式	污染治理设施							有组织排放口编号	有组织排放口名称	排放口设置是否符合要求	排放口类型
				污染治理设施编号	污染治理设施名称	污染治理设施工艺	设计处理效率（%）	是否为可行技术	是否涉及商业秘密	污染治理设施其他信息				
1	其他 喷砂废气	颗粒物	有组织	TA001	其他 除尘设施	袋式除尘器	95	是	否	/	DA001	1#喷砂废气排	是	一般排

图 2-167　废气子页面

污染物种类。根据环评批复及地方管控要求，填写各项污染因子，如废气中的颗粒物、挥发性有机物、氮氧化物等（详情可见表 2-52 中的污染物项目）。

排放形式。主要有"有组织排放""无组织排放"（详情可见表 2-52）。

污染治理设施编号。可填写企业内部污染治理设施编号，有组织排放口编号请填写已有在线监测排放口编号或执法监测使用编号，若无相关编号可根据《排污单位编码规则》（HJ 608—2017）进行编号并填报，如 DA001。

污染治理设施名称。除尘设施、有机废气治理设施、移动式废气收集治理设施等。（详情可见表 2-52 中的污染防治设施及工艺）。

污染治理设施工艺。其中废气分为袋式除尘、湿式除尘、活性炭吸附、热力焚烧 / 催化氧化、冷凝回收等（详情可见表 2-52 中的污染防治设施及工艺）。

排放口设置是否符合要求。指排放口设置是否符合排污口规范化整治技术要求等相关文件的规定。

排放口类型。分为主要排放口和一般排放口。重点管理排污单位的溶剂型涂料喷漆废气及固化成膜废气有组织排放口为"主要排放口"。其余均为"一般排放口"。

4. 废水子页面

（1）废水类别、污染物项目、排放方式及污染防治设施。排污单位的废水类别、污染物项目、排放去向及污染防治设施见表 2-53。污染物项目按照《污水综合排放标准》（GB 8978—1996）确定，地方有更严格排放标准要求的，从其规定。

（2）污染防治设施、排放口编码。污染防治设施名称、工艺等填报应与废水类别相对应。

污染防治设施编号可填写排污单位内部编号。若排污单位无内部编号，则根据《排污单位编码规则》（HJ 608—2017）进行编号并填报。

表 2-53　表面处理（涂装）排污单位废水类别、污染物项目、排放去向及污染防治设施等信息一览表

废水来源	废水类别	污染物项目	执行标准	污染防治设施		排放去向	排放口名称	排放口类型
				污染防治设施名称及工艺	是否为可行技术			
转化膜生产单元含镍磷化、含铬钝化、涂装（含一类污染物）	含镍磷化、含铬钝化废水、涂装废水（含一类污染物）	总镍、六价铬、总铬、其他一类污染物	GB 8978	含一类污染物废水车间处理设施；pH 调节、氧化还原、混凝、沉淀 / 硫化物沉淀 / 重金属捕集、过滤 / 精密过滤 / 吸附 / 离子交换、蒸发	□是 □否	综合废水处理设施	含一类污染物废水车间或车间处理设施排放口	主要排放口[①] 一般排放口
涂装、转化膜生产单元	涂装废水（不含一类污染物）、打磨废水、其他转化膜废水等	pH 值、化学需氧量、悬浮物、磷酸盐、氟化物		涂装废水预处理设施；隔油、混凝、沉淀 / 气浮、砂滤、活性炭吸附		综合废水处置设施	—	—
含一类污染物废水车间处理设施排水、涂装废水预处理措施排水、其他排入综合废水处理设施废水		pH 值、化学需氧量、五日生化需氧量、石油类、氨氮、悬浮物、磷酸盐、氟化物、阴离子表面活性剂		综合废水处理设施；隔油、调节、混凝、沉淀 / 气浮、砂滤、活性炭吸附、水解酸化、生化（活性污泥、生物膜等）、二级生化、砂滤、膜处理、消毒、碱性氯化法等		不外排	—	—
						城市污水处理厂	废水总体排放口	主要排放口[①] 一般排放口
						地表水体		
生活污水		pH 值、化学需氧量、五日生化需氧量、氨氮、悬浮物		综合废水处理设施；生化		综合废水处理设施		
				生活污水处理设施；隔油池 + 化粪池；其他		城市污水处理厂	生活污水单独排放口	一般排放口

注　根据环境影响评价文件及其批复等相关环境管理规定，确定具体污染物项目；无环境影响评价文件及其批复时，依据实际使用物料确定。

①　适用于重点管理排污单位的废水总排放口、车间或车间处理设施排放口。

废水排放口编码可填写地方生态环境主管部门现有编号，或根据《排污单位编码规则》（HJ 608—2017）进行编号并填报。

（3）排放去向。废水排放去向：综合废水处理设施，不外排，直接进入海域，直接进入江河、湖、库等水环境，进入城市下水道（再入江河、湖、库），进入城市下水道（再入沿海海域），进入城市污水处理厂，进入其他排污单位，进入工业废水集中处理厂，其他（回喷、回灌、回用等）。

（4）排放规律。当废水直接或间接进入环境水体时应填写排放规律，不外排时填写“/”。

废水排放规律：废水连续排放，流量稳定；废水连续排放，流量不稳定，但有周期性规律；废水连续排放，流量不稳定，但有规律，且不属于周期性规律；废水连续排放，流量不稳定，属于冲击型排放；废水连续排放，流量不稳定且无规律，但不属于冲击型排放；废水间断排放，排放期间流量稳定；废水间断排放，排放期间流量不稳定，但有周期性规律；废水间断排放，排放期间流量不稳定，但有规律，且不属于非周期性规律；废水间断排放，排放期间流量不稳定，属于冲击型排放；废水间断排放，排放期间流量不稳定且无规律，但不属于冲击型排放。

（5）排放口设置要求。根据《排污口规范化整治技术要求（试行）》（环监〔1996〕470 号）和地方相关管理要求，以及排污单位执行的污染物排放标准中有关排放口规范化设置的规定，填报废水排放口设置是否符合规范化要求。地方有更严格要求的，从其规定。

（6）排放口类型。重点管理排污单位的废水总排放口、车间或车间处理设施排放口为“主要排放口”（含废水一类污染物），其他均为“一般排放口”。

2.5.2.6　大气污染物排放口

1. 大气排放口基本情况表

大气排放口类型填报页面如图 2–168 所示。

排放口地理坐标。指排气筒所在地经纬度坐标，可通过点击“选择”按钮在 GIS 地图中点选后自动生成。

排气筒出口内径。对于不规则形状排气筒，填写等效内径。

若有表格无法囊括的信息，可根据实际情况填写在“其他信息”列中。

2. 废气污染物排放执行标准信息表

排放单位基本情况填报完成后，部分表格自动生成，点击“编辑”按钮进入子页面，补充相关信息，如图 2–169 所示。

1、排放口

（1）大气排放口基本情况表

说明：

（1）排放口地理坐标：指排气筒所在地经纬度坐标，可通过点击"选择"按钮在GIS地图中点选后自动生成。
（2）排气筒出口内径：对于不规则形状排气筒，填写等效内径。
（3）若有本表格无法囊括的信息，可根据实际情况填写在"其他信息"列中。
（4）锅炉排污单位请点击显示为蓝色的排放口编号按钮完成基准烟气量的计算。

排放口编号	排放口名称	污染物种类	排放口地理坐标		排气筒高度（m）	排气筒出口内径（m）	排气温度	其他信息	操作
			经度	纬度					
DA001	1#喷砂废气排放口	颗粒物	114度 40分 17.08秒	30度 32分 0.56秒	25	0.5	常温		编辑
DA002	2#喷砂废气排放口	颗粒物	114度 40分 17.11秒	30度 32分 0.78秒	25	0.5	常温		编辑
DA003	喷漆废气排放口	甲苯,苯,二甲苯,挥发性有机物,颗粒物	114度 40分 16.82秒	30度 32分 2.11秒	20	0.5	40℃		编辑

图 2-168 大气排放口类型

排放口编号	排放口名称	污染物种类	国家或地方污染物排放标准			环境影响评价批复要求	承诺更加严格排放限值	其他信息	操作
			名称	浓度限值	速率限值（kg/h）				
DA001	1#喷砂废气排放口	颗粒物	大气污染物综合排放标准GB 16297—1996	120mg/Nm³	14.5	120 mg/Nm³	/ mg/Nm³		编辑 复制
DA002	2#喷砂废气排放口	颗粒物	大气污染物综合排放标准GB 16297—1996	120mg/Nm³	14.5	120 mg/Nm³	/ mg/Nm³		编辑 复制
DA003	喷漆废气排放口	苯	大气污染物综合排放标准GB 16297—1996	12mg/Nm³	0.90	1 mg/Nm³	/ mg/Nm³		编辑 复制
DA003	喷漆废气排放口	挥发性有机物	大气污染物综合排放标准GB 16297—1996	120mg/Nm³	17	90 mg/Nm³	/ mg/Nm³		编辑 复制
DA003	喷漆废气排放口	二甲苯	大气污染物综合排放标准GB 16297—1996	70mg/Nm³	1.7	40 mg/Nm³	/ mg/Nm³		编辑 复制

图 2-169 废气排放执行标准信息表

国家或地方污染物排放标准。只能填国家标准（GB）、行业标准（HJ）和省级地方标准（DB），其他地区标准不适用。适用标准优先级：①地方标准优先于国家标准（特殊情况：地方标准制定后长期没更新，而国家标准更新后对应污染因子严于地方标准，从严）；②同属国家标准的，行业标准优先于通用标准；同属地方标准的，流域（海域、区域）型标准优先于行业标准优先于综合型和通用型标准。

环境影响评价批复要求。新增污染源（必填），指最近一次环境影响评价批复中规定的污染物排放浓度限值。

承诺更加严格排放限值。表面涂装排污企业一般不涉及，地方有特殊要求的根据实际情况进行填报。

污染物排放执行标准信息表中所有污染物根据《大气污染物综合排放标准》（GB 16297—1996）填报，以产排污节点对应的生产设施或排放口为单位，明确各大气污染物

许可排放浓度。

地方有更严格的排放标准要求的，按照地方排放标准确定。环评中使用其他地方标准的，填入环境影响评价批复要求。

若执行不同许可排放浓度的多台设施采用混合方式排放烟气，且选择的监控位置只能监测混合烟气中的大气污染物浓度，则应执行各限值要求中最严格的许可排放浓度。

2.5.2.7　大气污染物有组织排放信息

1. 一般原则

重点管理排污单位许可排放限值包括污染物许可排放浓度（速率）和许可排放量。许可排放量包括年许可排放量和特殊时段许可排放量。年许可排放量是指允许排污单位连续生产 12 个月排放的污染物最大排放量，同时适用于考核自然年的实际排放量。有核发权的地方生态环境主管部门根据环境管理要求，可将年许可排放量按季、月进行细化。大气污染防治重点区域按照《关于加强重污染天气应对夯实应急减排措施的指导意见》（环办大气函〔2019〕648 号）的要求执行。

大气污染物，是以排放口为单位确定主要排放口和一般排放口的许可排放浓度（速率），以厂界监控点确定无组织许可排放浓度。废气排放口和无组织废气原则上对许可排放量不做要求，地方有更严格管理要求的，按其要求执行。

排污单位填报许可排放量时，应在全国排污许可证管理信息平台申报系统中写明许可排放量计算过程。排污单位承诺的排放浓度严于本标准要求的，应在排污许可证中载明。

2. 许可排放浓度

依据《大气污染物综合排放标准》（GB 16297—1996）、《恶臭污染物排放标准》（GB 14554—1993）等确定排污单位有组织排放废气和无组织排放废气许可排放浓度（速率）限值及无组织排放废气管控位置。有组织废气许可排放浓度（速率）污染物为苯、甲苯、二甲苯、挥发性有机物、二氧化硫、氮氧化物、颗粒物、硫酸雾、氨、硫化氢等，无组织排放废气许可排放浓度污染物为挥发性有机物、颗粒物、氨、硫化氢等。

大气污染防治重点控制区按照《关于执行大气污染物特别排放限值的公告》（环境保护部公告 2013 年第 14 号）、《关于执行大气污染物特别排放限值有关问题的复函》（环办大气函〔2016〕1087 号）和《关于京津冀大气污染传输通道城市执行大气污染物特别排放限值的公告》（环境保护部公告 2018 年第 9 号）等要求执行。其他执行大气污染物特别排放限值的地域范围、时间，由国务院生态环境主管部门或省级人民政府规定。

执行不同许可排放浓度的多台生产设施或排放口采用混合方式排放烟气，应在混合前分别对烟气进行监测；若可选择的监控位置只能监测混合烟气中的大气污染物浓度，则应执行各许可排放限值中最严格的许可排放浓度。

待相关行业污染物排放标准发布后，从其规定。

3. 许可排放量

一般情况下废气排放口和无组织废气对许可排放量不作要求，但特殊时段，例如地方政府制定的环境质量限期达标规划、重污染天气应对措施中对排污单位有更加严格的排放控制要求时，需填报申请特殊排放浓度限值及特殊时段许可排放量限值，许可排放量计算过程如下：

废气实际排放量（t）= 排放速率（kg/h）× 生产天数（日）× 日工作时间（h）$\times 10^{-3}$

或

废气实际排放量（t）= 排放浓度（mg/m^3）× 标杆流量（m^3/h）× 生产天数（日）× 日工作时间（h）$\times 10^{-9}$

2.5.2.8 大气污染物无组织排放信息

1. 本单元填报说明

（1）可点击“添加”按钮填写无组织排放信息。

（2）本表行业类别为主要行业类别，若涉及多个行业，请先选择所在行业类别再进行填写。

（3）若有本表格中无法囊括的信息，可根据实际情况填写在“其他信息”列中。

（4）浓度限值未显示单位的，默认单位为 mg/Nm^3。

2. 大气污染物无组织排放信息表

排放单位基本情况填报完成后，部分表格自动生成，点击图 2-170 的“添加”按钮进入图 2-171 所示的子页面，补充相关信息。

添加

行业	生产设施编号/无组织排放编号	产污环节	污染物种类	主要污染防治措施	国家或地方污染物排放标准		年许可排放量限值（t/a）					申请特殊时段许可排放量限值	其他信息	操作
					名称	浓度限值	第一年	第二年	第三年	第四年	第五年			
表面处理	厂界		挥发性有机物	有机废气治理设施	大气污染物综合排放标准GB 16297—1996	4.0mg/Nm³	/	/	/	/	/	/		编辑 删除
表面处理	厂界		颗粒物	除尘设施	大气污染物综合排放标准GB 16297—1996	1.0mg/Nm³	/	/	/	/	/	/		编辑 删除

图 2-170 大气无组织排放信息表

生产设施编号 / 无组织排放编号：填写地方环境主管部门现有编号或由企业根据《排污单位编码规则》（HJ 608—2017）进行编号并填报。

行业		表面处理
生产设施编号/无组织排放编号		厂界 *
产污环节		--请选择-- *
污染物种类		挥发性有机物 *
主要污染防治措施		有机废气治理设施 选择 *
国家或地方污染物排放标准	名称	大气污染物综合排放标准GB 16297—1996 选择 *
	浓度限值	4.0 *
	浓度限值单位	mg/Nm³ *
年许可排放量限值（t/a）	第一年	/ *
	第二年	/ *
	第三年	/ *
	第四年	/ *
	第五年	/ *
申请特殊时段许可排放量限值		/ *
其他信息		

图 2-171 填报子页面

污染物种类：根据选项选择（可参考表 2-55）。

主要污染防治措施：根据企业情况填写。

国家或地方污染物排放标准：《大气污染物综合排放标准》（GB 16297—1996）。

年许可排放量限值：暂不填写。

3. 全厂无组织排放总计

全厂无组织排放总计为系统根据产污环节填写内容加和计算，可按照排污单位实际情况进行核对与修改。

4. 大气污染物排放信息——企业大气排放总许可量

“全厂合计”指的是，“全厂有组织排放总计”与“全厂无组织排放总计”之和数据、全厂总量控制指标数据两者取严。

系统自动计算“全厂有组织排放总计”与“全厂无组织排放总计”之和，应根据全厂总量控制指标数据对“全厂合计”值进行核对与修改。

2.5.2.9 水污染排放口

1. 本单元填报说明

排污单位在同一废水排放口排放两种或两种以上工业废水，且每种废水同一种污染物执行的排放控制要求或排放标准不同时，若有废水适用行业水污染物排放标准的，则执行相应水污染物排放标准中关于混合废水排放的规定；行业对水污染物排放标准未作规定，或各种废水均适用《污水综合排放标准》（GB 8978—1996）的，则按《污水综合排放标准》（GB 8978—1996）附录 A 的规定确定许可排放浓度；若无法按《污水综合排放标准》（GB 8978—1996）附录 A 规定执行的，从严原则确定许可排放浓度。待相关行业污染物排放标准发布后，从其规定。

2. 废水直接排放口信息

排放单位基本情况填报完成后，部分表格自动生成，点击“编辑”按钮进入子页面，补充相关信息，如图 2–172 所示。

排放口编号	排放口名称	排放口地理位置		排水去向	排放规律	间歇式排放时段	受纳自然水体信息		汇入受纳自然水体处地理坐标		其他信息	操作
		经度	纬度				名称	受纳水体功能目标	经度	纬度		

图 2–172　废水直接排放口

排放口地理位置：对于直接排放至地表水体的排放口，指废水排出厂界处经纬度坐标；对于纳入管控的车间或车间处理设施排放口，指废水排出车间或车间处理设施边界处经纬度坐标。可通过点击“选择”按钮在 GIS 地图中点选后自动生成。

受纳自然水体名称：指受纳水体的名称如南沙河、太子河、温榆河等。

受纳自然水体功能目标：指对于直接排放至地表水体的排放口，其所处受纳水体功能类别，如Ⅲ类、Ⅳ类、Ⅴ类等。

汇入受纳自然水体处地理坐标：对于直接排放至地表水体的排放口，指废水汇入地表水体处经纬度坐标；可通过点击“选择”按钮在 GIS 地图中点选后自动生成。

废水向海洋排放的，应当填写岸边排放或深海排放。深海排放的，还应说明排污口的深度、与岸线直线距离。在“其他信息”列中填写。

若有表格中无法囊括的信息，可根据实际情况填写在“其他信息”列中。

3. 入河排污口信息

对于直接进入河体的排污口信息，需在此表格中确认排放口批复文件名称。点击“编辑”按钮，补充相关信息。批复文件需在附件中上传扫描件。

4. 雨水排放口基本情况表

对于企业厂区雨水排放口，填报信息与“废水直接排放口”一致，此处不再详细介绍，填报页面如图 2–173 所示。

（3）雨水排放口基本情况表

说明：畜禽养殖行业排污单位无需填报此信息

添加

排放口编号	排放口名称	排放口地理位置		排水去向	排放规律	间歇式排放时段	受纳自然水体信息		汇入受纳自然水体处地理坐标		其他信息	操作
		经度	纬度				名称	受纳水体功能目标	经度	纬度		
				进入城市下水道（再入江河、湖、库）	间断排放，排放期间流量不稳定且无规律，但不属于冲击型排放	雨天		III类				编辑 删除

图 2–173　雨水排放口

5. 废水间接排放口基本情况表

废水间接排放口信息填报示例如图 2–174 所示。

排放口编号	排放口名称	排放口地理坐标		排放去向	排放规律	间歇排放时段	受纳污水处理厂信息				操作
		经度	纬度				名称	污染物种类	排水协议规定的浓度限值(mg/L)（如有）	国家或地方污染物排放标准浓度限值	
DW001	生活污水排放口			进入城市污水处理厂	间断排放，排放期间流量不稳定且无规律，但不属于冲击型排放	白天		五日生化需氧量	/ mg/L	10 mg/L	编辑
								化学需氧量	/ mg/L	50 mg/L	
								pH值	/	6-9	
								悬浮物	/ mg/L	10 mg/L	
								氨氮（NH_3-N）	/ mg/L	5 mg/L	

图 2–174　废水间接排放口信息填报示例

排放口地理坐标：对于排至厂外城镇或工业污水集中处理设施的排放口，指废水排出厂界处经纬度坐标；对于纳入管控的车间或者生产设施排放口，指废水排出车间或者生产设施边界处经纬度坐标。可通过点击“选择”按钮在 GIS 地图中点选后自动生成。

受纳污水处理厂名称：指厂外城镇或工业污水集中处理设施名称。

排水协议规定的浓度限值：指排污单位与受纳污水处理厂等协商的污染物排放浓度限值要求。属于选填项，没有可以填写“/”。

点击受纳污水处理厂名称后的“增加”按钮，可设置污水处理厂排放的污染物种类及其浓度限值。

6. 废水污染物排放执行标准表

本页面需对上述所有排放口的污染物排放种类、标准、浓度限值等情况进行说明，点击“编辑”按钮添加相关信息，如图 2–175 所示。

排放口编号	排放口名称	污染物种类	国家或地方污染物排放标准		排水协议规定的浓度限值（如有）	环境影响评价审批意见要求	承诺更加严格排放限值	其他信息	操作
			名称	浓度限值					
DW001	生活污水排放口	悬浮物	污水综合排放标准GB8978-1996	400 mg/L	/ mg/L	400 mg/L	/ mg/L		编辑 复制
DW001	生活污水排放口	氨氮（NH_3-N）	污水排入城镇下水道水质标准GB/T 31962-2015	45 mg/L	/ mg/L	45 mg/L	/ mg/L		编辑 复制
DW001	生活污水排放口	化学需氧量	污水综合排放标准GB8978-1996	500 mg/L	/ mg/L	500 mg/L	/ mg/L		编辑 复制
DW001	生活污水排放口	pH值	污水综合排放标准GB8978-1996	6-9	/	6-9	/		编辑 复制
DW001	生活污水排放口	五日生化需氧量	污水综合排放标准GB8978-1996	300 mg/L	/ mg/L	300 mg/L	/ mg/L		编辑 复制

图 2–175　废水污染物排放执行标准表

国家或地方污染物排放标准。指对应排放口须执行的国家或地方污染物排放标准的名称及浓度限值。一般情况下可参考《污水综合排放标准》(GB 8978—1996)。

排水协议规定的浓度限值。指排污单位与受纳污水处理厂等协商的污染物排放浓度限值要求。属于选填项，没有可以填写“/”。

浓度限值未显示单位的，默认单位为 mg/L。

2.5.2.10 水污染物申请排放信息

1. 主要排放口

主要排放口中，废水总排放口应申请化学需氧量、氨氮年许可排放量，车间或车间处理设施排放口应申请六价铬、总镍年许可排放量。对位于《“十三五”生态环境保护规划》及生态环境部正式发布的文件中规定的总磷和总氮总量控制区域内的排污单位，还应申请总磷、总氮许可排放量。

（1）化学需氧量、氨氮。依据许可排放浓度、排水量及年生产时间确定，按式（2–3）计算：

$$E_{年许可} = Q \times C \times T \times 10^{-6} \quad (2\text{–}3)$$

式中 $E_{年许可}$——某项污染物年许可排放量，t/a；

Q——总排放口的排水量（排水量取近三年实际排水量的平均值；投运超过一年但不满三年的，按投运期间平均值计算；未投运或投运不满一年的，按照环境影响评价文件确定的排水量核算），m^3/d；

C——某项污染物许可排放浓度（化学需氧量、氨氮的间接排放浓度可采用排污单位与污水集中处理设施责任单位的协商值进行计算；地方有更严格排放标准要求的，按照地方排放标准确定），mg/L；

T——设计年生产时间，d/a。

总磷、总氮许可排放量计算方法可参照式（2–3）。

（2）总镍、六价铬。依据许可排放浓度、排水量及年生产时间确定，按式（2–4）计算：

$$E_{年许可} = \sum_{i=1}^{n}\left(Q_i \times C \times T_i \times 10^{-3}\right) \quad (2\text{–}4)$$

式中 $E_{年许可}$——某项污染物年许可排放量，kg/a；

Q_i——第 i 个主要排放口（车间或车间处理设施排放口）日排水量（排水量取近三年实际排水量的平均值；投运超过一年但不满三年的，按投运期间平均值计算；未投运或投运不满一年的，按照环境影响评价文件确定的排水量核算），m^3/d；

C——污染物许可排放浓度限值，mg/L；

T_i——第 i 个主要排放口（车间或车间处理设施排放口）对应生产单元的设计年生产时间，d/a。

2. 一般排放口

水污染物，是以排放口为单位确定主要排放口的许可排放浓度和排放量，一般排放口仅许可排放浓度。单独排入市政污水处理厂的生活污水仅说明排放去向，不许可排放浓度和排放量。

依据《污水综合排放标准》（GB 8978—1996）确定排污单位水污染物许可排放浓度，许可排放浓度污染物为 pH 值、总镍、总铬、六价铬、化学需氧量、五日生化需氧量、悬浮物、磷酸盐、氨氮、氟化物等（可参考表 2-53），许可排放浓度为日均浓度（pH 值为任何一次测定值）。地方有更严格排放标准要求的，按照地方标准确定。

排污单位在同一废水排放口排放两种或两种以上工业废水，且每种废水同一种污染物执行的排放控制要求或排放标准不同时，若有废水适用行业水污染物排放标准的，则执行相应水污染物排放标准中关于混合废水排放的规定；行业水污染物排放标准未作规定，或各种废水均适用《污水综合排放标准》（GB 8978—1996）的，则按《污水综合排放标准》（GB 8978—1996）附录 A 的规定确定许可排放浓度；若无法按《污水综合排放标准》（GB 8978—1996）附录 A 规定执行的，从严原则确定许可排放浓度。待相关行业污染物排放标准发布后，从其规定。

3. 全厂水污染物排放总计

根据上述填报每年的排放量限值后，点击“计算”即可完成加和。

2.5.2.11　固体废物管理信息

1. 固体废物基础信息表

根据《排污许可证申请与核发技术规范　工业固体废物（试行）》（HJ 1200—2021）填报。固体废物分为“一般工业固体废物”和“危险废物”，两类固体废物信息均在此页面汇总。

基础信息包括固体废物的名称、代码、类别、物理性状、产生环节、去向等信息。点击“添加”按钮，进入下级页面填写一般工业固体废物的基本信息。一般工业固体及危险废物来源如表 2-54 所示。

表 2-54　一般工业固体及危险废物来源

类别	主要生产来源	种类
危险废物	生产设备维修保养	废矿物油、废润滑油、废液压油等
	预处理、转化膜处理	废酸、废碱、废有机溶剂、磷化渣、硅烷废渣、浮油渣、废过滤吸附材料等

续表

类别	主要生产来源	种类
危险废物	涂装	废有机溶剂、油性漆漆渣、废密封胶等
危险废物	废气、废水处理设施	废过滤棉、废活性炭、废沸石、含油污泥、油性漆漆渣、表面处理污泥等
	其他	废乳化液、废有机树脂、含油废抹布、含油废手套等
一般工业固体废物	各生产单元	废边角料、废包装材料、生化污泥、生活垃圾等

注 1. 根据排污单位工艺产污情况，确定具体的种类指标。

2. 其他可能产生的危险废物按照《国家危险废物名录》或国家规定的危险废物鉴别标准和鉴别方法认定。

3. 列入一般工业固体废物的，若综合分析原辅材料、生产工艺、生产环节、主要危害成分等，可能具有危险特性，应按照国家规定的危险废物鉴别标准和鉴别方法认定是否属于危险废物。

2. 一般工业固体废物基础信息填报

一般工业固体废物按照生态环境部制定的《排污许可证申请与核发技术规范　工业固体废物（试行）》（HJ 1200—2021）填报名称、代码等信息，如图 2-176 所示，本行业所涉及的一般工业固体废物主要为废边角料、钢渣、焊渣等。

添加

行业类别	固体废物类别	固体废物名称	代码	危险特性	类别	物理性状	产生环节	去向	备注	操作
	危险废物	漆渣	HW12		/	固态（固态废物，S）	防腐	委托处置		
	危险废物	废油漆桶	HW49		/	固态（固态废物，S）	防腐	委托处置		
	危险废物	废纤维棉网	HW12		/	固态（固态废物，S）	防腐	委托处置		

图 2-176　一般工业固体基础信息填报示例

固体废物类别：在下拉菜单中选择“一般工业固体废物”和“危险废物”。

固体废物名称：点击右侧“放大镜”选择固体废物名称，自动填入其代码和危险特性。

工业固体废物类别：选择第Ⅰ类工业固体废物或第Ⅱ类工业固体废物。第Ⅰ类工业固体废物为按照《固体废物　浸出毒性浸出方法　水平振荡法》（HJ 557—2010）规定方法获得的浸出液中任何一种特征污染物浓度均未超过《污水综合排放标准》（GB 8978—1996）最高允许浓度（第Ⅱ类污染物最高允许排放浓度按照一级标准执行），且 pH 值在 6 ～ 9 范围之内的一般工业固体废物；第Ⅱ类一般工业固体废物为按照《固体废物　浸出毒性浸出方法　水平振荡法》（HJ 557—2010）规定方法获得的浸出液中有一种或一种以上的特征污染物浓度超过《污水综合排放标准》（GB 8978—1996）最高允许浓度（第Ⅱ类污染物最高允许排放浓度按照一级标准执行），或 pH 值在 6 ～ 9 范围之外的一般工业固体废物。

物理性状：为一般工业固体废物在常温、常压下的物理状态，包括固态（固态废物，S）、半固态（泥态废物，SS）、液态（高浓度液态废物，L）、气态（置于容器中的气态废物，G）等。

产生环节：指产生该种一般工业固体废物的设施、工序、工段或车间名称等，可点击图 2-177 右侧“放大镜”选择。若有排污单位接收外单位一般工业固体废物的，填报“外来”。

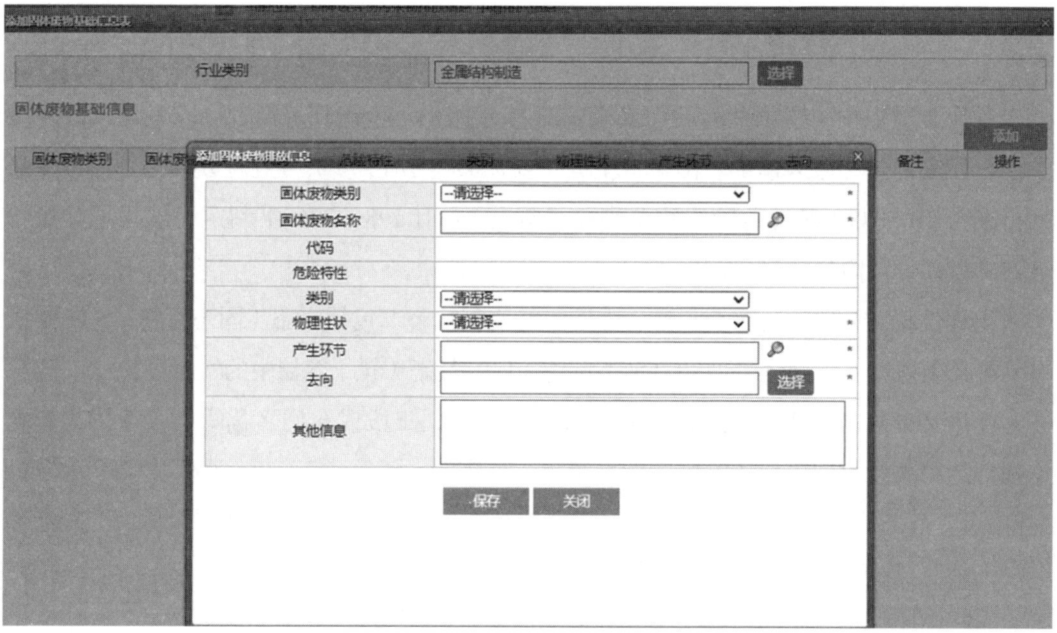

图 2-177　固体废物排放信息填报示例

去向：可以进行多项选择，包括自行贮存 / 利用 / 处置、委托贮存 / 利用 / 处置等。有固体废物存放于企业仓库或堆场的企业，工业固体废物“去向”同时选择“自行贮存”和“委托处置”。

生产单元名称填报示例如图 2–178 所示。

选择

名称： 查询 确定

选择	序号	行业	生产单元名称
□	1	金属结构制造	防腐
□	2	金属结构制造	抛丸
□	3	金属结构制造	外来

总记录数：3 条 当前页：1 总页数：1 首页 上一页 1 下一页 末页 1 跳转

图 2–178 生产单元名称填报示例

3. 危险废物基础信息

危险废物基础信息包括危险废物的名称、代码、危险特性、物理性状、产生环节及去向等信息，填报操作参考一般工业固体废物基础信息，不再详细介绍，填报示例如图 2–179 所示。企业危险废物产生种类应根据环评内容逐一填报，若投产后有新增固体废物，可按要求鉴别后，根据鉴别结果变更填报工业固体废物内容，本行业较为常见的危险废物为 HW49/900–041–49 废油漆桶、HW12/900–252–12 漆渣、HW08/900–249–08 废机油。

危险废物依据《国家危险废物名录（2021 年版）》（生态环境部、国家发展和改革委员会、公安部、交通运输部、国家卫生健康委员会令第 15 号）、《危险废物鉴别标准》系列标准（GB 5085）和《危险废物鉴别技术规范》（HJ 298—2019）判定，填报危险废物名称、代码、危险特性等信息。

物理性状：为危险废物在常温、常压下的物理状态，包括固态（固态废物，S）、半固态（泥态废物，SS）、液态（高浓度液态废物，L）、气态（置于容器中的气态废物，G）等。

产生环节：指产生该种危险废物的设施、工序、工段或车间名称等。工业固体废物治理排污单位接收外单位危险废物的，填报“外来”。

行业类别	固体废物类别	固体废物名称	代码	危险特性	类别	物理性状	产生环节	去向
金属结构制造	危险废物	废催化剂	HW50		/	液态（高浓度液态废物L）	防腐	委托处置
	危险废物	废清洗剂	HW12		/	液态（高浓度液态废物L）	防腐	委托处置
	危险废物	废油漆桶	HW49		/	固态（固态废物，S）	防腐	委托处置
	危险废物	废活性炭	HW49		/	固态（固态废物，S）	防腐	委托处置

图 2-179　危险废物基础信息填报示例

去向：包括自行贮存 / 利用 / 处置、委托贮存 / 利用 / 处置等。厂内设有危险废物暂存间的，应同步勾选“自行贮存”和其他相关选项。

4. 委托贮存 / 利用 / 处置环节污染防控技术要求

请根据《排污许可证申请与核发技术规范　工业固体废物（试行）》（HJ 1200—2021）填报。

排污单位应按照《中华人民共和国固体废物污染环境防治法》（中华人民共和国主席令第三十一号）等相关法律法规要求，对工业固体废物采用防扬散、防流失、防渗漏或者其他防止污染环境的措施，不得擅自倾倒、堆放、丢弃、遗撒工业固体废物。

污染防控技术应符合排污单位适用的污染物排放标准、污染控制标准、污染防治可行技术等相关标准和管理文件要求，鼓励采取先进工艺对煤矸石、尾矿等工业固体废物进行综合利用。

有审批权的地方生态环境主管部门可根据管理需求，依法依规增加工业固体废物相关污染防控技术要求。

填报示例如下：

排污单位委托他人运输、利用、处置危险废物的，应落实《中华人民共和国固体废物污染环境防治法》（中华人民共和国主席令第三十一号）等法律法规要求，对受托方的主体资格和技术能力进行核实，依法签订书面合同，在合同中约定污染防治要求；转移危险废物的，应当按照国家有关规定填写、运行危险废物转移联单等。

5. 自行贮存和自行利用 / 处置设施信息表

自行贮存 / 利用 / 处置设施信息包括设施名称、编号、类型、位置，贮存 / 利用 / 处置方式，贮存 / 利用 / 处置一般工业固体废物能力，贮存 / 利用 / 处置一般工业固体废物的名称、代码、类别、物理性状、产生环节等信息。

设施名称：按排污单位对该设施的内部管理名称填写，与“主要产品及产能”部分填报的设施名称和编号一致。

设施编号：应填报一般工业固体废物自行贮存 / 利用 / 处置设施的内部编号。若无内部设施编号，应按照《排污单位编码规则》（HJ 608—2017）规定的污染防治设施编号规则进行编号并填报。

设施类型：填报自行贮存 / 利用 / 处置设施。

位置地理坐标：应填报一般工业固体废物自行贮存 / 利用 / 处置设施的地理坐标。

自行贮存 / 利用 / 处置方式：作为燃料（直接燃烧除外）或以其他方式产生能量、溶剂回收 / 再生（如蒸馏、萃取等）、再循环 / 再利用不用作溶剂的有机物、再循环 / 再利用金属和金属化合物、再循环 / 再利用其他无机物、再生酸或碱、回收污染减除剂的组分、回收催化剂组分、废油再提炼或其他废油的再利用、生产建筑材料、清洗包装容器、水泥窑协同处置、填埋、物理化学处理（如蒸发、干燥、中和、沉淀等，不包括填埋或焚烧前的预处理）、焚烧、其他。

自行贮存 / 利用 / 处置能力：根据设施实际情况填报。贮存 / 利用 / 处置能力为设施可贮存 / 利用 / 处置一般工业固体废物的最大量，单位为 t/a、m^3/a 等。

半固态一般工业固体废物可备注含水率、含油率等指标。

污染防控技术要求为企业采用的危险废物全过程管理期间的措施。示例：包装容器应达到相应的强度要求并完好无损，禁止混合贮存性质不相容且未经安全性处置的危险废物；危险废物容器和包装物，以及危险废物贮存设施、场所应按规定设置危险废物识别标志；仓库式贮存设施应分开存放不相容危险废物，按危险废物的种类和特性进行分区贮存，采用防腐、防渗地面和裙脚，设置防止泄漏物质扩散至外环境的拦截、导流、收集设施；贮存堆场要防风、防雨、防晒。排污单位生产运营期间贮存危险废物不得超过一年，危险废物自行贮存设施的环境管理和相关设施运行维护还应符合《环境保护图形标志　固体废物贮存（处置）场》（GB 15562.2—1995）修改单、《危险废物识别标志设置技术规范》（HJ 1276—2022）和《危险废物贮存污染控制标准》（GB 18597—2023）等相关标准规范要求。

2.5.2.12　自行监测要求

1. 本单元填报说明

（1）一般原则。

排污单位在申请排污许可证时，应当按照本标准确定的产排污环节、排放口、污染物项目及许可限值等要求，制定自行监测方案，并在全国排污许可证管理信息平台填报。填报依据：《排污单位自行监测技术指南　总则》（HJ 819—2017）、《排污单位自行监测技术指南　涂装》（HJ 1086—2020）。

有核发权的地方生态环境主管部门可根据环境质量改善要求，增加自行监测管理要求。

（2）自行监测方案。

排污单位应在自行监测方案中明确排污单位基本情况、监测点位及其示意图、监测指标、执行排放标准及其限值、监测频次、采样和样品保存方法、监测分析方法和仪器、质量保证和质量控制、自行监测信息公开等。对于采用自动监测的污染物指标，排污单位应当如实填报自动监测系统的联网情况、运行维护情况等。对于未要求开展自动监测的污染物指标，排污单位应当填报开展手工监测的污染物排放口、监测点位、监测方法、监测频次等。

（3）废气监测。

1）有组织废气监测点位、指标及频次。各类废气污染源通过烟囱或排气筒等方式将废气排放至外环境，应在烟囱或排气筒上设置废气外排口监测点位。点位设置应满足《固定污染源排气中颗粒物测定与气态污染物采样方法》（GB/T 16157—1996）、《固定污染源烟气（SO_2、NO_x、颗粒物）排放连续监测技术规范》（HJ 75—2017）、《固定源废气监测技术规范》（HJ/T 397—2007）等技术规范的要求。废气监测平台、监测断面和监测孔的设置应符合《固定污染源烟气（SO_2、NO_x、颗粒物）排放连续监测技术规范》（HJ 75—2017）、《固定源废气监测技术规范》（HJ/T 397—2007）等的要求。

当排放标准中有污染物去除效率要求时，应在相应污染物治理设施单元的进口设置监测点位。

排污单位有组织废气监测指标及最低频次见表 2-58。

2）无组织排放。存在废气无组织排放源的，应按照《大气污染物综合排放标准》（GB 16297—1996）、《大气污染物无组织排放监测技术导则》（HJ/T 55—2000）、《环境空气　总烃、甲烷和非甲烷总烃的测定　直接进样 - 气相色谱法》（HJ 604—2017）标准设置废气无组织排放监控点位。

排污单位无组织废气监测点位、监测指标及最低频次见表 2-55。

表 2-55 废气自行监测点位及频次

生产单元	监测点位			监测指标	最低监测频次	
					重点管理排污单位	简化管理排污单位
有组织排放						
预处理	打磨、抛丸、喷砂废气排放口			颗粒物	半年	年
预处理	酸洗废气排放口			氯化氢、硫酸雾、氮氧化物	半年	年
涂装	涂胶、胶固化废气排放口			挥发性有机物	半年	年
涂装	涂覆	粉末喷涂废气排放口		颗粒物	半年	年
涂装	涂覆	电泳废气排放口		挥发性有机物	半年	年
涂装	涂覆	喷漆废气排放口	水性涂料	挥发性有机物、颗粒物	半年	年
涂装	涂覆	喷漆废气排放口	水性涂料	颗粒物①、二氧化硫①、氮氧化物①	半年	
涂装	涂覆	喷漆废气排放口	溶剂型涂料	挥发性有机物	自动监测	年
涂装	涂覆	喷漆废气排放口	溶剂型涂料	颗粒物、苯、甲苯、二甲苯、特征污染物	季度	
涂装	涂覆	喷漆废气排放口	溶剂型涂料	颗粒物①、二氧化硫①、氮氧化物①	季度	
涂装	涂覆	辊涂、淋涂、浸涂、刷涂废气排放口	水性涂料	挥发性有机物	半年	年
涂装	涂覆	辊涂、淋涂、浸涂、刷涂废气排放口	溶剂型涂料	苯、甲苯、二甲苯、特征污染物	半年	年
涂装	涂覆	辊涂、淋涂、浸涂、刷涂废气排放口	混入化石燃料燃烧废气	颗粒物①、二氧化硫①、氮氧化物①	半年	年
涂装	固化成膜废气排放口		粉末、水性涂料	挥发性有机物	半年	年
涂装	固化成膜废气排放口		粉末、水性涂料	颗粒物①、二氧化硫①、氮氧化物①	半年	年
涂装	固化成膜废气排放口		溶剂型涂料	挥发性有机物	自动监测	年
涂装	固化成膜废气排放口		溶剂型涂料	苯、甲苯、二甲苯、特征污染物	季度	年
涂装	固化成膜废气排放口		溶剂型涂料	颗粒物①、二氧化硫①、氮氧化物①	季度	年
涂装	点补、调漆等生产设施废气排放口			挥发性有机物	半年	年

续表

生产单元	监测点位	监测指标	最低监测频次	
			重点管理排污单位	简化管理排污单位
涂装	腻子打磨、漆面打磨废气排放口	颗粒物	半年	年
	废气热氧化处理系统加热装置	颗粒物、氮氧化物、二氧化硫、烟气黑度	半年	年

无组织排放

监测点位	监测指标	最低监测频次	
		重点管理排污单位	简化管理排污单位
厂界	挥发性有机物、颗粒物、恶臭（氨、硫化氢等）	半年	年
涂装工段旁[②]	挥发性有机物、颗粒物	季度	半年

注　1. 表中所列监测指标，设区的市级及以上生态环境部门明确要求安装自动监测设备的，须采取自动监测。

2. 根据环境影响评价文件及其审批意见等相关环境管理规定，确定具体污染物项目。地方排放标准有要求的，从其规定；不产生的污染物，可不进行监测。

① 适用于混入化石燃料废气的排放口。

② 工程机械、钢结构大型工件室外涂装作业区，监测点位设置参考《大气污染物无组织排放监测技术导则》（HJ/T 55—2000）。

（4）废水监测。按照排放标准规定的监控位置设置废水排放口监测点位，废水排放口应符合《排污口规范化整治技术要求（试行）》（环监〔1996〕470号）和《污水监测技术规范》（HJ 91.1—2019）等的要求。

排污单位废水监测点位、监测指标及最低监测频次见表2-56。

表2-56　废水自行监测点位及频次

监测点位	单位性质	监测指标	监测频次	
			直接排放	间接排放
车间或生产设施废水排放口	重点排污单位	流量、六价铬[①]、总铬[①]、总镍[①]	月	
	非重点排污单位		季度	

续表

监测点位	单位性质	监测指标	监测频次	
			直接排放	间接排放
废水总排放口	重点排污单位	流量、pH 值、化学需氧量、氨氮、总磷	自动监测	
		总氮、悬浮物、石油类、阴离子表面活性剂（LAS）	月	季度
		氟化物①、总锌①、总锰①、总铜①	月	季度
	非重点排污单位	流量、pH 值、化学需氧量、氨氮、总磷、总氮、悬浮物	季度	半年
生活污水排放口	重点排污单位	流量、pH 值、化学需氧量、氨氮、总磷	自动监测	—
		总氮、悬浮物、五日生化需氧量、动植物油	季度	—
	非重点排污单位	流量、pH 值、化学需氧量、氨氮、总磷、总氮、悬浮物	季度	—
雨水排放口		pH 值、化学需氧量、悬浮物	月②	

① 根据原辅材料使用等实际生产情况，确定具体的特征污染物监测指标。不产生的污染物，可不进行监测。

② 雨水排放口有流动水排放时按月监测，若监测一年无异常情况，可放宽至每季度开展一次监测。

2. 自行监测要求填报页面

如图 2–180 所示，本页面中，企业需填写企业所有排放口的自行监测情况，包括废气有组织 / 无组织排放口、废水有组织 / 无组织排放口，所有信息填报完成后自动汇总展示。企业需根据排污许可自行监测相关标准要求，确定每个排放口的监测项目、监测点位、监测指标、监测频次、监测方法和仪器、采样方法、监测质量控制、自动监测系统联网、自动监测系统的运行维护及监测结果公开情况等，并建立台账记录报告。对于无自动监测的大气污染物和水污染物指标，企业应当按照自行监测数据记录总结说明企业开展手工监测的情况。

地方生态环境主管部门有更严格的监测要求的，从其规定。

监测内容。指气量、水量、温度、含氧量等非污染物的监测项目。

手工监测采样方法及个数。指污染物采样方法，如对于废水污染物，“混合采样（3

个、4 个或 5 个混合）”“瞬时采样（3 个、4 个或 5 个瞬时样）”；对于废气污染物，“连续采样”“非连续采样（3 个或多个）”。

编辑

污染源类别	废气
排放口编号	DA001
监测内容	烟气温度,烟气压力,烟气含湿量,烟气量　选择
污染物名称	颗粒物
监测设施	手工
自动监测是否联网	--请选择--
自动监测仪器名称	
自动监测设施安装位置	
自动监测设施是否符合安装、运行、维护等管理要求	--请选择--
手工监测采样方法及个数	非连续采样 至少3个
手工监测频次	1次/年
手工测定方法	固定污染源排气中颗粒物测定与气态污染物采样方　选择
其他信息	监测指标为：颗粒物；排放限值为：上限1mg/m³；标准名称为：《大气污染物综合排放标准》

保存　关闭

图 2-180　自行监测要求填报示例

手工监测频次。指一段时期内的监测次数要求，如 1 次 / 周、1 次 / 月等，对于规范要求填报自动监测设施的，在手工监测内容中填报自动在线监测出现故障时的手工频次。

手工测定方法。指污染物浓度测定方法，如“固定污染源废气－低浓度颗粒物的测定－重量法 HJ 836—2017”“固相吸附－热脱附 / 气相色谱－质谱法－固定污染源废气挥发性有机物的测定固相吸附－热脱附 / 气相色谱－质谱法 HJ 734—2014”等。

根据行业特点，如果需要对雨排水进行监测的，应当在其他自行监测及记录信息表内手动填写。

若有本表格中无法囊括的信息，可根据实际情况填写在“其他信息”列中。

3. 监测质量保证与质量控制要求

排污单位需按照《排污单位自行监测技术指南　总则》（HJ 819—2017）要求，建立并实施质量保证与控制措施方案，以提升自行监测数据的质量。

排污单位应根据本单位自行监测的工作需求，设置监测机构，梳理监测方案制定、样品采集、样品分析、监测结果报出、样品留存、相关记录的保存等监测的各个环节中，为保证监测工作质量制定的工作流程、管理措施与监督措施，建立自行监测质量体系。

质量体系应包括对以下内容的具体描述：监测机构、人员、出具监测数据所需仪器设备、监测辅助设施和实验室环境、监测方法技术能力验证、监测活动质量控制与质量保证等。

委托其他有资质的检测机构代其开展自行监测的，排污单位不用建立监测质量体系，但应对检测机构的资质进行确认。

4. 监测数据记录、整理、存档要求

排污单位应按照《排污单位自行监测技术指南　总则》（HJ 819—2017）要求进行自行监测信息公开。

采取手工监测的单位，需公开其采样记录（包含采样日期、采样时间、采样点位、混合取样的样品数量、采样器名称、采样人姓名等）、样品保存和交接记录（样品保存方式、样品传输交接记录）、样品分析记录（分析日期、样品处理方式、分析方法、质控措施、分析结果、分析人姓名等）、质控记录（质控结果报告单）。

采取自动监测的单位，需公开其自动监测系统运行状态、系统辅助设备运行状况、系统校准、校验工作等；仪器说明书及相关标准规范中规定的其他检查项目；校准、维护保养、维修记录等。

5. 监测点位示意图

可上传文件格式应为图片格式，包括 jpg、jpeg、gif、bmp、png，附件大小不能超过 5MB，图片分辨率不能低于 72dpi，可上传多张图片。

2.5.2.13　环境管理台账记录要求

1. 填报页面

如图 2–181 所示，此页面可点击右侧的“填报模板下载”按钮，下载环境管理台账记录要求模板，并在此基础上补充相关行业排污许可证申请与核发技术规范规定的内容；也可以点击“添加默认数据”按钮，系统将自动代入台账记录要求信息，可在此基础上修改和编辑。

2. 台账记录管理填报要求

（1）一般原则。排污单位在申请排污许可证时，应按标准规定，在“排污许可证申请表”中明确环境管理台账记录要求。有核发权的地方生态环境主管部门可依据法律法规、标准增加和加严记录要求。排污单位也可自行增加和加严记录要求。

排污单位应建立环境管理台账制度，落实环境管理台账记录的责任部门和责任人，明确工作职责，包括台账的记录、整理、维护和管理等，台账记录内容和频次须满足排污许可证环境管理要求，并对台账记录结果的真实性、完整性和规范性负责。

简化管理排污单位可依据本标准及地方生态环境主管部门对环境管理台账的简化要求，适当简化台账记录内容。

添加默认数据　填报模板下载　添加

序号	类别	记录内容	记录频次	记录形式	其他信息	操作
1	基本信息 *	企业名称、地址、行业类别、法人代表、信用代码、环评审批文号、许可证编号等	1次/年（发生变化时记录1次）。	电子台账	纸质及电子台账保存五年。	删除
2	监测记录信息 *	监测的日期、时间、污染物排放口和监测点位、采样和监测方法、监测仪器及型号、排放浓度。	发生变化或按生产批次记录	电子台账	纸质及电子台账保存五年。	删除
3	其他环境管理信息 *	记录无组织废气污染治理措施运行、维护、管理相关的信息。排污单位在特殊时段应记录管理要求、执行情况。固体废物收集处置信息等。	发生变化或按生产批次记录	电子台账	纸质及电子台账保存五年。	删除
4	生产设施运行管理信息 *	生产设备名称、编码、生产负荷；产品、原辅料、能源的消耗量等	发生变化或按生产批次记录	电子台账	纸质及电子台账保存五年。	删除
5	污染防治设施运行管理 *	污染治理设施名称、编号、设计参数。治理设施（包括无组织排放源治理措施）实际运行相关参数、检查记录、药剂添加、运行维护、污染物排放情况	发生变化或按生产批次记录	电子台账	纸质及电子台账保存五年。	删除

图 2-181　环境管理台账填报页面示例

（2）环境管理台账记录内容和频次。环境管理台账记录内容应包括企业基本信息、生产和污染防治设施运行管理信息、监测记录信息及其他环境管理信息等，排污单位可根据自身管理特点，自行设计台账记录格式。监测记录信息按照《固定污染源监测质量保证与质量控制技术规范（试行）》（HJ/T 373—2007）和《排污单位自行监测技术指南 总则》（HJ 819—2017）相关要求执行。生产设施、污染防治设施、排放口编码应与排污许可证副本中载明的编码一致。

对于未发生变化的基本信息，按年记录，1 次 / 年；对于发生变化的基本信息，在发生变化时记录 1 次。

生产设施运行状况按照排污单位生产班制记录，每班次记录 1 次。产品产量连续性生产的排污单位按日记录，每日记录 1 次；周期性生产的按照一个周期进行记录，周期小于 1 天的按日记录。原辅料按照采购批次记录，每批次记录 1 次。燃料按照采购批次记录，每批次记录 1 次。生产设施非正常工况按照工况期记录，每非正常工况期记录 1 次。

污染防治设施运行状况按照污染防治设施管理单位生产班制记录，每班次记录 1 次。异常情况按照异常情况期记录，每异常情况期记录 1 次。

采取无组织废气污染控制措施的信息记录频次原则上不低于 1 次 / 天。重污染天气和应对特殊时段期间的台账记录频次原则上与正常生产记录频次一致，涉及特殊时段停产的排污单位或生产工序，该期间原则上仅对起始和结束当天进行1次记录，地方生态环境主管部门有特殊要求的，从其规定。

（3）生产和污染治理设施运行状况信息记录。记录企业各主要生产设施（至少涵盖废气主要污染源相关生产设施）运行状况（包括停机、启动情况）、产品产量、主要原辅料使用量、取水量、主要燃料消耗量、燃料主要成分、污染治理设施主要运行状态参数、污染治理主要药剂消耗情况等。日常生产中上述信息也需整理成台账保存备查。

（4）生产运行状况记录。按照工艺生产单元和生产流水线分类，根据各排污单位具体情况，选择记录以下相关信息：

1）原辅料用量。包括主要原料用量、各类涂料用量、各类溶剂用量、吸附剂用量、其他辅料用量等。

2）产品产量。按生产单元记录各工序产品产量及其他关键指标。

3）取水量（新鲜水）、用水量、用电量、燃料用量等。

4）主要生产设备、设施的操作使用记录等。

（5）废水处理设施运行状况记录。按日（或班次）记录废水处理量、废水回用量、废水排放量、污泥产生量（记录含水率）、废水处理使用的药剂名称及用量、电耗等；记录废水处理设施运行、故障及维护情况等。

（6）废气处理设施运行状况记录。按日（或更换频次）记录废气处理使用的药剂等耗材名称及用量；记录废气处理设施运行参数、故障及维护情况等。

（7）一般工业固体废物和危险废物记录。按日记录一般工业固体废物和危险废物产生、贮存、转移、利用的处置情况，并通过全国固体废物管理信息系统进行填报：按照危险废物管理的相关要求，按日记录危险废物的产生量、综合利用量、处置量、贮存量及其具体去向。原料或辅料工序中产生的其他危险废物的情况也应记录。

3. 注意事项

企业填报时有行业排污许可证申请与核发技术规范的，按照行业技术规范执行；无行业技术规范的，按照《排污单位环境管理台账及排污许可证执行报告技术规范　总则（试行）》（HJ 944—2018）提出台账记录要求。

其他内容电子台账 + 纸质台账的保存期限不得低于5年。

2.5.2.14　补充登记信息

包括主要产品信息、燃料使用信息、涉VOCs辅料使用信息、废气排放信息、废水排放信息、工业固体废物排放信息、其他需要说明的信息，可在此部分进行补充填报。

2.5.2.15　地方生态环境主管部门依法增加内容

1. 噪声排放信息

企业厂界噪声相关信息在此页面填写，主要依据为《工业企业厂界环境噪声排放标准》（GB 12348—2008），以及行业技术规范要求及企业环评、验收文件要求，取严执行。如图 2–182 所示，此页面需填写主要内容是昼间 / 夜间时段、噪声限值、执行排放标准，备注中明确自行监测要求。环评或者地方环境主管部门有频发噪声、偶发噪声相关要求的企业，需在此页面载明相关要求。

噪声类别	生产时段		执行排放标准名称	厂界噪声排放限值		备注
	昼间	夜间		昼间,dB(A)	夜间,dB(A)	
稳态噪声	06 至 22	22 至 06	《工业企业厂界环境噪声排放 选择	60	50	
频发噪声	○是 ◉否	○是 ◉否	选择			
偶发噪声	○是 ◉否	○是 ◉否	选择			

图 2–182　噪声排放信息

2. 有核发权的地方生态环境主管部门增加的管理内容

根据地方政府相关要求进行填报。

2.5.2.16　相关附件

1. 填报页面

此页面，企业需要点击右侧“点击上传”处，上传图 2–183 所示文件。

2. 注意事项

（1）承诺书等内容不准修改，签字日期需为最新时间，法人签字盖章，与营业执照法人一致。

（2）环评、审批和验收文件统一命名格式：“文号＋ ××× 公司 A 项目批复 ×× 年 ×× 月 ×× 日”“×× 公司 B 项目环评报告表 ×× 年 ×× 月 ×× 日”。

（3）需根据《排污许可证申领信息公开情况说明表（试行）》的内容进行填报，并盖好公章扫描后上传。

（4）排污口规范化材料、排污权指标的证明材料、污水排放去向材料、工艺流程图、生产厂区总平面布置图、监测点位示意图等均要按照前序要求的内容上传，每份材料合并成一个文档，文件名完整清楚。

（5）达标证明材料，采取手工监测的单位可上传其监测报告，或者环评，同时还需上传其相关委托单位的各项资质；采取在线监测的单位需上传其各项参数。

必传文件	文件类型名称	上传文件名称	操作
*	守法承诺书（需法人签字）		点击上传
	符合建设项目环境影响评价程序的相关文件或证明材料		点击上传
	排污许可证申领信息公开情况说明表		点击上传
	通过排污权交易获取排污权指标的证明材料		点击上传
	城镇污水集中处理设施应提供纳污范围、管网布置、排放去向等材料		点击上传
	排污口和监测孔规范化设置情况说明材料		点击上传
	达标证明材料（说明：包括环评、监测数据证明、工程数据证明等。）		点击上传
	生产工艺流程图		点击上传
	生产厂区总平面布置图		点击上传
	监测点位示意图		点击上传
	申请年排放量限值计算过程		点击上传
	自行监测相关材料		点击上传
	地方规定排污许可证申请表文件		点击上传
	整改报告		点击上传
	排污单位通过污染物排放量削减替代获得重点污染物排放总量控制指标的说明材料项		点击上传
	其他		点击上传

下一步

图 2-183　附件信息

（6）自行监测相关单位需根据《排污单位自行监测技术指南　总则》（HJ 819—2017）的相关要求保存其相关资料，合并成一个文档。

（7）涉及总量需上传年排放量计算过程和依据，合并成一个文档，文件名完整清楚。

（8）营业执照、接管协议、危险废物管理计划、活性炭计算过程、各类情况说明等，上传在“其他”中。

（9）重新申请 / 变更请上传相应的申请文件。

（10）涉及变动的企业要上传变动分析，按照《污染影响类建设项目重大变动清单（试行）》中相关文件的编制要求，由建设单位编制上传变动分析，并对结论负责。

2.5.2.17　提交申请

完成所有信息填报后，点击“生成排污许可证申请表 .doc”可排队生成排污许可证申请表文档，稍后刷新页面可出现“下载排污许可证申请表 .doc”按钮，点击下载检查无误后，选择提交审批级别，点击“提交”按钮完成申报。

第 3 章　国家排污许可违法违规案例

3.1　生态环境部公布各地排污许可违法违规典型案例（第一批）

2021 年 1 月 24 日，《排污许可管理条例》（中华人民共和国国务院令第 736 号）正式公布并于 2021 年 3 月 1 日起施行。《排污许可管理条例》是根据党中央、国务院关于用重典治理环境违法行为的部署，对违法者相关法律责任作了严格规定。实施《排污许可管理条例》，是推进环境治理体系和治理能力现代化的重要内容，是落实企事业单位治污主体责任，实现精准治污、科学治污、依法治污的有力举措，同时也有利于推动形成公平规范的环境执法守法秩序。

为贯彻落实《排污许可管理条例》，强化排污许可证管理，有效震慑排污许可违法违规行为，充分发挥典型案例的示范引导作用，生态环境部组织整理了 7 个排污许可违法违规典型案例。这些案例中，有无证排污、超许可排放浓度排放污染物、不按证排污、未按照排污许可证要求开展自行监测、未提交执行报告、未建立台账等违法行为，相关属地生态环境部门依据《排污许可管理条例》及相关法律法规对涉及单位和人员予以严惩。

案例一：未取得排污许可证排放污染物案

重庆市某公司主要从事再生源动力电池及新能源开发行业，产品为锂电池。该企业于 2020 年 4 月 14 日申请排污许可证，重庆市潼南区生态环境局审查后，发现该企业存在污染物排放不符合标准等问题，书面下达了《排污限期整改通知书》，要求其于 2021

年4月7日前完成整改并取得排污许可证。2021年6月7日，因该企业超过整改期限，未按要求完成整改并取得排污许可证，重庆市潼南区生态环境局行政审批服务和环境督导科将该公司存在的环境违法行为移送执法部门调查处理。2021年6月10日，潼南区环境行政执法人员根据线索前往该企业进行了现场核查，发现该企业在未取得排污许可证的情况下，正常生产，违法排放污染物。

重庆市某公司未取得排污许可证擅自排放污染物的行为，违反了《中华人民共和国大气污染防治法》第十九条和《排污许可管理条例》第二条的规定。2021年7月29日，重庆市潼南区环境行政执法支队依据《排污许可管理条例》第三十三条第一项的规定，责令该公司立即改正上述违法行为，并处罚款50万元。

案例二：未重新申请取得排污许可证排放污染物案

北京某公司是2020、2021年北京市重点排污单位，于2019年12月11日取得北京市房山区生态环境局对锅炉通用工序核发的排污许可证，排污许可证中不包含表面处理通用工序内容。2021年4月19日，北京市生态环境局执法人员开展印刷行业专项执法检查时发现，该企业正常生产，有表面处理工序（清洗、烘干、彩印和底涂），年使用清洗剂、油墨、光油等有机溶剂300t。按照《国民经济行业分类》（GB/T 4754—2017）划分，该企业行业类别属于金属制品业33中的集装箱及金属包装容器制造333。根据《固定污染源排污许可分类管理名录（2019年版）》（生态环境部令第11号）第二十八大类80项，该企业应对表面处理通用工序申请取得排污许可证。按照北京市生态环境局2020年2月13日发布的《北京市生态环境局关于实施排污许可管理的公告》要求，该公司排放VOCs废气的表面处理工序应于2020年9月30日前重新申请取得排污许可证。

根据《排污许可管理条例》第十五条第三项规定：在排污许可证有效期内，排污单位污染物排放口数量或者污染物排放种类、排放量、排放浓度增加，应当重新申请取得排污许可证。2021年7月，北京市生态环境局依据《排污许可管理条例》第三十三条第四项的规定，责令该公司三个月内改正违法行为，并处罚款20万元。

案例三：未重新申请取得排污许可证擅自排放污染物案

2021年5月14日，四川省乐山市生态环境保护综合行政执法支队执法人员对夹江县某公司进行现场执法检查，发现该公司现有产品产能、生产设施等与排污许可证载明的不一致。经查明，该公司于2020年8月24日取得排污许可证，排污许可证中载明该公司有一条年产1200万m^2红坯瓷砖生产线及一条年产600万m^2红坯西瓦生产线。但现

场检查发现该公司新增一条年产 300 万 m^2 智能化岩板生产线，并将原红坯西瓦生产线改造为高端新型陶瓷家具板材生产线，与排污许可证载明内容不一致。执法人员调阅该公司生产、销售等台账，对公司相关人员进行了问询，得知新建、技改项目于 2020 年 7 月 30 日向夹江县经信局备案，于 2021 年 1 月已建成投产，但均未取得环评批复，也未重新申请取得排污许可证。

夹江县某公司未重新申请取得排污许可证擅自排放污染物的行为，违反了《中华人民共和国环境保护法》第四十五条和《排污许可管理条例》第十五条第一项的规定。2021 年 7 月 6 日，乐山市生态环境局依据《中华人民共和国行政处罚法》第三十八条、第三十九条和《排污许可管理条例》第三十三条第四项的规定，并结合《四川省生态环境行政处罚裁量标准（2019 年版）》，对该公司下达了《行政处罚决定书》（乐市环罚字〔2021〕12 号），责令该公司立即改正违法行为，并处罚款 62 万元。2021 年 7 月 15 日，该公司已缴纳全部罚款。乐山市生态环境局同步对该企业未批先建环境违法行为进行了行政处罚。

案例四：超许可排放浓度排放大气污染物案

2021 年 3 月 4 日，广西壮族自治区南宁市生态环境执法人员在对广西某公司进行排污许可证执行情况现场检查时发现，该公司涉嫌存在超许可排放浓度排放大气污染物的情况。该公司于 2020 年 4 月 28 日取得排污许可证，排污许可证中大气污染物排放执行《陶瓷工业污染物排放标准》（GB 25464—2010），脱硫塔排放口颗粒物许可排放浓度限值为 30mg/m^3。经广西壮族自治区南宁生态环境监测中心对该公司的脱硫塔出口进行采样监测，监测结果显示该公司颗粒物数值为 202mg/m^3，超过规定排放限值的 5.7 倍。根据上述监测结果，执法人员迅速立案并展开进一步调查。

经核查，该公司的上述行为违反了《排污许可管理条例》第十七条第二款的规定，南宁市生态环境局依据《排污许可管理条例》第三十四条第一项及《广西壮族自治区环境行政处罚自由裁量规则》（桂环规范〔2020〕17 号）的有关规定，责令该公司立即改正违法行为，严禁超过许可排放浓度排放大气污染物，并对该公司超过许可排放浓度排放大气污染物的环境违法行为处罚款 278839 元。

案例五：未按照排污许可证要求开展自行监测案

2021 年 6 月 22 日，上海市生态环境局执法总队工作人员在进行一类污染物专项执法检查时，发现上海某公司涉嫌存在未按照排污许可证规定安装自动监测设备的情况。该公司行业类别为汽车零部件生产，经查阅《固定污染源排污许可分类管理名录（2019

年版)》(生态环境部令第 11 号),属于重点管理类企业。该公司现有镀镍生产线和镀锌镍生产线各一条,已安装铬、镍在线监测设施,经调查,现有两条电镀生产线工艺中均包含可能产生六价铬的铬钝化工艺。执法人员在检查该公司自动监控设备并比对排污许可证时发现,排污许可证副本上明确要求企业需在废水排放口安装针对六价铬因子的在线监测设施,但企业实际仅在含铬废水、含镍废水排放口分别安装了总铬、总镍的在线监测设施,现有在线监测中均不包含针对六价铬因子的监测,与排污许可证提出的在线监测要求不符。

经核查,该公司上述行为违反了《排污许可管理条例》第二十条第一款"实行排污许可重点管理的排污单位,应当依法安装、使用、维护污染物排放自动监测设备,并与生态环境主管部门的监控设备联网"的规定,上海市生态环境局执法总队根据《排污许可管理条例》第三十六条第四项的规定,责令该公司改正上述环境违法行为,并处罚款 6.68 万元。

案例六:未按排污许可证规定提交执行报告案

2021 年 7 月 5 日,内蒙古自治区巴彦淖尔市生态环境局乌拉特中旗分局通过全国排污许可证管理信息平台进行排污许可执行报告提交情况检查时发现,某热力厂未按照排污许可证规定提交 2020 年度排污许可证执行报告,随即执法人员通过微信工作群提醒该企业。截至 7 月 12 日,工作人员先后累计通过电话、监管平台催促企业提交执行报告 8 次。7 月 13 日,执法人员向该企业下达《限期整改通知》,要求 7 月 15 日前提交 2020 年度执行报告。7 月 19 日,执法人员现场检查时发现该企业仍未按要求提交执行报告。

某热力厂上述行为,违反了《排污许可管理条例》第二十二条"排污单位应当按照排污许可证规定的内容、频次和时间要求,向审批部门提交排污许可证执行报告,如实报告污染物排放行为、排放浓度、排放量等"的规定。乌拉特中旗分局依据《排污许可管理条例》第三十七条第三项的规定,责令该企业改正上述环境违法行为,并处罚款 2 万元。

企业已完成整改,按照排污许可证规定在全国排污许可证管理信息平台提交了 2020 年度排污许可证执行报告,并于 8 月 13 日缴纳了行政罚款。

案例七:未按排污许可证规定建立环境管理台账案

2021 年 3 月 2 日,江苏省无锡市梁溪生态环境综合行政执法局执法人员对无锡市某公司进行日常检查时发现,该企业未按排污许可证规定建立环境管理台账。该企业于

2020 年 10 月 25 日申请取得排污许可证，排污许可证中对环境管理台账记录的格式、内容和频次提出了具体的规定，该企业还参加了后续梁溪生态环境综合行政执法局组织召开的“排污许可证证后管理事项培训会”，会上明确提出“环境管理台账是排污单位落实各项环境管理要求行为的具体记录，是排污单位自证清白的重要依据”，但该企业仍未重视，未按照排污许可证规定建立环境管理台账。

经核查，该企业上述行为违反了《排污许可管理条例》第二十一条第一款“排污单位应当建立环境管理台账记录制度，按照排污许可证规定的格式、内容和频次，如实记录主要生产设施、污染防治设施运行情况以及污染物排放浓度、排放量”的规定，梁溪生态环境局依据《排污许可管理条例》第三十七条第一项的规定，责令该企业改正上述环境违法行为，并处罚款 5000 元。

3.2　生态环境部公布各地排污许可违法违规典型案例（第二批）

经中央全面深化改革委员会审议通过，生态环境部印发了《关于加强排污许可执法监管的指导意见》。《关于加强排污许可执法监管的指导意见》提出，要加强典型案例指导，充分发挥典型案例的示范引导作用，有效震慑排污许可违法违规行为。

2022 年 4 月 11 日，生态环境部通报排污许可领域 7 个典型案例，这些案例涉及无证排污、以欺骗手段获取排污许可证、不按证排污、未按照许可证要求开展自行监测、未提交执行报告、未建立台账、未进行排污登记等违法行为，相关属地生态环境部门依据《排污许可管理条例》等相关法律法规对涉案违法单位和人员予以严惩。

案例一：以欺骗手段取得排污许可证案

2021 年 4 月 28 日，嘉兴市生态环境局平湖分局在开展“双随机、一公开”例行检查时，发现平湖市某厂排放废水中含有镍污染物，该厂于 2020 年 8 月 19 日取得排污许可证，但是其排污许可证上未记录关于总镍污染物的许可排放信息。经查实，该厂在提交排污许可申请时未如实申报镍污染物排放情况，实际生产过程中采用含镍封孔工艺。审核人员现场核实时，该厂通过使用热水封孔工艺代替含镍封孔工艺隐瞒事实，以欺骗手段取得了排污许可证。

该厂上述行为虽发生在《排污许可管理条例》实施之前，但违反了《中华人民共和国行政许可法》第三十一条第一款“申请人申请行政许可，应当如实向行政机关提交有关材料和反映真实情况，并对其申请材料实质内容的真实性负责”的规定。嘉兴市生态环境局平湖分局在向企业送达了撤销行政许可听证告知书后，依据《中华人民共和国行政许可法》第六十九条第二款的规定，依法作出撤销排污许可证的决定。该公司已停产且已被属地人民政府列为关停腾退对象，各项工作有序推进中。

案例二：未取得排污许可证排放污染物案

江西某公司因企业废水外排，废水排放口未安装在线监测设施，2020 年 6 月 11 日，江西省赣州市生态环境局对该公司下达了《排污限期整改通知书》，要求其在 2020 年 12 月 4 日前在废水总排放口安装自动监测设备。2021 年 6 月 4 日，赣州市生态环境局执法人员对该公司进行现场检查时，发现该公司正在生产，废水总排放口仍未安装自动监测设施，且未依法申请取得排污许可证。

该公司上述行为违反了《排污许可管理条例》第二条第一款“依照法律规定实行排污许可管理的企业事业单位和其他生产经营者（以下称排污单位），应当依照本条例规定申请取得排污许可证；未取得排污许可证的，不得排放污染物”的规定。2021 年 8 月 25 日，江西省赣州市生态环境局依据《排污许可管理条例》第三十三条第（一）项的规定，责令该公司改正违法行为，并处罚款 30 万元。

案例三：未按排污许可证规定排放污染物案

2021 年 4 月 14 日夜间，江苏省苏州市相城生态环境综合行政执法局对辖区内污水管网进行排查时，发现有一股异常废水排入污水管网。经快速分析排查，显示该废水源头为苏州某公司，且总磷浓度超标。执法人员随即对该公司进行现场检查，发现该公司于 2019 年 12 月 4 日取得苏州市生态环境局核发的排污许可证，但是，其氮磷废水未按排污许可证规定单独收集处理后回用，而是混入综合废水一同处理，且综合废水处理设施加药装置未正常运行，导致混合后的废水未经有效处理即排入某污水处理厂。同时，该公司总磷等自动监测设备采样管路设置不规范，也未按照排污许可证规定的自行监测频次开展自行监测。

该公司上述行为违反了《排污许可管理条例》第十七条第二款“排污单位应当遵守排污许可证规定，按照生态环境管理要求运行和维护污染防治设施，建立环境管理制度，严格控制污染物排放”和第十九条第一款“排污单位应当按照排污许可证规定和有关标准规范，依法开展自行监测”的规定，江苏省苏州市相城生态环境综合行政执法局根据《排污许可管理条例》第三十四条第（二）项、第三十六条第（五）项和《江苏省生态环境行政处罚裁量基准规定》，责令该公司停产整治，处罚款 29.92 万元，并将相关负责人移送公安机关实施行政拘留。

案例四：未按照排污许可证规定制定自行监测方案并开展自行监测案

2021 年 8 月 19 日，肇庆市生态环境局及怀集分局执法人员对肇庆某公司进行了排污许可证落实情况专项“双随机”检查发现，该公司主要从事金属表面处理及热处理加工，产品为电动机外壳，于 2020 年 6 月 25 日取得肇庆市生态环境局核发的排污许可证，现场检查时，该公司正在生产，排污许可证副本上明确要求企业定期对废气废水开展自行监测，但该公司未按照排污许可证的规定制定自行监测方案并开展自行监测，也未按照排污许可证规定公开污染物排放信息。

该公司上述行为违反了《排污许可管理条例》第十九条第一款“排污单位应当按照排污许可证规定和有关标准规范，依法开展自行监测，并保存原始监测记录。原始监测记录保存期限不得少于 5 年”和第二十三条第一款“排污单位应当按照排污许可证规定，如实在全国排污许可证管理信息平台上公开污染物排放信息”的规定。肇庆市生态环境局怀集分局根据《排污许可管理条例》第三十六条第（五）项和第（七）项的规定，责令该公司立即改正违法行为，并处罚款 5 万元。

案例五：未按照排污许可证规定提交排污许可证执行报告案

2021 年 3 月 23 日，海口市综合行政执法局执法人员开展 2021 年排污许可证后专项检查时，发现海南某公司未按照排污许可证规定提交排污许可证执行报告。该公司于 2020 年 6 月 28 日取得排污许可证，排污许可证中对执行报告的上报频率及时间进行了明确规定。现场检查发现，该公司未按时提交 2020 年季度及年度排污许可证执行报告。

该公司上述行为违反了《海南省排污许可管理条例》第二十九条的规定，排污单位应当按照排污许可证规定的内容、频次和时间等要求，提交执行报告，报告排放行为、排放浓度、实际排放量等是否符合排污许可证规定。海口市综合行政执法局执法人员根据《海南省排污许可管理条例》第四十五条第（一）项、《海南省生态环境行政处罚裁量基准规定》第三条和第九条的规定，责令该公司改正违法行为，并处罚款 2.3 万元。

案例六：未如实记录环境管理台账案

黑龙江某公司于 2017 年 12 月 28 日取得排污许可证。2021 年 4 月 6 日，双鸭山市集贤生态环境局执法人员对该公司开展“双随机”检查时，对大气污染物自动监测设施运维记录、运行台账进行核查发现，该公司 3 月 16 日、21 日未记录设施运行状态，存在记录不全的问题，并且，3 月 16 日记录的设施校验实际发生在 3 月 13 日，实际操作时间与记录情况出入较大，存在未如实记录设施运行、校验情况的问题。

该公司上述行为违反了《排污许可管理条例》第二十一条第一款“排污单位应当建立环境管理台账记录制度，按照排污许可证规定的格式、内容和频次，如实记录主要生产设施、污染防治设施运行情况以及污染物排放浓度、排放量”的规定，双鸭山市集贤生态环境局依据《排污许可管理条例》第三十七条第（一）项的规定，责令该公司改正违法行为，规范生态环境管理台账记录制度，如实填写、填报台账记录，并处罚款0.5万元。

案例七：未按照规定填报排污信息案

2021年7月16日，大连市庄河（北黄海经济区）生态环境分局执法人员开展排污许可专项检查时发现，大连某公司主要以鱼排为原料加工生产鱼滑，日加工成品3.5t左右，属于《固定污染源排污许可分类管理名录（2019年版）》（生态环境部令第11号）中的登记管理类企业，但该公司未按规定在全国排污许可证管理信息平台上进行排污登记。

该公司上述行为违反了《排污许可管理条例》第二十四条第三款“需要填报排污登记表的企业事业单位和其他生产经营者，应当在全国排污许可证管理信息平台上填报基本信息、污染物排放去向、执行的污染物排放标准以及采取的污染防治措施等信息”的规定。大连市庄河（北黄海经济区）生态环境分局根据《排污许可管理条例》第四十三条和《大连市生态环境行政处罚裁量权基准制度》第334条的规定，责令该公司改正违法行为，并处罚款1万元。

3.3 排污许可证中工业固废内容常见质量问题和典型情形分析

为保障工业固体废物纳入排污许可管理工作质量，提高审批部门把关水平，生态环境部环评司组织对排污许可证质量抽查发现的问题进行总结提炼，选取排污许可证中工业固体废物内容常见的三大类质量问题和12种典型情形进行分析，通过典型情形分析指出排污许可证审核中应重点关注的工业固体废物相关常见问题，指导审批部门提高发证质量。并于2022年6月发布在中国排污许可微信公众号上。

3.3.1 固体废物的种类、基本信息问题

【例3-1】企业的废气治理设施每季度均会产生废活性炭，但未在“工业固体废物基础信息表”内填报废活性炭相关信息。

排污单位应完整填报其产生和接收的全部工业固体废物种类及相关基础信息，产生工业固体废物的排污单位可根据环评文件及批复、危险废物管理计划等文件，结合实际

工业固体废物产生情况详细填报，因此企业还需要结合实际产废情况，在“工业固体废物基础信息表”内补充填报废气治理设施产生的废活性炭相关信息。

【例 3–2】专业从事危险废物处置的排污单位未填报接收外单位的危险废物相关信息等。

排污单位应完整填报其产生和接收的全部工业固体废物种类及相关基础信息，工业固体废物治理单位应同时填报从外单位接收的工业固体废物信息。作为危险废物经营单位，需要在“工业固体废物基础信息表”内补充填报接收外单位的危险废物相关信息。

【例 3–3】企业在“危险废物名称”中填报了企业内部管理名称，未填报危险废物的代码、危险特性等。危险废物填报如表 3–1 所示。

纳入《国家危险废物名录（2021 年版）》（生态环境部、国家发展和改革委员会、公安部、交通运输部、国家卫生健康委员会令第 15 号）的危险废物应在排污许可平台上直接选择对应唯一的危险废物名称、危险废物类别和危险特性，不需要手动输入信息；同时建议在“其他信息”中填报危险废物的企业内部管理名称。通过鉴别认定的危险废物应在排污许可平台上选择“其他”，并手动输入相应信息；“危险废物名称”可根据其产生环节、物理状态等情况企业自主命名；“危险废物代码”根据其主要有害成分和危险特性确定所属废物类别，并按代码“900–000– × ×”（ × × 为危险废物类别代码）进行填报；“危险特性”根据鉴别结果进行填报。

表 3–1　危险废物填报

固体废物基础信息表									
序号	固体废物类别	固体废物名称	代码	危险特性	类别	物理性状	产生环节	去向	备注
1	一般工业固体废物	其他一般工业固体废物	SW59	—	第Ⅰ类工业固体废物	固态（固态废物，S）	容器及回转设备生产单元	自行贮存，自行利用	废边角料
2	危险废物	污泥	—	—	—	固态（固态废物，S）	容器及回转设备生产单元	自行贮存，委托处置	
3	危险废物	废滤芯	—	—	—	固态（固态废物，S）	容器及回转设备生产单元	自行贮存，委托处置	
4	危险废物	废包装桶	—	—	—	固态（固态废物，S）	容器及回转设备生产单元	自行贮存，委托处置	

续表

固体废物基础信息表

序号	固体废物类别	固体废物名称	代码	危险特性	类别	物理性状	产生环节	去向	备注
5	危险废物	破碎灯管	—	—	—	固态（固态废物，S）	容器及回转设备生产单元	自行贮存，委托处置	
6	危险废物	废洗片液	—	—	—	液态（高浓度液态废物，L）	容器及回转设备生产单元	自行贮存，委托处置	
7	危险废物	废活性炭	—	—	—	固态（固态废物，S）	容器及回转设备生产单元	自行贮存，委托处置	
8	危险废物	废乳化液	—	—	—	液态（高浓度液态废物，L）	容器及回转设备生产单元	自行贮存，委托处置	
9	危险废物	废油	—	—	—	液态（高浓度液态废物，L）	容器及回转设备生产单元	自行贮存，委托处置	

【例 3-4】企业尚未投产，建设项目环评批复文件要求部分工业固体废物需要鉴别后判定是否为危险废物，部分企业对未鉴别的工业固体废物信息填报不规范。

对环评文件要求鉴别判定的工业固体废物，企业可在排污许可平台“工业固体废物基础信息表”中“固体废物类别”选择“危险废物”；“危险废物名称”选择“其他”，并手动填报环评文件中工业固体废物名称；“危险废物代码”“危险特性”填报“待鉴别”。待该企业工业固体废物按要求鉴别后，需根据鉴别结果变更填报工业固体废物内容。

【例 3-5】企业工业固体废物在厂区内贮存后委外处置，工业固体废物“去向”只填报了委托处置，遗漏了委托处置前在厂区内贮存的环节。固体废物基础信息表如表 3-2 所示。

表 3-2　固体废物基础信息表

固体废物基础信息

序号	固体废物类别	固体废物名称	代码	危险特性	类别	物理性状	生产环节	去向	备注
1	一般工业固体废物	其他一般工业固体废物	SW59	—	第 I 类工业固体废物	固态（固态废物，S）	危险废物贮存年回收 8000 t 废旧电瓶生产线	委托处置	塑料薄膜下脚料

自行贮存和自行利用 / 处置设施基本信息

固体废物类别	一般工业固体废物

自行贮存和自行利用 / 处置设施基本信息

设施名称	自产一般固体废物暂存间	设备编号	TS001
设施类型	自行贮存设施	位置	经度 ×××°××′××.××″ 纬度 ×××°××′××.××″

排污许可平台工业固体废物基础信息表中“去向”栏为多选项，填报时应选择该类工业固体废物在排污单位内部涉及的全过程去向。因此，企业需要在排污许可平台工业固体废物基础信息表“去向”选项中同时选择“自行贮存”和“委托处置”。

3.3.2　工业固体废物贮存 / 利用 / 处置设施填报问题

【例 3-6】企业新建水泥窑协同处置危险废物项目，接收外单位的危险废物在危废库内进行贮存，该企业未填报用于贮存“外来”危险废物的贮存设施；且未将水泥窑作为危险废物处置设施进行填报。

排污单位应当逐项填报内部用于贮存、利用、处置工业固体废物的所有设施，工业固体废物治理排污单位不仅需填报用于贮存 / 利用 / 处置自身产生工业固体废物的设施；还包括用于贮存 / 利用 / 处置外来工业固体废物的设施。因此，企业需要在排污许可平台“自行贮存和自行利用 / 处置设施信息表”中补充填报用于贮存“外来”危险废物的危险废物贮存设施，并将水泥窑作为自行处置设施进行填报。

【例 3-7】企业工业固体废物的去向包括了自行贮存，但未填报自行贮存设施信息表；企业危险废物自行贮存设施未填报贮存能力、面积等信息。工业固体废物填报如表3-3所示。

排污单位应当完整、逐项填报内部用于贮存、利用、处置工业固体废物设施的相应信息。不应遗漏相关内容。企业需要将排污许可平台“自行贮存和自行利用/处置设施信息表”中“设施名称、设施编号、设施类型、位置、是否符合相关标准要求、贮存能力、面积”等基础信息补充完整。

表3-3 工业固体废物填报

固体废物基础信息

序号	固体废物类别	固体废物名称	代码	危险特性	类别	物理性状	产生环节	去向	备注
1	一般工业固体废物	其他一般工业固体废物	SW59	—	第Ⅰ类工业固体废物	固态（固态废物，S）	×××	自行贮存，委托处置	废边角料

自行贮存和自行利用/处置设施信息

固体废物类别	危险废物

自行贮存和自行利用/处置设施基本信息

<table>
<tr><td>设施名称</td><td colspan="2">危险废物贮存场所</td><td>设施编号</td><td>TS002</td></tr>
<tr><td>设施类型</td><td colspan="2">自行贮存设施</td><td>位置</td><td>经度 ×××° ××′××.××″
纬度 ××° ××′××.××″</td></tr>
<tr><td>是否符合相关标准要求（贮存设施填报）</td><td colspan="2">是</td><td>自行利用/处置方式（处置设施填报）</td><td></td></tr>
<tr><td>自行贮存/利用/处置能力</td><td></td><td>单位</td><td>面积（贮存设施填报，m^2）</td><td></td></tr>
</table>

【例3-8】企业认为企业内部的工业固体废物暂存间不属于自行贮存设施，未对厂区内的一般固体废物暂存间和危险废物暂存间进行填报。

贮存是指将固体废物临时置于特定设施或者场所中的活动，原则上企业内部的一般固体废物暂存间和危险废物暂存间属于自行贮存设施。企业内部的工业固体废物暂存间应当在排污许可平台“自行贮存和自行利用/处置设施信息表”中进行填报设施信息。

【例3-9】企业未在自行贮存设施信息表中填报工业固体废物基本信息。

在排污许可平台“自行贮存和自行利用 / 处置设施基本信息表”中，根据该设施可贮存、利用、处置工业固体废物的实际情况，直接选择“工业固体废物基础信息表”已填报过的工业固体废物基本信息。企业应当补充填报危险废物贮存库可贮存的工业固体废物基本信息。自行贮存 / 利用 / 处置危险废物基础信息如表 3-4 所示。

表 3-4　　自行贮存 / 利用 / 处置危险废物基础信息

<table>
<tr><td colspan="5">固体废物类别</td><td colspan="5">危险废物</td></tr>
<tr><td colspan="10">自行贮存和自行利用 / 处置设施基本信息</td></tr>
<tr><td colspan="3">设施名称</td><td colspan="3">危险废物贮存场所</td><td colspan="2">设备编号</td><td colspan="2">TS002</td></tr>
<tr><td colspan="3">设施类型</td><td colspan="3">自行贮存设施</td><td colspan="2">位置</td><td colspan="2">经度
×××°××′××.××″
纬度
×××°××′××.××″</td></tr>
<tr><td colspan="3">是否符合相关标准要求（贮存设施填报）</td><td colspan="3">是</td><td colspan="2">自行利用 / 处置方式（处置设施填报）</td><td colspan="2"></td></tr>
<tr><td colspan="3">自行贮存 / 利用 / 处置能力</td><td>5</td><td>单位</td><td>t</td><td colspan="2">面积（贮存设施填报，m^2）</td><td colspan="2">12</td></tr>
<tr><td colspan="10">自行贮存 / 利用处置危险废物基本信息</td></tr>
<tr><td>序号</td><td>固体废物类别</td><td>固体废物名称</td><td>代码</td><td>危险特性</td><td>类别</td><td>物理性状</td><td>产生环节</td><td>去向</td><td>备注</td></tr>
<tr><td></td><td></td><td></td><td></td><td></td><td></td><td></td><td></td><td></td><td></td></tr>
</table>

【例 3-10】企业一般工业固体废物自行贮存设施信息表中错误地填报了危险废物信息。

根据《一般工业固体废物贮存和填埋污染控制标准》（GB 18599—2020），危险废物和生活垃圾不得进入一般工业固体废物贮存场及填埋场。国家及地方有关法律法规、标准另有规定的除外。企业需要判断设施名称或者废物类别是否填报错误，并修改填报信息。危险废物填报如表 3-5 所示。

表 3-5 危险废物填报

<table>
<tr><td colspan="4">固体废物类别</td><td colspan="6">一般工业固体废物</td></tr>
<tr><td colspan="10">自行贮存和自行利用 / 处置设施基本信息</td></tr>
<tr><td colspan="3">设施名称</td><td colspan="3">一般工业固体暂存库</td><td colspan="2">设备编号</td><td colspan="2">TS001</td></tr>
<tr><td colspan="3">设施类型</td><td colspan="3">自行贮存设施</td><td colspan="2">位置</td><td colspan="2">经度
×××° ××′××.××″
纬度
×××° ××′××.××″</td></tr>
<tr><td colspan="3">是否符合相关标准要求（贮存设施填报）</td><td colspan="3">是</td><td colspan="2">自行利用 / 处置方式（处置设施填报）</td><td colspan="2"></td></tr>
<tr><td colspan="3">自行贮存 / 利用 / 处置能力</td><td>20</td><td>单位</td><td>t</td><td colspan="2">面积（贮存设施填报，m^2）</td><td colspan="2">50</td></tr>
<tr><td colspan="10">自行贮存 / 利用 / 处置危险废物基本信息</td></tr>
<tr><td>序号</td><td>固体废物类别</td><td>固体废物名称</td><td>代码</td><td>危险特性</td><td>类别</td><td>物理性状</td><td>产生环节</td><td>去向</td><td>备注</td></tr>
<tr><td>1</td><td>危险废物</td><td>使用镍和电镀化学品进行镀镍生产的废槽液，槽渣和废水处理污泥</td><td>H117 336–054–17</td><td>T</td><td>—</td><td>半固态（泥态废物，SS）</td><td>××生产线</td><td>自行贮存，委托处置</td><td></td></tr>
</table>

【例 3–11】企业工业固体废物自行贮存设施污染防控技术要求未按照《排污许可证申请与核发技术规范　工业固体废物（试行）》（HJ 1200—2021）相关规定完整填报，如未填报标识要求，截留、收集要求等。自行处置或利用填报如表 3–6 所示。

表 3–6 自行处置或利用填报

<table>
<tr><td colspan="2">固体废物类别</td><td colspan="2">危险废物</td></tr>
<tr><td colspan="4">自行贮存和自行利用 / 处置设施基本信息</td></tr>
<tr><td>设施名称</td><td>危废暂存间</td><td>设备编号</td><td>TS002</td></tr>
</table>

续表

固体废物类别				危险废物
设施类型	自行贮存设施			位置	经度 ×××° ××′××.××″ 纬度 ×××° ××′××.××″
是否符合相关标准要求（贮存设施填报）	是			自行利用 / 处置方式（处置设施填报）	
自行贮存 / 利用 / 处置能力	1	单位	t	面积（贮存设施填报，m^2）	10

自行贮存 / 利用 / 处置危险废物基本信息									
序号	固体废物类别	固体废物名称	代码	危险特性	类别	物理性状	产生环节	去向	备注

污染防控技术要求
密闭存储，内部有防火、有渗透、防流失、防晒等设施、出入口设置监控

《排污许可证申请与核发技术规范　工业固体废物（试行）》（HJ 1200—2021）根据相关法律法规和国家标准，列出了一些具体的普适性污染防控技术要求，同时提出了环境管理和设施运行维护应符合的相关标准。企业应当根据设施类型选择《排污许可证申请与核发技术规范　工业固体废物（试行）》（HJ 1200—2021）适用的污染防控技术要求，并根据实际情况（例如地方、行业的特定要求）进行细化，不应漏填或错填相关标准要求。

3.3.3　遗漏工业固体废物环境管理台账记录要求

【例 3-12】企业未在环境管理台账记录表中填报工业固体废物台账记录要求。

企业应当按照《排污许可证申请与核发技术规范　工业固体废物（试行）》（HJ 1200—2021）的相关要求，在排污许可平台“环境管理台账记录表”中补充填报工业固体废物内容。工业固体废物环境管理台账记录要求可在排污许可平台的“环境管理要求”→“环境管理台账记录要求”中的“污染防治设施运行管理信息”类别增加填报项，并根据现行有效的《危险废物产生单位管理计划制定指南》《一般工业固体废物管理台账制定指南（试行）》等文件中相关规定，填报危险废物和一般工业固体废物管理台账的记录内容、记录频次、记录形式等。

附录 A　火电企业排污许可管理办法范本

第一章　总则

第一条　为加强公司排污许可管理，规范排污许可行为，根据《中华人民共和国环境保护法》《排污许可管理条例》（中华人民共和国国务院令第 736 号）、《排污许可管理办法（试行）》（中华人民共和国环境保护部令第 48 号）等法律法规、技术规范和上级公司有关规定，结合公司实际，制定本办法。

第二条　本办法的监督管理范围，涵盖排污许可管理的各个环节，包括但不限于排污许可证的申请、变更、延续，排污许可证管理要求中自行监测、台账记录、执行报告、信息公开等工作。

第三条　本办法所称的排污许可，是指依法取得具有核发权限的生态环境主管部门核发的排污许可证，并依据排污许可证排放污染物。本办法所指的排污许可管理，主要包括持证排污、按证排污和自证守法的管理等。

第四条　本办法所称自行监测，是指按照生态环境法律法规要求，为掌握本单位的污染物排放状况及其对周边环境质量的影响等情况，组织开展的环境监测活动。开展自行监测的目的是证明排污许可证许可的产排污节点、排放口、污染治理设施及许可限值的落实情况。

第五条　本办法所称环境管理台账，是指根据排污许可证的规定，对自行监测、落实各项环境管理要求等行为的具体记录。

第二章　排污许可证申领管理

第六条　有新建项目时，应当在产生实际排污行为（锅炉点火）前两个月，向负有核发权限的生态环境主管部门提交排污许可申请，确保项目产生实际排污行为之前完成排污许可手续。

不同法人单位的排污企业，应当分别申请排污许可证；同一法人单位有两个以上生产经营场所排放污染物的，应当按照生产经营场所分别申领排污许可证。

第七条　申请取得排污许可证，可通过全国排污许可证管理信息平台提交排污许可证申请表，也可以信函的方式向有核发权限的生态环境主管部门提交通过全国排污许可证管理信息平台印制的书面申请材料。排污许可证申请表应当包括下列事项：

（一）单位名称、住所、法定代表人或者主要负责人、生产经营场所所在地、统一社会信用代码等信息。

（二）建设项目环境影响报告书（表）批准文件或者环境影响登记表备案材料。

（三）按照污染物排放口、主要生产设施或者车间、厂界申请的污染物排放种类、排放浓度和排放量，执行的污染物排放标准和重点污染物排放总量控制指标。

（四）污染防治设施、污染物排放口位置和数量，污染物排放方式、排放去向、自行监测方案等信息。

（五）主要生产设施、主要产品及产能、主要原辅材料、产生和排放污染物环节等信息，及其是否涉及商业秘密等不宜公开情形的情况说明。

（六）在提出申请前已通过全国排污许可证管理信息平台公开单位基本信息、拟申请许可事项的说明材料。

（七）排放重点污染物的新建、改建、扩建项目以及实施技术改造项目的，通过污染物排放量削减替代获得重点污染物排放总量控制指标的说明材料。

第八条　申领时，应按照国家颁布的污染物排放标准申请许可排放浓度；地方人民政府颁布更加严格排放标准的按照从严原则确定；建设项目环境影响评价批复文件有特别要求的从其规定。

第九条　申领时，应依据《火电行业排污许可证申请与核发技术规范》要求，结合公司实际情况申请足额的污染物许可总量。

第十条　公司应申请储煤场、输煤系统、灰库、渣仓、灰场、氨罐区、石灰石及石膏储存区、污泥贮存区、矸石场、码头等主要的无组织排放节点，说明采取的控制措施，原则上不申请无组织排放许可排放总量。若地方政府有具体规定或其他要求的，按其规定申报。

第十一条 公司产生的一般工业固体废物和危险废物应在排污许可证中进行申报，申报的内容须包括名称、类别、代码、物理性状、产生环节、去向、污染防治技术要求以及贮存设施位置、贮存能力、面积等信息。应参考近年运行情况，以涵盖所有固废为原则，据实填报。未投运或投运不满一年的，可根据环境影响评价文件及其审批、审核意见填报。

第十二条 应以争取设置废水外排口的原则进行废水排污许可的申请；环境影响评价文件及其批复同意循环排污水对外排放及采用直流开式冷却方式的，申领时须申报排放口，明确排水去向。同时应按照规范要求申请雨水排放口。

第十三条 废水外排口包括一般排放口和主要排放口。公司废水外排口按照一般排放口申请，地方政府有特殊要求的，从其规定；脱硫废水应设置车间或设施排放口，地方政府有特殊要求的，从其规定；国家或地方对特征污染物有总量控制要求的，废水外排口应申请许可排放量。

第十四条 当多台锅炉公用一根烟囱排放烟气时，应按照烟气在线监测设施布设进行排污口的申报；当多台锅炉在烟囱处共用一套烟气在线监测设施时，以一个排污口进行申报，按照所有锅炉中应执行标准的最严格标准浓度限值进行申报；当烟气在线监测设施按照单台锅炉分别进行布设时，应按照多个排污口进行申报，在填写排污口经纬度坐标时按烟囱位置填写，只填写一个坐标，并在备注中说明相应设备废气通过该烟囱排放。

第十五条 申请采用污染物治理技术原则上应属于火电行业污染物防治可行技术范围。

第十六条 在排污许可证有效期内，公司发生下列情形之一的，应当重新申请取得排污许可证：

（一）新建、改建、扩建排放污染物的项目。

（二）生产经营场所、污染物排放口位置或污染物排放方式、排放去向发生变化。

（三）污染物排放口数量或者污染物排放种类、排放量、排放浓度增加。

第十七条 公司变更名称、住所、法定代表人或者主要负责人，应当自变更之日起 30 日内，向审批部门申请办理排污许可证变更手续。

第十八条 排污许可证有效期为 5 年，有效期届满需要延续的，应当在有效期届满前 60 日向核发机关提出延续申请，并提供下列延续申请材料：

（一）延续排污许可证申请。

（二）由法定代表人或主要负责人签字或者盖章的承诺书。

（三）与延续排污许可事项有关的其他材料。

第十九条　排污许可证若发生遗失、损毁，应当在 30 个工作日内向核发机关申请补领排污许可证，排污许可证遗失时应同时提交遗失声明，排污许可证损毁时应同时交回被损毁的许可证。

第三章　排污许可管理

第二十条　公司法定代表人或主要负责人是排污许可的第一责任人，应按生态环境主管部门排污许可管理要求签署承诺书。在排污许可证申领（含重新申领）、报送年度执行报告时，应履行企业“三重一大”决策程序，组织审查通过后提交核发机关。排污许可证申领（含重新申领）审查会议纪要应报上级公司备案。

第二十一条　公司环保监督管理部门是排污许可的归口管理部门，负责公司已投产机组的排污许可全过程的监督管理，落实上级公司下达的排污许可相关管理要求，开展排污许可证的申领、执行、变更、延续、注销、遗失补办等工作，填报执行报告，上传环境管理台账，监督和考核相关部门排污许可相关工作的实施情况等。

工程管理部门负责基建项目在发生实际排污行为之前申请并取得排污许可证，保证项目投产后合法排放污染物。

生产技术管理部门确保环保设施有效投入，确保污染物治理和排放浓度满足排污许可的相关要求。

运行部门、维护部门、物资部门、计划部门等有关业务部门是排污许可实施的责任主体，负责执行国家、地方政府和上级公司有关规章制度及要求。

第二十二条　排污许可证由正本和副本构成。排污许可证正本应在生产经营场所内方便公众监督的位置悬挂。禁止涂改、伪造、出租、出借、买卖或者以其他方式非法转让排污许可证。

第二十三条　公司各部门应严格落实排污许可事项和环境管理要求，包括台账记录和许可证执行报告，污染物防治设施的建设及运维、自行监测、信息公开等。

生产技术管理部门、运行部门、维护部门应根据国家排污许可有关规定，完善污染防治设施运行维护管理制度，规范污染防治设施的运行维护管理，严格控制超标事件发生。

第二十四条　公司应按照《排污口规范化整治技术要求（试行）》（环监〔1996〕470 号）、《环境保护图形标志　排放口（源）》（GB 15562.1—1995）、《环境保护图形标志　固体废物贮存（处置）场》（GB 15562.2—1995）建设规范化污染物排放口，并设置标志牌。排放口的位置和数量、污染排放方式和排放去向应当与已核发的排污许可证相符。

第二十五条 各相关部门应积极配合政府部门的执法监督检查和社会舆论监督，按要求提供排污许可证、环境管理台账记录、排污许可执行报告、自行监测数据等相关资料，做好行政处罚、媒体曝光、举报投诉等环境舆情应急应对工作。

第四章 自行监测管理

第二十六条 公司环保监督管理部门为自行监测的归口管理部门，负责整体监测工作技术支持和监督实施，编制自行监测方案，负责监测合规性监督、监测报告审核及信息公开、CEMS设备异常时的协调处理等；生产技术管理部门、运行部门负责监测期间锅炉、环保设施的运行和维护，确保运行工况、各项参数满足自行监测开展要求；维护部门负责CEMS设备的日常运行维护，负责现场监测配合，负责自行监测期间生产和污染治理设施运行状况的台账记录；环境监测站负责实施日常监测、相关监测数据的内部报送、建立监测台账等。

第二十七条 公司能够自行承担的监测项目原则上由环境监测站自行开展；不能自行承担的监测项目，可委托有资质的检（监）测机构（应取得国家认监委检验检测机构CMA资质认定证书）开展，监测期间开展的取样记录、原始数据记录、机组运行工况记录等原始数据的原件或复印件应作为自行监测台账记录予以保存，保存期限不得少于5年。

第二十八条 根据相关法律法规和技术规范，以及排污许可证、环境影响评价文件及其批复、竣工环保验收意见等要求编制公司自行监测方案。自行监测方案及其调整、变化情况应及时向社会公开，并根据地方相关管理要求报生态环境主管部门备案。自行监测方案编制完成后应由总工程师或生产副总经理签字批准后方可实施，同时将签字版方案上传至集团环保信息化平台。

“火电企业自行监测方案示范文本”见附件1。

第二十九条 当发生以下情况时，应变更自行监测方案：

（一）执行的排放标准发生变化。

（二）排放口位置、监测点位、监测指标、监测频次、监测技术任一项内容发生变化。

（三）污染源、生产工艺或处理设施发生变化。

第三十条 自行监测方案内容应包括公司基本情况、监测点位（包括示意图）、监测频次、监测指标、执行排放标准及其限值、监测分析及采样方法和仪器、监测质量保证和质量控制要求、监测数据记录整理和存档要求、监测结果公开时限等。上述内容必须满足自行监测技术规范和排污许可证载明的要求。

CEMS 故障时的手工监测、噪声敏感点、灰场及周边环境质量等自行监测均应纳入公司自行监测方案。

第三十一条 自行监测的内容包括废气污染物（有组织或无组织形式排入外环境）、废水污染物（直接排入外环境、排入公共污水处理系统、脱硫废水车间排放口）、噪声污染等及周边环境质量影响监测。

（一）有组织废气排放监测。在锅炉排气筒或烟气汇合后的净烟气烟道上按照相关规范设置监测点位。监测指标及最低监测频次按附件 2 执行。地方生态环境主管部门提出其他要求的按其规定执行。

（二）无组织废气排放监测。无组织排放监测点位设置、监测指标及监测频次按附件 3 执行。

（三）废水排放监测。废水排放监测点位、监测指标、监测频次按附件 4 执行。

（四）厂界环境噪声监测。厂界环境噪声每季度至少开展 1 次昼夜监测，监测指标为等效连续 A 声级。周边有敏感点的，应提高监测频次。

（五）周边环境质量影响监测。污染物排放标准、环境影响评价文件及其批复或其他环境管理有明确要求的，应按照要求对周边相应的空气、地表水、地下水、土壤等环境质量开展监测；无明确要求的，涉及灰（渣）场的，若认为有必要开展地下水环境监测，监测点位设置、监测指标、监测频次、监测井建设等应按照《地下水环境监测技术规范》（HJ 164—2020）执行。

第三十二条 自行监测应遵守国家有关法律法规、环境监测技术规范、方法和环境监测质量管理规定。自行监测可采用自动监测、手工监测以及自动监测与手工监测相结合的方式。

生态环境主管部门对监测指标有自动监测要求的，应采用自动监测，在机组建设同时安装相应的自动监测设备，新建机组投运之日起须对污染物排放情况进行全天连续监测；生态环境主管部门没有自动监测要求的监测指标可采用手工监测。

第三十三条 自行监测记录包括各项污染物手工监测的记录、自动监测运维记录、生产和污染治理设施运行状况、固体废物（含危险废物）产生与处理状况等。自行监测记录应作为公司环境管理台账进行保存。

（一）手工监测记录。委托第三方检测机构开展的手工监测，应在委托合同和协议中明确要求承包方在提交检测报告时一并提供有关原始记录复印件，包括采样记录、样品保存和交接、样品分析记录、质控记录等。公司环境监测站开展的手工监测，应按照规范要求做好手工监测记录。

（二）自动监测运维记录。自动监测运维记录包括自动监测设备运行状况、系统辅助设备运行状况、系统校准、校验工作等；仪器说明书及相关标准规范中规定的其他检查项目；校准、维护保养、维修记录等。

（三）生产和污染治理设施运行状况。包括生产运行情况、燃料分析结果、废气处理设施运行情况、废水处理设施运行情况、固体废物产生与处理情况等。

第三十四条 每年 1 月 15 日前应编制完成上年度自行监测开展情况年度报告，并向负责备案的生态环境主管部门报送，同时报送上级公司。年度报告至少应包含以下内容：

（一）自行监测方案的调整变化情况及变更原因。

（二）企业及各主要生产设施（至少涵盖废气主要污染源相关生产设施）全年运行天数，各监测点、各监测指标全年监测次数、超标情况、浓度分布情况。

（三）按要求开展的周边环境质量影响状况监测结果。

（四）自行监测开展的其他情况说明。

（五）公司实现达标排放所采取的主要措施。

第三十五条 手工监测结果出现超标的，应增加监测频次，并检查超标原因。短期内无法实现稳定达标排放的，应向生态环境主管部门提交事故分析报告，说明事故发生的原因，采取减轻或防止污染的措施，以及今后的预防及改进措施等；若因发生事故或者其他突发事件，排放的污水可能危及城镇排水与污水处理设施安全运行的，应当立即启动应急预案，采取措施消除危害，并及时向城镇排水主管部门和生态环境主管部门等有关部门报告；发现污染物排放自动监测设备传输数据异常的，应当及时报告生态环境主管部门，并及时进行检查、修复。

第五章 环境台账管理

第三十六条 公司排污许可环境台账实行分级管理。一级台账指经统计、整理并保存于环保监督管理部门的台账，直接作为各级生态环境主管部门和上级公司监督检查迎检资料；二级台账指运行、检修等部门日常管理中按规定自然形成的记录，保存于车间或班组，作为一级台账的补充。

各级环境台账应有专人进行记录、整理、报送和维护管理，并对台账记录结果的真实性、完整性和规范性负责。

第三十七条 应按照排污许可证规定的格式、内容和频次，如实记录排污许可环境台账，按月收集，按年汇总，按照电子化储存和纸质储存两种形式同步管理，保存期限不得少于 5 年。其他环境管理台账根据生产和管理实际记录和整理。异常情况应按次记录。

第三十八条 公司环境台账管理，实行环保监督管理部门全过程归口管理和相关部

门分工负责制度。

（一）环保监督管理部门负责环境管理台账的整体监督管理。具体负责确定台账内容和格式，负责对台账进行审查、汇总、上报，负责监督、指导和检查车间级环境台账的建立和完善。

（二）生产技术管理部门负责环保设施的工程项目资料（含可研、设计、工程验收阶段等）、设备管理、技术管理资料整理及归档；负责环保设施运行、维护费用的统计、核算。

（三）计划管理部门负责生产经济技术指标及生产经营基础数据的提供。

（四）调度管理部门负责运行管理相关指标数据的提供。

（五）财务管理部门负责月度石灰石、石膏、灰、渣、液氨发票的复印、统计工作；负责环境保护税缴纳凭证的提供；负责环保电价、环保专项资金申请等相关资料的提供。

（六）固体废物综合利用销售部门负责灰、渣、石膏等一般固体废物数量的统计和上报，提供处置合同、最终去向证明等。

（七）运行部门负责机组脱硫、脱硝、除尘设施月度运行时间，环保设施异常情况汇总，石灰石、液氨日用量，废水产生量、排放量、废水处理设施运行参数、因子浓度等参数的上报；负责环保设施运行台账的记录、整理和报送；负责氨区台账记录；负责油罐区防泄漏围堰、污油池等的台账记录；负责相关环保工作总结、报表资料的提供。

（八）维护部门负责催化剂、布袋除尘器清灰周期及更换情况记录、环保 DCS 曲线报送、CEMS 相关资料提供等工作；负责所辖环保设施（含水、气、声、渣）设备检修维护情况及异常情况台账记录；负责所辖设备噪声排放点的隔声、消声措施台账记录；负责本部门危险废物辨识以及危险废物产生环节的台账资料整理；负责提供液氨（尿素）入厂验收及石灰石化验报告以及脱硫、废水、噪声、粉尘等内部环境监测项目的监测报告等；负责环保工作相关报表、总结资料的提供。

（九）物资部门负责危险废物库房管理资料、出入库台账、处理方式、处理量、合同、转移联单、最终去向证明等资料的整理和上报工作。

（十）行政事务部门负责扬尘源及道路清扫、喷洒和台账记录。

（十一）燃料部门负责入厂、入炉煤质分析报表的归档整理，负责煤质、煤量数据的提供。

第三十九条　各部门按照职责分工的要求，每月 2 日前向环保监督管理部门按照规范的格式上报台账有关报表、资料或统计数据。环保监督管理部门对各部门上报的台账或数据资料进行审核、汇总和整理，完成有关报表资料的审批，每月 15 日前完成环境台账整理归档工作，保留电子版和纸质版。环保监督管理部门按照生态环境部门要求时限、格式每月向全国排污许可证管理信息平台上传环境台账，定期组织对台账进行检查，对不规范、不正确的台账提出整改意见，责任部门应按时完成整改。

第四十条 排污许可环境台账内容包括以下十一部分，台账电子版和纸质版分别按内容分类和顺序规范整理入册。

（一）排污许可证信息资料。

（二）企业基本信息。

（三）废气处理设施运行监督管理。

（四）废水处理设施运行监督管理。

（五）无组织排放控制管理。

（六）污染物排放浓度和总量。

（七）固废处置和污染防治管理。

（八）噪声防治管理。

（九）自行监测与信息公开。

（十）环保主管部门执法检查资料。

（十一）排污许可证执行报告。

第四十一条 排污许可证信息资料包含以下内容：

（一）排污许可证正本、副本复印件。

（二）排污许可证申请材料。

（三）排污许可证变更或延续申请资料。

（四）法定代表人或者实际负责人签字或盖章的承诺书。

第四十二条 企业基本信息台账包含以下内容：

（一）企业基本情况简介（企业历史及主要发展沿革、机组概况、近年来生产和环保大事记等）。

（二）企业营业执照。

（三）主要生产工艺情况。

（四）企业主要生产和治污设施清单。

（五）企业主体工程环评及批复、验收资料。

（六）企业生态环境保护规章制度。

第四十三条 废气处理设施运行监督管理台账，按照脱硫、脱硝、除尘分别建立，包含内容见附件 5。

第四十四条 废水处理设施运行监督管理台账。

纳入排污许可管理的废水类别包括生产废水、生活污水和冷却水排水（含直流冷却

水温排水）等，生产废水主要包括化学水处理系统酸碱再生废水、过滤器反洗废水、反渗透浓水、机组杂排水、含煤废水、含油废水、脱硫废水等。废水设施运行监督台账包含内容见附件 6。

第四十五条　无组织排放控制管理台账。

对储煤场、输煤系统、油罐区、物料场、翻车机房、备煤备料系统、石灰石及石膏储存区、脱硝辅料区（氨罐区）、灰场等无组织废气污染治理措施相应的运行、维护、管理信息进行记录，形成台账。无组织排放控制管理台账包含内容见附件 7。

第四十六条　污染物排放浓度和总量台账。

按月、分机组整理废气排放物排放浓度和排放总量统计、核算资料，自证污染物浓度和排放总量符合排污许可证要求。

第四十七条　固废处置和污染防治管理。

（一）对固体废物，按照一般固体废物和危险废物分别建立台账，台账内容如下：

一般固体废物环境管理台账记录。按照生态环境部《一般工业固体废物管理台账制定指南（试行）》要求执行，主要包括粉煤灰、炉渣、石膏综合利用和污染防治综述、综合利用处置合同、产销和综合利用统计等。

（二）危险废物管理台账。主要包括危险废物清单，年度管理计划，危险废物暂存库资料，危险废物处置合同、协议，危险废物入库、出库台账，危险废物转移联单，最终去向信息，危险废物产生环节、数量、移交贮存部门信息等。

第四十八条　噪声防治管理台账。

各部门根据设备分工，对磨煤机、锅炉、汽轮机、发电机、循环水泵、浆液循环泵、送风机、引风机、一次风机、氧化风机等主要噪声排放点的隔声、消声措施进行台账记录，并对相关改造、检修维护情况进行记录。

第四十九条　自行监测与信息公开。

（一）自行监测方案（经生态环境部门备案）。

（二）自行监测委托监测报告。

（三）自行监测公司内监测、化验报告。

（四）环境信息公开资料。

第五十条　排污许可证执行报告。将历次报告按时间顺序整理存档。

第六章　执行报告管理

第五十一条　应按照排污许可证中载明的内容、频次和时间要求在全国排污许可证管理信息平台上完成执行报告的填报及向有核发权限的环保部门的报送工作，若排污许可证未明确载明填报频次及内容，按照当地生态环境主管部门的规定填报。

应如实报告排污许可证执行报告，包括污染物排放行为、排放浓度、排放量等，以及污染防治设施的建设运行情况、自行监测情况等。其中，水污染物排入市政排水管网的，还应包括污水接入市政排水管网位置、排放方式等信息。排污许可证有效期内发生停产的，排污企业应当在排污许可证执行报告中如实报告污染物排放情况并说明原因。

第五十二条 报告周期。

按照排污许可证规定的时间提交执行报告，应每年提交一次排污许可证年度执行报告；同时，还应依据法律法规、标准等文件的要求，提交季度执行报告或月度执行报告。

（一）年度执行报告。对于持证时间超过三个月的年度，报告周期为当年全年（自然年）；对于持证时间不足三个月的年度，当年可不提交年度执行报告，排污许可证执行情况纳入下一年度执行报告。

（二）季度执行报告。对于持证时间超过一个月的季度，报告周期为当季全季（自然季度）；对于持证时间不足一个月的季度，该报告周期内可不提交季度执行报告，排污许可证执行情况纳入下一季度执行报告。

（三）月度执行报告。对于持证时间超过十日的月份，报告周期为当月全月（自然月）；对于持证时间不足十日的月份，该报告周期内可不提交月度执行报告，排污许可证执行情况纳入下一月度执行报告。

第五十三条 年度执行报告编制内容。包括排污单位基本情况、污染防治设施运行情况、自行监测执行情况、环境管理台账执行情况、实际排放情况及合规判定分析、信息公开情况、排污单位内部环境管理体系建设与运行情况、其他排污许可证规定的内容执行情况、其他需要说明的问题、结论、附图附件等。

对于信息有变化和违证排污等情形，应分析与排污许可证内容的差异，并说明原因。

第五十四条 季度/月度执行报告至少包括污染物实际浓度和排放量、合规判定分析，超标排放和污染防治设施异常情况说明等内容。其中季度执行报告还包括各月度生产小时数、主要产品及其产量、主要原料及其消耗量、取水量及废水排放量、主要污染物排放量等信息。

第七章 附则

第五十五条 本办法由环保监督管理部门负责解释。

第五十六条 本办法自印发之日起施行。

附件 1　自行监测方案示范文本

火电企业自行监测方案

示范文本

企业名称：＿＿＿＿＿＿＿＿＿＿（盖章）

监测单位：＿＿＿＿＿＿＿＿＿＿

备案日期：＿＿＿＿＿＿＿＿＿＿

依据《国家重点监控企业自行监测及信息公开办法（试行）》《火电行业排污许可证申请与核发技术规范》《排污单位自行监测技术指南　总则》（HJ 819—2017）、《排污单位自行监测技术指南　火力发电厂》等制定 ×× 公司 ×× 年度自行监测方案。

一、企业基本情况

×× 公司位于 ×× 市 ×× 县/区 ×× 镇，生产能力为 ××，工程于 ×× 年 ×× 月开工建设，×× 年 ×× 月正式投产。配套建设 ×× 废水处理系统、×× 除尘系统、×× 脱硫系统、×× 脱硝系统，还有降噪设施、固废综合利用等辅助设施。×× 环境监测站于 ×× 年 ×× 月对工程进行资料核查、现场勘查和验收监测，编写了“×× 工程竣工环境保护验收监测报告”。×× 环保局于 ×× 年 ×× 月 ×× 日以环验〔××〕×× 号文件，下发了“关于 ×× 工程竣工环境保护验收意见的函”。

厂区平面布置图如下（应注明厂界监测点位）：

二、CEMS 设备情况

×× 公司 1、2 号机组在净烟道安装烟气在线监测系统。采用 ×× 公司生产的烟气在线监测设备，采用完全抽取法的采样分析方式，具备全系统校准功能，安装了 NO 转换器。目前，两套监测设备已与 ×× 市地方环保部门联网。

×× 公司 ×× 排放口安装废水在线监测系统。采用 ×× 公司生产的在线监测设备，目前，已与 ×× 市地方环保部门联网。

三、污染源及治理措施

×× 公司污染物排放及治理设施如表 A-1 所示。

表 A-1　　×× 公司污染物排放及治理设施

类别	序号	产生原因	污染因子	治理措施	去向
废气	1	燃料（煤）燃烧	二氧化硫	石灰石－石膏湿法脱硫	处理后经 210m 高烟囱排放
	2	…	…	…	…
废水	1	工业废水	化学需氧量、氨氮（NH_3-N）、总磷（以 P 计）、pH 值、悬浮物、石油类、硫化物、氟化物（以 F- 计）、挥发酚、溶解性总固体（全盐类）、动植物油	曝气＋絮凝沉淀＋澄清＋酸碱中和	处理后排放至污水处理厂
	2	…	…	…	…

续表

类别	序号	产生原因	污染因子	治理措施	去向
噪声	1	机组生产	噪声	对产噪较大的锅炉、汽轮机进行封闭隔音降噪处理	—
固废	1	燃料燃烧	粉煤灰、炉渣	系统收集、密闭储存	外售
	2	…	…	…	…
危废	1	转机定期更换下来的润滑油	废矿物油	收集至危废间	交由有资质的危险废物处置单位处置
	2	…	…	…	…
无组织排放	1	油罐	非甲烷总烃	自动喷淋装置	排放
	2	…	…	…	…

四、自行监测

1. 污染物排放标准

根据环评文件及批复、已核发的排污许可证，排放的污染物执行标准限值如表 A-2 所示。

表 A-2　污染物排放限值执行标准

污染源	污染物	排放限值	标准
1、2 号机组烟气	SO_2	100mg/m^3	《火电厂大气污染物排放标准》（GB 13223—2011）
	NO_x	100mg/m^3	
	烟尘	30mg/m^3	
	汞及其化合物	0.03mg/m^3	
	林格曼黑度	1 级	
无组织排放	颗粒物	1.0mg/m^3	《大气污染物综合排放标准》（GB 16297—1996）
	氨	1.0mg/m^3	《恶臭污染物排放标准》（GB 14554—1993）
	非甲烷总烃	4.0mg/m^3	《大气污染物综合排放标准》（GB 16297—1996）

续表

污染源	污染物	排放限值	标准
厂界噪声	昼间	65dB（A）	《工业企业厂界环境噪声排放标准》（GB 12348—2008）Ⅲ类
	夜间	55dB（A）	
废水总排口	pH 值		《污水综合排放标准》（GB 8978—1996）
	化学需氧量		
	氨氮		
	悬浮物		
	总磷		
	石油类		
	氟化物		
	硫化物		
	挥发酚		
	溶解性总固体（全盐量）		
	流量		
脱硫废水排放口	pH 值		《燃煤电厂石灰石－石膏湿法脱硫废水水质控制指标》（DL/T 997—2020）
	总砷		
	总铅		
	总汞		
	总镉		
	流量		
循环冷却水排放口	pH 值		
	化学需氧量		
	总磷		
	流量		
直流冷却水排放口	水温		
	总余氯		
	流量		

续表

污染源	污染物	排放限值	标准
灰（渣）场地下水	pH 值		《地下水质量标准》（GB/T 14848—2017）
	化学需氧量		
	硫化物		
	氟化物		
	石油类		
	总硬度		
	总汞		
	总砷		
	总铅		
	总镉		
周边环境质量监测	（按照环评文件及其批复及其他环境管理政策要求执行）		

2. 监测内容及要求

（1）×× 公司 ×× 年度自行监测内容、频次及要求如表 A-3 所示。

（2）自动监控设施出现故障的，按照表 2 开展手工监测，每 4h 至少监测一次，每天不得少于六次；至少每 6h 向环保部门报告一次，每天不得少于四次。

表 A-3 自行监测内容

监测内容	监测项目	监测点位	监测频次	监测方法	分析仪器	备注
有组织废气监测指标	烟尘	1、2 号机组净烟道	连续	前向散射法	烟尘仪 DR-820F	—
	...	...	...	...	...	...

续表

监测内容	监测项目	监测点位	监测频次	监测方法	分析仪器	备注
无组织废气监测指标	颗粒物	厂界下风向	每季度	《环境空气　总悬浮颗粒物的测定　重量法》(GB/T 15432—1995)	电子天平 BS224S	—
	...	...	...	...	...	...
厂界噪声	噪声	东、南、西、北厂界	每季度	《工业企业厂界环境噪声排放标准》(GB 12348—2008)	AWA5688 多功能声级计 MBSY-017-01	—
废水监测指标	悬浮物	总排口	每月	《水质　悬浮物的测定　重量法》(GB/T 11901—1989)	—	—
	...	...	...	...	...	...
灰（渣）场地下水	pH 值	地下水监测井	每年	《生活饮用水标准检验方法》系列标准（GB 5750）	—	—
	...	...	...	...	...	...

五、信息记录

自行监测记录包含监测各环节的原始记录、委托监测相关记录、自动监测设备运维记录，各类原始记录内容应完整并有相关人员签字，保存不少于 5 年。

（1）自动监测信息记录应包括系统运行状况、系统辅助设备运行状况、系统校准、校验工作等必检项目和记录，以及仪器说明书及相关标准、规范中规定的其他检查项目和校准、维护保养、维修记录等。

（2）手工监测信息记录按表 A-4 ～表 A-8 进行记录。校验比对和自动监控设施故障期间的手工监测记录到手工监测记录表 A-4 中，按要求向环境保护主管部门报送自动监控设施故障期间的手工监测记录。

× × 公司手工监测记录表（以 20t/h 及以上的燃煤锅炉为例）如下。

表 A-4　　手工监测记录——废气污染物监测指标

监测内容	排放口	监测指标	监测点位	监测频次	监测日期 / 时间	监测结果	监测结果（折标）	排放标准	排放限值	监测方法	分析仪器	人员签名	备注
	1	SO_2	烟囱入口	连续监测									校验比对

续表

监测内容	排放口	监测指标	监测点位	监测频次	监测日期 / 时间	监测结果	监测结果（折标）	排放标准	排放限值	监测方法	分析仪器	人员签名	备注
废气污染物监测指标		SO_2	烟囱入口	连续监测故障期间 1 次 /4h									手工监测
		NO_x	烟囱入口	连续监测									
		烟尘	烟囱入口	连续监测									
		烟气黑度	烟囱出口	季度									
		汞及其化合物	烟囱入口	季度									
	排放口排气量、温度、压力、湿度、氧含量												
	2	SO_2	烟囱入口	连续监测									校验比对
		SO_2	烟囱入口	连续监测故障期间 1 次 /4h									手工监测
		NO_x	烟囱入口	连续监测									
		烟尘	烟囱入口	连续监测									
		烟气黑度	烟囱出口	季度									
		汞及其化合物	烟囱入口	季度									
	排放口排气量、温度、压力、湿度、氧含量												

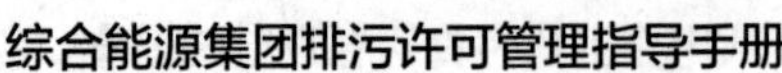

表 A-5　　手工监测记录——废水污染物监测指标

监测内容	排放口	监测指标	监测频次	监测日期 / 时间	监测结果	排放标准	排放限值	监测方法	分析仪器	人员签名	备注
废水污染物监测指标	废水排放口	pH 值	月								
		COD	月								
		氨氮	月								
		悬浮物	月								
		总磷	月								
		石油类	月								
		氟化物	月								
		硫化物	月								
		挥发酚	月								
		溶解性总固体	月								
		流量	月								
	脱硫废水排放口	pH 值	月								
		总砷	月								
		总铅	月								
		总汞	月								
		总镉	月								
		流量	月								

表 A-6　　手工监测记录——厂界噪声

监测内容	监测点位	监测频次	监测日期 / 时间	监测结果	排放标准	排放限值	监测方法	分析仪器	人员签名	备注
厂界噪声	东	季度								
	南	季度								
	西	季度								
	北	季度								

表 A-7　　手工监测记录——无组织废气污染物

监测内容	监测指标	监测点位	监测频次	监测日期/时间	监测结果	排放标准	排放限值	监测方法	分析仪器	人员签名	备注
无组织废气污染物	厂界颗粒物	东	季度								
		南	季度								
		西	季度								
		北	季度								
	氨	氨区周边	季度								
	非甲烷总烃	储油罐周边	季度								

表 A-8　　手工监测记录——周边环境质量影响状况监测

监测内容	监测指标	监测频次	监测日期/时间	监测结果	排放标准	排放限值	监测方法	分析仪器	人员签名	备注
灰渣场周边	pH 值	年								
	COD	年								
	硫化物	年								
灰渣场周边	氟化物	年								
	石油类	年								
	总硬度	年								

六、数据记录（以燃煤电厂为例）

1. 生产情况表

生产情况表如表 A-9 所示。

表 A-9　　生产情况表

日期	机组编号	规模（MW）	发电量（万 kWh）	供热量（万J）	负荷率	燃煤量（t）	发电标准煤耗（g/kWh）	产灰量	产渣量

2. 燃料分析报表

燃料分析报表如表 A-10 所示。

表 A-10　　燃料分析报表

日期	燃煤机组			
	低位发热量（MJ / kg）	硫分（%）	干燥无灰基挥发分（%）	灰分（%）

3. 废气处理设施运行情况表

废气处理设施运行情况表如表 A-11 所示。

表 A-11　　废气处理设施运行情况表

机组编号	日期	发电量（万kWh）	供热量（万J）	机组运行时间（h）	脱硫设施运行时间（h）	脱硝设施运行时间（h）	脱硫剂用量（t）	脱硫副产品产量（t）	脱硝还原剂用量（t）	脱硫副产物产生量（t）	灰渣产生量（t）	布袋除尘器清灰周期及换袋情况	废气污染治理设施运行费用（元）
1													

4. 治污设施异常情况汇总表

治污设施异常情况汇总表如表 A-12 所示。

表 A-12　　治污设施异常情况汇总表

时间	故障设施	故障原因	排放浓度（mg/m^3）			应对措施
			SO_2	NO_x	烟尘	

5. 污水处理运行状况表

污水处理运行状况表如表 A-13 所示。

表 A-13　　污水处理运行状况表

类别	污水处理量（t）	污水回用量（t）	污水排放量（t）	污泥产生量（t）	污泥含水率（t）	污水处理药剂（t）	污水处理药剂用量（t）	冷却水排放量（t）
生产废水								
生活污水								

七、监测质量保证

1. 烟气自动监控系统（CEMS）

每季度委托有资质的单位对CEMS进行比对监测。委托××公司进行CEMS的运维工作，运维人员持有自动监控设备运维相关证书，保证CEMS数据准确、可靠、有效。

2. 废水监测项目质控措施

废水监测满足《水质　采样技术指导》（HJ 494—2009）、《水质　采样方案设计技术规定》（HJ 495—2009）、《水污染源在线监测系统（COD_{Cr}、NH_3-N等）安装技术规范》（HJ 353—2019）、《水污染源在线监测系统（COD_{Cr}、NH_3-N等）运行技术规范》（HJ 355—2019）等要求。水样采集、运输、保存、实验室分析和数据计算的全过程均按《环境水质监测质量保证手册》等的要求进行。选择的方法检出限满足要求。采样过程中采集一定比例的平行样；实验室分析过程使用标准物质、空白试验、平行双样测定、加标回收率测定等质控措施，并对质控数据分析。监测仪器经计量部门检验并在有效期内使用，监测人员持证上岗，监测数据严格执行三级审核制度。

3. 废气、无组织和噪声监测项目质控措施

废气手工监测均执行《固定源废气监测技术规范》（HJ/T 397—2007）、《固定污染源监测质量保证与质量控制技术规范（试行）》（HJ/T 373—2007）；无组织废气监测按照《大气污染物无组织排放监测技术导则》（HJ/T 55—2000）的要求进行，检测前对使用的仪器均进行流量校准，采样严格按照标准执行。选择的方法检出限满足要求。实验室分析过程使用标准物质、空白试验、平行双样测定、加标回收率测定等质控措施，并对质控数据进行分析。尽量避免被测排放物中共存污染物因子对仪器分析的交叉干扰。

检测时使用经计量部门检定、并在有效期内的仪器。

八、自行监测信息公开

（1）企业基础信息随监测数据一并公布，自行监测方案如有调整，于变更后五个工作日内进行信息公开。

（2）手工监测数据应于每次监测完成后的次日公布。

（3）自动监测数据应实时公布监测结果，其中废水自动监测设备为每2h均值，废气自动监测设备为每1h均值。

（4）每年1月底前公布上年度自行监测年度报告。

附件 2

有组织废气监测指标最低监测频次如表 A-14 所示。

表 A-14　　有组织废气监测指标最低监测频次

燃料类型	锅炉或燃气轮机规模	监测指标	监测频次
燃煤	14MW 或 20t/h 及以上	颗粒物、二氧化硫、氮氧化物	自动监测
		汞及其化合物[①]、氨[②]、林格曼黑度	季度
	14MW 或 20t/h 以下	颗粒物、二氧化硫、氮氧化物、汞及其化合物、林格曼黑度	月
燃油	14MW 或 20t/h 及以上 14MW 或 20t/h 以下	颗粒物、二氧化硫、氮氧化物	自动监测
		氨[②]、林格曼黑度	季度
	14MW 或 20t/h 以下 14MW 或 20t/h 及以上	颗粒物、二氧化硫、氮氧化物、林格曼黑度	月
燃气[③]	14MW 或 20t/h 及以上	氮氧化物	自动监测
		颗粒物、二氧化硫、氨[②]、林格曼黑度	季度
	14MW 或 20t/h 以下	氮氧化物	月
		颗粒物、二氧化硫、林格曼黑度	年

注　1. 型煤、水煤浆、煤矸石锅炉参照燃煤锅炉；油页岩、石油焦、生物质锅炉或燃气轮机组参照以油为燃料的锅炉或燃气轮机组。

2. 多种燃料掺烧的锅炉或燃气轮机组应执行最严格的监测频次。

3. 排气筒废气监测应同步监测烟气参数。

① 煤种改变时，需对汞及其化合物增加监测频次。

② 使用液氨等含氨物质作为还原剂，去除烟气中氮氧化物时，可以选测。

③ 仅限于以净化天然气为燃料的锅炉或燃气轮机组，其他气体燃料的锅炉或燃气轮机组参照以油为燃料的锅炉或燃气轮机组。

附件 3

无组织废气监测指标最低监测频次如表 A-15 所示。

表 A-15　　无组织废气监测指标最低监测频次

燃料类型	监测点位	监测指标	监测频次
煤、煤矸石、石油焦、油页岩、生物质	厂界	颗粒物①	季度
油	储油罐周边及厂界	非甲烷总烃	季度
所有燃料	氨罐区周边	氨②	季度

① 未封闭堆场需增加监测频次。周边无敏感点的，可适当降低监测频次。

② 适用于使用液氨或氨水作为还原剂的火电厂；采用尿素作为还原剂的火电厂根据地方环保要求进行监测。

附件 4

废水监测指标最低监测频次如表 A-16 所示。

表 A-16　　　　废水监测指标最低监测频次

锅炉或燃气轮机组	燃料类型	监测点位	监测指标	监测频次
涉单台 14MW 或 20t/h 及以上锅炉或燃气轮机组的火电厂	燃煤	废水总排放口	pH 值、化学需氧量、氨氮、悬浮物、总磷①、石油类、氟化物、硫化物、挥发酚、溶解性总固体（全盐量）、流量	月
		脱硫废水排放口	pH 值、总砷、总铅、总汞、总镉、流量②	月
	燃气	废水总排放口	pH 值、化学需氧量、氨氮、悬浮物、总磷①、溶解性总固体（全盐量）、流量	季度
	燃油	废水总排放口	pH 值、化学需氧量、氨氮、悬浮物、总磷①、石油类、硫化物、溶解性总固体（全盐量）、流量	月
		脱硫废水排放口	pH 值、总砷、总铅、总汞、总镉、流量	月
	所有	循环冷却水排放口	pH 值、化学需氧量、总磷、流量	季度
	所有	直流冷却水排放口	水温、流量	日
			总余氯	冬、夏各一次
仅涉单台 14MW 或 20t/h 以下锅炉的火电厂	所有	废水总排放口	pH 值、化学需氧量、氨氮、悬浮物、流量	年

注　除脱硫废水外，废水与其他工业废水混合排放的，参照相关工业行业监测要求执行；脱硫废水不外排的，监测频次可按季度执行。

① 生活污水若不排入总排放口，可不测总磷。

② 地方环保部门发布更严格要求的执行地方环保部门要求。

附件 5

废气处理设施运行监督管理台账内容：

（一）废气处理设施工程项目资料（可研、设计、环评批复和验收资料）。

（二）废气处理设施运行和检修规程。

（三）废气处理设施主要检修维护记录（源于设备台账）。

（四）主机及废气处理设施启停和主要运行操作记录（源于运行台账）。

（五）生产情况报表（按日或班次记录，按月、按年整理入账）。燃煤机组分机组记录运行小时、用煤量、发电煤耗、产灰量、产渣量、实际发电量、实际供热量、负荷率。燃气机组分机组记录每日的运行小时、用气量、发电气耗、实际发电量、实际供热量、负荷率。燃油机组分机组记录每日的运行小时、用油量、发电油耗、实际发电量、实际供热量、负荷率。

（六）燃料分析报表（按日记录，按月、按年整理入账），要求每天记录燃料用量、分析等，包括收到基灰分、干燥无灰基挥发分、收到基全硫、低位发热量等，并按月、按年整理年报表。燃气火电企业应每天记录天然气成分分析；燃油火电企业应每天记录油品品质分析，包括含硫量等；其他燃料的火电企业应每天记录燃料成分。

（七）废气处理设施运行情况记录表（按日记录，按月、按年整理入账）。

（八）废气处理设施主要异常及分析记录（超标异常、运行故障等异常列表记录，附分析报告）。

（九）废气处理设施主要运行指标统计表（月报表、年报表，统计投入率、达标率等指标）。

（十）向生态环境主管部门报送的专项报告、请示及批复资料（主要针对机组及环保设施启停、运行故障或超标异常）。

（十一）政府污染源自动监测监控系统报表（分机组日报表、月报表、年报表）。

（十二）DCS 曲线。分机组按照以下要求对脱硝、脱硫、除尘运行 DCS 曲线打印、整理入账。

（1）DCS 曲线截屏后粘贴在 Word 文档中，注明每条曲线代表的含义。规范命名保存于电子台账，并打印作为纸质台账保存。

（2）DCS 曲线应能准确直观地反映出脱硫、脱硝、除尘设施运行状况和污染物排放浓度变化趋势。要求每周一张彩色曲线图，注明机组编号，量程合理，每个参数按照统一的颜色画出曲线。

（3）脱硫 DCS 曲线参数设置要求：机组负荷（红色）、原烟气 SO_2 浓度（深蓝色）、

净烟气 SO_2 浓度（绿色）、烟气出口温度（黄色）、供浆流量（粉色）、氧化风机电流（天蓝色）。

（4）脱硝 DCS 曲线参数设置要求：机组负荷（红色）、脱硝系统入口 A 侧 NO_x 浓度（深蓝色）、入口 B 侧 NO_x 浓度（紫色）、总排放口 NO_x 浓度（绿色）、入口 A 侧氨流量（天蓝色）、入口 B 侧氨流量（白色）、入口 A 侧烟气温度（黄色）、入口 B 侧烟气温度（粉色）。

（5）除尘 DCS 曲线要求含机组负荷（红色）、FGD 入口烟尘浓度（深蓝色）、FGD 出口烟尘浓度（绿色）、烟气出口温度（粉色）、引风机来烟气量（A 侧紫色、B 侧白色）。

（十三）CEMS 相关资料。包括表计校验校准和比对记录、合格证、故障信息、手工监测记录及运维台账记录等。

附件 6

废水处理设施运行监督台账内容：

（1）全厂废水分类及处理情况总体情况综述。说明全厂废水来源、水量、水质、处理情况（工艺、规模、设计参数、投用时间等）、水质指标、排放去向及受纳水体、排污口情况。附表说明废水分类、处理工艺和排放去向。

（2）废水处理设施工程项目资料。包括可研、设计、环评批复和验收资料，按照处理设施分类、逐项整理入账。

（3）废水处理设施运行和检修规程。

（4）废水处理设施主要检修维护记录（源于设备台账）。

（5）废水处理设施主要运行操作记录（源于运行台账）。

（6）废水处理设施表计校验和比对记录。

（7）废水处理设施水质监测报表（处理设施前、后主要水质监测记录表，按照项目、时间逐项统计、整理）。

（8）废水排放口（含外排口、生产设施排放口）污染物监测统计表（按照排放标准和自行监测要求的项目、周期记录，不同排放口单独记录）。按日或班次记录，按月、按年整理入账。

（9）废水处理设施主要异常及分析记录（超标异常、运行故障等异常列表记录，附分析报告）。

（10）废水处理设施主要运行指标统计表（月报表、年报表，统计投入率、达标率等指标）。

（11）废水环保设施运行记录表。废水环保设施台账应包括所有环保设施的运行参数及排放情况等，废水处理设施记录包括废水处理能力（t/ 日）、进水水质（各因子浓度和水量等）、运行参数（包括运行工况等）、药剂名称及用量、废水排放量、废水回用量、污泥产生量及运行费用（元 /t）、排水去向及受纳水体、排入的污水处理厂名称等。

（12）循环冷却水（含直流冷却水）的排放量、水质等。

附件 7

无组织排放控制管理台账内容：

（1）无组织排放污染源清单。列表记录无组织排放污染源名称、位置、工艺、污染排放因子、主要治理设施、管理控制措施等。

（2）无组织排放治理设施资料。对于建有挡风抑尘网、封闭煤场、喷淋雾化设施、除尘等治理设施的，对设施进行专项、详细介绍，资料放入台账。

（3）无组织排放日常控制措施执行记录。按无组织排放源，逐项整理措施执行记录。如储煤场的覆盖、喷淋、洒水记录，输煤系统喷淋、洒水记录，氨区巡检、氨泄漏检测、喷淋记录，灰场复土、硬化、喷淋记录等，台账记录从现场运行记录进行整理，现场记录作为二级台账保存于车间、班组备查，按月汇总。

（4）二级台账（现场记录）按照以下要求记录无组织排放日常控制措施执行情况：

1）道路抑尘洒水部门每天记录洒水的起止时间。

2）储煤场每班记录天气状况（风、雨、雪等）、喷淋起止时间、覆盖区域等。

3）输煤系统记录喷淋起止时间，除尘设施检修维护及更换情况等。

4）氨区每班记录自动在线检漏仪测试情况，定期对法兰、阀门等进行检漏情况测试。

5）灰库等物料场记录洒水、喷淋等抑尘措施执行情况。

6）灰场每天记录天气状况、喷淋系统启动时间等。记录灰场覆盖、植被等情况。

7）油罐区每班记录巡检、可燃气体测试情况等。

8）石灰石（粉）储存制备区记录除尘器运行、检修维护及更换情况等。

9）无组织排放监测记录。根据自行监测报告整理汇总，整理入账。

附录 B （燃煤发电企业）环保设施运行维护监督管理办法范本

第一章　总则

第一条　为全面落实“持证排污，按证排污，自证守法”的要求，把排污许可工作融入本企业的日常管理体系，规范环保设施的运行维护管理，确保达标排放，满足排污许可的管理要求，特制定本办法。

第二条　本办法依据《排污许可管理条例》(中华人民共和国国务院令第 736 号)、《火电行业排污许可证申请与核发技术规范》等文件的要求，参照国家、行业、地方及集团公司的相关规定和技术标准制定。

第三条　本办法的覆盖范围，包括环保设施的运行维护监督管理、无组织排放的监督管理、环保原材料及发电副产品的监督管理。其中环保设施主要是指《火电行业排污许可证申请与核发技术规范》中明确的设施，包括火电厂烟气治理设施、废水处理设施、无组织排放治理设施、烟气排放连续监测系统（CEMS）、废水在线监测系统、固体废物贮存及处置设施等。

第四条　本办法贯彻集团公司“两个等同于”的原则，将环保设施的管理，等同于发电主设备的管理。同时根据《火电行业排污许可证申请与核发技术规范》的要求，对部分设备的运行效果和日常管理提出了要求。

第二章　通则

第五条　本办法的监督管理范围，包括环保设施的合规性监督管理、环保设施的运行维护监督管理、环保排放指标的监督管理、环保原材料及发电副产品的监督管理等。

第六条　环保监督部门负责环保设施的合规性管理、环保排放指标和总量控制、原材料及副产品的监督；生产技术管理部门及检修车间负责环保设施的检修维护、检修台账；运行调度及运行车间负责环保设施的运行调整、运行台账。具体事项应落实到岗到人。

第七条　环保设施技术管理部门应结合机组的大小修、性能试验等，对环保设施的整体性能进行评估，评估结果显示环保设施整体性能下降，且有可能影响达标排放时，要及时确定改进方案并落实实施计划。环保设施性能恢复前，技术管理部门要协同运行部门，制定应对防范措施。

第八条　环保设施技术管理部门应按照“逢停必查”的原则，规范环保设施的停机检查范围和项目，脱硝催化剂、吸收塔内部和脱硫烟道、除尘器内部、环保表计烟道内部的采样设施等，应列入机组大小修的检查治理项目。运行期间未彻底消除的缺陷，要结合大小修或停机消缺进行全面检查处理，从根本上消除影响达标排放的隐患，满足环保设施长周期稳定运行的要求。

第九条　环保设施的运行部门应建立环保指标的月度分析制度，对指标调控环节的问题和经验进行分析总结，解决问题，推广经验，持续提高排放指标的调控水平。

第十条　环保监督部门按月对环保设施的运行效果和排放绩效进行考核，发挥考核机制的正向引导作用，持续提升环保指标和环保设施的管控效果。

第十一条　燃煤的硫分、灰分及副产品的品质纳入环保监督和考核体系，环保监督部门按月进行统计考核。

第十二条　国家、地方及上级公司的环保管理制度、规定和标准发生变化时，应及时组织本企业内部相应管理制度的修订更新，满足新制度、规定和标准的要求。

第十三条　环保设施的建设、投产、改造、运行应合法合规、手续完备，手续不全不能开工建设和投产运行。

第三章　环保设施的合规性管理

第十四条　新建、扩建、改建环保设施，根据项目性质和规模，开工前应完成相应的环评、水保等手续，取得行政主管部门的正式批复。竣工后应及时组织性能考核试验，完成环保、水保自主验收。

第十五条 需要定期进行环境影响评价的设施和项目，应按期完成回顾性评价，避免超期。

第十六条 环保设施运维过程中产生的废弃物，属性不明、不能准确分类界定的，需聘请专业机构进行鉴定后，按鉴定结论进行分类贮存、处置。

第十七条 一般工业固体废物、危险废物实际产生量和种类，与环评报告差异较大时，应编写固废危废专章（篇），论证说明。

第十八条 CEMS 改造、更换后，型号、参数发生变化的，应及时完成验收并更新政府部门环保平台的设备备案信息，确保平台备案信息与现场设备信息一致。

第十九条 CEMS 发生故障无法正常监测的，应及时进行手工监测，出具正式监测报告，至少每 4h 监测一次，至少每 6h 向环保部门报送一次手工监测结果，并收集故障期间的设备工况参数记录、物料消耗记录、故障处理过程记录等，保留自证守法资料。

第二十条 排污口必须规范设置，信息牌样式、尺寸符合标准要求，公示信息准确完整。

第四章 环保设施的运行调度

第二十一条 环保设施的运行调度，由值长统一指挥。污染物排放指标异常及环保设施的启动、退出、异常、故障等生产信息，值长应及时汇报环保监督部门。

第二十二条 机组的启动、停止及故障处理过程中，运行部门要加强环保排放指标的控制，优先保证达标排放，同时关注各环保平台信息，环保指标异常时，及时报告和组织处理。

第二十三条 环保设施运行期间的例行维护、缺陷处理或现场试验等，有可能对污染物排放指标造成影响时，应提前征得环保监督部门同意并做好相应的防范措施。

第二十四条 机组点火前，脱硝、脱硫、除尘设施的检查试验项目应全部完成并确认正常，CEMS 投入运行并完成校准工作，各监测平台数据正常，外传数据正常。以上条件具备时，机组方可启动。

第二十五条 机组启、停过程中，运行、调度部门要合理选择机组的并网（解列）时间，尽量避免机组并网（解列）时段的小时均值超标，杜绝污染物排放日均值超标。

第二十六条 机组启动阶段，脱硫吸收塔系统、电（袋）除尘器及湿式除尘器，应在引风机（增压风机）启动前投入运行，合理选择方式和参数。停机阶段，风机停运后，方可退出环保设施运行。

第二十七条 锅炉启、停及助燃过程中，要规范燃油的使用，以减少对脱硝催化剂、除尘器、脱硫浆液的污染。

第二十八条 机组运行过程中，氮氧化物、二氧化硫和烟尘折算值应全过程达标排放。

第二十九条 废水排放指标超标、异常时，应立即停止排放，查找原因，处理异常，指标正常后，再恢复排放。严格控制超标排放时间。

第三十条 在满足达标排放的前提下，运行调度和节能管理部门要不断总结环保设施的经济运行模式，优化运行参数，规范调整方案，提高环保设施的经济性。

第五章 废气处理设施的运行维护

第三十一条 环保监督部门要组织技术和设备管理部门，对照《火电行业排污许可证申请与核发技术规范》中大气污染防治可行技术的运行监管要求，检查现有治理设施是否满足规范要求，不满足监管要求的及时整改。

第三十二条 运行部门要严格控制反应器入口烟温在催化剂允许的温度范围内运行，防止超温影响催化剂性能和寿命。

第三十三条 脱硝设施运行过程中，要加强烟风系统调整，平衡两侧反应器的出力，保持两侧通道运行工况的均匀性，烟气量、烟温偏差控制在规定范围内。

第三十四条 严格执行脱硝催化剂的定期性能检测制度，在初装前，投运4400、16000、24000h后，必须进行性能检测。机组大小修期间，进行抽样送检，根据检测结果和结论，及时申请更换。

第三十五条 脱硝喷氨调门应投入自动调节，并定期对阀门的控制策略和喷氨系统进行优化调整，提高自动调控的灵活性和准确性，保证脱硝出口和烟囱入口 NO_x 偏差在合理范围。

第三十六条 运行部门应制定可靠的SCR入口浓度控制方案，避免SCR过负荷运行。低氮燃烧器及SNCR部分（如有）的运行调整效果应满足SCR入口设计浓度的要求。

第三十七条 机组运行期间，静（湿式）电除尘器所有电场应正常投入，单台高压柜的二次运行电压不小于60%额定电压、二次电流不小于40%额定电流。

第三十八条 袋式除尘器在停机期间，应检查试验旁路门的严密性，确保投运后不发生烟气短路；运行期间，根据滤袋差压变化及时调整喷吹间隔，控制差压在设计范围内。

第三十九条 配置双塔的脱硫系统，要合理分配两个吸收塔的出力；配置炉内脱硫设施的，应保证出力，满足湿法脱硫入口浓度要求，避免湿法脱硫设施过负荷；采用海水脱硫+湿法脱硫工艺的，应优先保证海水脱硫出力，提高经济性。

第四十条　对脱硫吸收塔浆液品质恶化、供氨管道堵塞、供浆管道堵塞和泄漏等典型故障和异常，应制定防范措施和专项应对方案，并定期组织异常事件的应对演练。

第四十一条　对于CEMS委托运营的企业，要明确双方的责任，因委托运营方责任造成的环保处罚、电价扣罚等，委托合同中必须明确追责条款。环保监督部门要对合同的约定条款进行审核，对承包方的工作效果进行监督考核。

第四十二条　环保监督部门负责组织企业环保数据与地方环保部门、电网调度部门及集团公司的数据联网，相关部门做好配合，各有关部门在职责范围内对外传数据的传输效果负相应责任。

第四十三条　环保监督部门要明确环保外传数据的日常管理部门和责任人，在外传数据异常时，能及时按分工进行检查和处理。

第四十四条　CEMS的技术标准、参数设置、定期工作、数据管理、日常维护、记录报表等，应优先满足地方标准的管理要求，无属地管理规定和标准的，按以下规范和标准执行：

（一）《固定污染源烟气（SO_2、NO_x、颗粒物）排放连续监测技术规范》（HJ 75—2017）。

（二）《固定污染源烟气（SO_2、NO_x、颗粒物）排放连续监测系统技术要求及检测方法》（HJ 76—2017）。

第四十五条　CEMS站房内仪表必须为独立电源，双路供电，配备自动切换装置或UPS电源，确保不断电；照明、通风、暖通、检修等不得与仪表使用同一电源；有视频监护要求的，按要求配置并传送画面。

第四十六条　运行部门应将重点污染物排放指标的实时监控纳入机组日常运行管理。每2h抄表比对环保平台数据、集团平台数据与现场DCS数据，偏差绝对值超过10%时，必须按照有关程序汇报处理。

第六章　废水处理设施的运行维护监督

第四十七条　环保监督部门应组织技术管理部门和设备管理部门，对照《火电行业排污许可证申请与核发技术规范》中火电企业废水可行技术的运行监管要求，检查现有治理设施是否满足规范要求，不满足要求的及时整改。

第四十八条　除《火电行业排污许可证申请与核发技术规范》中的运行监管要求外，各类废水的处理工艺和标准还要满足以下要求：

（一）废水处理后的水质指标，必须满足排污许可要求。

（二）工业废水重复利用时，必须达到回用设施相应的水质标准。

（三）生活污水处理后作为生活、生产杂用水时，还应进行过滤处理。

（四）输煤系统（输煤栈桥、卸煤沟、转运站、混煤仓及输煤皮带层等）的冲洗水，应送至煤泥沉淀池，经处理合格后回收利用。

（五）脱硫设施运行期间，废水处理设施必须正常运行。

（六）锅炉补给水制水产生的废水，应中和后排至后续处理系统或回收利用。锅炉化学清洗废液的处理，应按不同清洗药剂采用不同的处理方式。

第四十九条 废水在线表计的安装、验收、运行及日常维护，按以下规范执行（有地方标准的应优先满足地标要求）：

（1）《水污染源在线监测系统（COD_{Cr}、NH_3–N 等）安装技术规范》（HJ 353—2019）。

（2）《水污染源在线监测系统（COD_{Cr}、NH_3–N 等）验收技术规范》（HJ 354—2019）。

（3）《水污染源在线监测系统（CODCr、NH_3–N 等）运行技术规范》（HJ 355—2019）。

（4）《水污染源在线监测系统（COD_{Cr}、NH_3–N 等）数据有效性判别技术规范》（HJ 356—2019）。

第五十条 废水在线监测系统运行期间产生的监测废液，要严格按危险废物管理流程处置。

第七章 固废设施的日常监督

第五十一条 环保监督部门负责制定工业固体废物（含危险废物）的管理办法，固体废物的处置，必须委托有相应资质的运输和处置单位，合同中要明确污染防治责任、违规处罚条款及关联责任等，并建立固体废物去向的追溯机制，防范运输、处置环节不合规带来的环保风险。

第五十二条 一般工业固体废物管理台账，应参照《一般工业固体废物管理台账制定指南（试行）》建立，如实记录一般工业固体废物的种类、数量、流向、贮存、利用、处置等信息，实现工业固体废物可追溯、可查询。

第五十三条 粉煤灰、炉渣和脱硫石膏等一般工业固体废物要坚持综合利用的原则，销售模式和运输方案要满足企业生产安全和环保安全的双重要求。

第五十四条 一般工业固体废物在厂界内的临时存放，必须制定相应的管理规定，明确存放种类、数量、期限、具体负责人等。存放场地要设置信息牌和环保标识，存放期间安排专人负责。

第五十五条 一般工业固体废物在厂界内设置临时存放点，地方主管部门有要求的，应取得许可或备案。场地应完善防渗漏、防流失、防扬尘、防污染措施，存放的物料应

为密闭式管理，设置棚库或苫盖，禁止露天存放。

第五十六条 危险废物管理

（一）环保监督部门负责制定工业固体废物（含危险废物）的管理办法，并参照《国家危险废物名录（2021年版）》（生态环境部、国家发展和改革委员会、公安部、交通运输部、国家卫生健康委员会令第15号）和《危险废物鉴别标准》系列标准（GB 5085），对本企业的危险废物进行辨识认定，公布本企业的主要危险废物名录清单。

（二）产生危险废物的部门，要制定管理制度，指定专人管理，建立台账，生产经营活动中产生的危险废物及时收集并移交，禁止将危险废物混入生活垃圾或其他废物。危险废物由企业统一回收管理。

（三）危险废物的存放，必须设置专用危废暂存库。危废暂存库的设置，应履行环境影响评价和验收手续，改造、闭库也应履行相应环保手续。

（四）危废库要规范设置标识、标志，公示危废信息。危险废物的接收、存放、转移，必须做好记录并保存原始凭证。危险废物的档案由环保监督部门建立和保存。

（五）企业每季度检查危险废物的产生、移交、贮存和转移情况，严格控制贮存数量和周期，不得过量或超期贮存。

（六）危险废物的转移和处置，必须委托有资质的单位，并按规定办理危废转移联单手续。

（七）废旧脱硝催化剂、蓄电池组等大宗危险废物的处理，应在退出服役前，确定处置单位并签订处置合同，在现场拆除后及时转移。

第五十七条 生活垃圾管理

（一）生产、生活区应合理设置垃圾（箱）桶，便于日常生活垃圾的收集，垃圾（箱）桶必须具备防渗漏、防雨淋等功能。

（二）厂内食堂、宾馆等区域，需要设置垃圾池的，地面应防渗处理，设置封闭围墙或围堰。

（三）垃圾运输应使用专用密闭车辆。

（四）垃圾箱和垃圾池每天清理，避免过量存放。

第五十八条 产生建筑垃圾的项目和工程，施工方案中应明确污染防治措施，并按照要求进行利用或处置，不得擅自倾倒、抛撒或者堆放。

第八章 扬尘污染和无组织排放

第五十九条 设置贮灰场的企业，应制定可行的防止扬尘污染和防止渗漏方案，加强灰场防扬尘和防渗漏的日常管理，环保监督部门要对灰场的防扬尘和防渗漏效果进行监督检查。

第六十条 加强粉煤灰管道、箱罐、灰库的漏点治理，防止泄漏。干除渣系统应配置完备的收尘设施。运行、检修或故障处理过程，发生渣浆泄漏情况时，应尽量控制污染范围，并及时组织清理，防止造成大面积或长时间污染。

第六十一条 规范粉煤灰、炉渣和石膏的运输方式，粉煤灰必须使用专用的封闭罐车，加湿粉煤灰、炉渣及石膏的运输车辆必须封闭或覆盖，且装车后要对车辆及作业区域进行冲洗，防止运输过程中出现撒漏和扬尘污染。

第六十二条 燃煤必须在封闭煤棚内，石灰石、脱硫石膏、炉渣要采用全封闭料库，粉状物料必须用密闭料仓或装袋存储。未硬化、未绿化的裸露地面应设抑尘网。

第六十三条 以下易产生粉尘区域必须设置除尘、抑尘设施，并加强维护和管理，作业过程要保证设施正常运行：

（一）翻车机房。

（二）输煤栈桥、输煤转运站。

（三）石灰石卸料斗和储仓。

（四）原煤或物料破碎区域。

第六十四条 封闭煤棚内、灰库、石膏库、石灰石料场、上料口等区域，应配备喷淋、洒水等抑尘设施，作业期间正常投入，并根据季节和天气变化落实相应的防尘措施。

第六十五条 厂界内道路清扫的标准和频次，要有明确的规定和要求，建立清扫洒水工作记录，对道路清扫的效果进行监督检查，严格控制厂界内的道路扬尘污染。

第六十六条 石灰石（粉）等原材料、副产品等物料运输车辆，要严格按地方的车辆排放要求控制，明确车辆的环保要求和出入规定，不达标车辆禁止使用。

第六十七条 企业应建立非道路移动机械的管理台账，企业和协作单位在用的非道路移动机械台账应分别建立，随时掌握非道路移动机械的排放信息，强制淘汰的禁止在现场使用。

第六十八条 重污染天气及重大活动空气质量保障期间，要严格按属地行政主管部门或电网调度部门的要求，严格控制现场作业、物料运输及运行负荷，保障措施要落实到位。

第九章 环保异常管理

第六十九条 环保异常主要指环保设施异常、环保数据异常及其他给企业造成不良影响的环保事件。

第七十条 结合具体情况，制定本企业的环境事件考核办法，明确环保事件分级

界定。

第七十一条 环保监督部门应对环保设施的异常进行分级管理，按影响程度分为一般事件、较大事件和重大事件三级，具体划分和评判内容（参考附件）。

第七十二条 环保设施的异常，应按照“四不放过”的原则，组织分析，查清原因，落实整改计划和防范措施，追究责任主体，避免事件重复发生。

第七十三条 环保设施的异常分析报告的内容，必须包含排污许可证执行报告中“废气、废水治理设施异常情况统计”报表中的内容，包括异常时间、故障设施、故障原因、排放浓度、应对措施等。

第七十四条 非环保设施原因，但造成环保工作被动或影响环保形象的，企业应按重大环保事件进行处理。

（一）发生生态环保违法违规问题，被政府主管部门批评、通报、处罚或被相关媒体曝光。

（二）发生突发环境事件的。

（三）建设项目或改造项目未办理环评手续或未按照环评要求设计、施工。

（四）改造后性能考核试验结果未完全满足环保设计指标且整改困难的。

（五）被市民举报、投诉后，沟通、协调或汇报不力导致影响扩大的。

第七十五条 环保设施的异常处理

（一）环保设施异常处理由值长统一指挥，按企业内部程序组织处理，故障处理过程中，应优先保证环保排放达标，严格控制超标时间。

（二）因检修或消缺要求，环保设施需要停运、降出力或退出部分功能时，应经企业环保监督部门同意后方可执行，并做好相应的防范措施。

第七十六条 环保设施报警信息的处理

（一）企业要明确政府部门环保信息平台、集团公司环保信息平台数据和报警信息查看人员和频率，数据异常及时检查处理，报警信息及时反馈。

（二）数据异常要立即查明原因，能自动恢复的，尽快完成并核实恢复结果，确保准确完整；不能自动恢复的，及时联系数据补录；数据传输错误的，要按期完成修约。

（三）报警信息要在核实报警内容的具体情况后据实反馈，并按要求同步提供相应的证明文件、材料。

第七十七条 环保设施的异常信息报送

（一）环保设施的异常信息由环保监督部门对外汇报和发布，未经环保监督部门同意，不能对外发布环保信息。

（二）企业内部要明确环保设施异常的汇报渠道和流程，保证环保事件发生后，及时汇报到环保监督部门。

（三）企业要明确环保设施异常信息的汇报内容，包括环保设施的投入和退出、环保设施降出力运行、影响达标排放的故障、环保数据异常、小时均值超标情况等。

第十章　台账记录与指标评价

第七十八条　环保设施的运行记录和台账由运行部门建立和保存，维护记录和台账由设备检修部门建立和保存。技术管理部门检查、指导台账满足技术管理要求，环保监督部门检查、指导台账满足环保管理要求。

第七十九条　环保设施运行台账记录，应满足《火电行业排污许可证申请与核发技术规范》要求，电子台账与纸质台账同步建立，至少包括环保设施运行参数记录、环保设施异常记录、污染物超标排放记录、环保设施的主要操作记录、环保设施的定期工作记录。

第八十条　环保设施的检修维护台账，同一型号的设备设置一套台账，根据设备的检修维护内容随时补充更新，电子台账与纸质台账同步建立。台账至少包括以下内容：设备概况和性能参数，历次大小修检查、检修、改造内容，设备的重大异常、故障处理记录及分析报告，设备的性能试验、检测报告等。

第八十一条　企业应对环保设施运行效果和环保指标的绩效进行评价与考核，考评体系应包含以下内容：上级公司和地方主管部门关注考核的项目和指标，年度任务目标的分解落实，台账记录、在线联网传输、环保平台数据等，其他考评事项。

第八十二条　环保设施的运行效果和环保指标排放绩效应纳入月度生产分析，根据完成情况，落实改进和完善措施。

第十一章　环保风险管理

第八十三条　环保管理部门应定期组织本企业的环保风险自查评估，查找环保管理的漏洞和隐患，制定防范应对措施。

第八十四条　企业的环保风险应实行动态管理，各级环保检查、核查、督办等提出的问题，要及时纳入工作台账管理，完成整改后及时销号。

第八十五条　环保风险自查评估应包括以下内容：环保监督管理体系建设、环保设施的隐患排查、环境监测数据质量评估、环保管理台账风险评估等。

第八十六条　环保监督管理体系建设。包括组织机构的设置、责任清单的落实，管理制度的建立，监督网络的运转，日常监督效果，应急措施的执行等。

第八十七条　环保设施的隐患排查。包括脱硫、脱硝、除尘设施，以及废水、无组

织、噪声治理设施，影响达标排放的缺陷，污染物排放达标情况等。

第八十八条 环境监测数据质量评估。包括 CEMS、SIS、DCS 的可靠性和传输质量，在线仪表的可靠性和准确性，数据传输有效性情况等。

第八十九条 环保管理台账风险评估。包括环保设施的运行记录、检修台账，环保设施的投停记录，排污许可执行报告等。

第九十条 企业应根据环保风险自查评估结果，对发现的问题制定整改计划，须进行改造的项目，及时列入企业规划。

第十二章 附则

第九十一条 本办法由 ×× 部门负责解释。

第九十二条 本办法自印发之日起实施。

附件：环保设施异常事件分级管理参考

本附件作为环保设施异常事件分级管控的模板，供基层企业参考，事件分级定量标准及考核定性，须结合本企业具体情况确定。

一、一般事件（建议按异常事件定性考核）

（1）因环保设施故障或出力不足、环保表计故障等，导致单台机组单项大气污染物时均值超标排放1h。

（2）环保外传数据异常或中断4h以上、8h及以内的。

（3）废水处理设施故障退出运行，持续时间8h以上、24h及以内的。

（4）外排废水COD、氨氮、pH值指标，当日发生2项指标异常或单项3个以上时均值超标的。

（5）脱硫制浆系统故障，8h内中断浆液制备的。

（6）脱硫脱水系统故障，脱水中断8h以上的。

（7）因燃煤硫分高或设备故障，当日全厂降出力累计超过200MW的。

（8）环保设施因电气故障，造成两台高压柜同时停运、两台6kV设备同时跳闸的。

（9）灰、粉、渣、浆液等泄漏，造成现场污染的。

（10）单套输灰系统故障停运4h不能恢复。

（11）集团公司环保信息化平台有效数据传输率当日低于85%。

二、较大事件（建议按二类障碍事件定性考核）

（1）因环保设施故障或出力不足、环保表计故障等，24h内发生4次时均值超标，或单项排放指标发生5倍以上的时均值超标。

（2）环保外传数据异常或中断8h以上的。

（3）废水处理设施故障退出运行，持续时间24h以上的。

（4）外排废水COD、氨氮、pH值等指标，当日任一项出现日均值超标的。

（5）脱硫制浆系统故障，24h内中断浆液制备的。

（6）脱硫脱水系统故障，脱水中断24h以上的。

（7）因燃煤硫分高或设备故障，当日全厂降出力累计超过400MW的。

（8）环保设施因电气故障，造成单台除尘器某电场高压柜全部停运、某一段6kV电源跳闸、MCC柜母线失电的。

（9）单台机组输灰系统故障停运4h不能恢复。

（10）集团公司环保信息化平台有效数据传输率当月低于85%。

（11）烟道事故喷淋系统故障，24h内不能恢复备用。

（12）总排放口 CEMS 或烟尘仪故障 4h 未恢复。

（13）单台（套）脱硝设施故障退出超过 1h。

三、重大事件（建议按一类障碍定性考核）

（1）单台机组单项大气污染指标，发生日均值超标。

（2）环保外传数据异常或中断 24h 以上的。

（3）环保数据的采集、传输等，不满足相关技术要求，表计备案资料与实际不符等。

（4）环保设施故障退出，造成主机停运。